兰州大学教材建设基金资助

冻土环境生态学

牟翠翠　彭小清　主编

科学出版社

北　京

内 容 简 介

本书梳理了冻土环境生态学的研究意义和发展历程，以气候变暖加速多年冻土退化为背景，系统阐释了多年冻土区植被、地貌、水文、碳循环和污染物迁移转化。主要内容涵盖了多年冻土区气候和植被特征、多年冻土变化和热喀斯特景观演变、冻土变化的水文过程和生态系统碳循环，以及重要污染物的地球化学过程。

本书可为从事相关研究领域科技人员提供知识储备，适用于地理学、生态学、水文学等相关专业的本科生和研究生，也可以作为高等院校相关专业教师及相关领域科研技术人员的参考书。

审图号：GS 京（2024）1957 号

图书在版编目（CIP）数据

冻土环境生态学 / 牟翠翠，彭小清主编. -- 北京：科学出版社，2025.3.
ISBN 978-7-03-079186-3

Ⅰ. P931.8

中国国家版本馆 CIP 数据核字第 20249TR929 号

责任编辑：郭允允　程雷星 / 责任校对：郝甜甜
责任印制：赵　博 / 封面设计：无极书装

科 学 出 版 社 出版
北京东黄城根北街 16 号
邮政编码：100717
http://www.sciencep.com
北京市金木堂数码科技有限公司印刷
科学出版社发行　各地新华书店经销
*
2025 年 3 月第 一 版　开本：787×1092　1/16
2025 年 6 月第二次印刷　印张：13
字数：310 000
定价：158.00 元
（如有印装质量问题，我社负责调换）

前　　言

冻土环境生态学是一门新兴交叉学科，主要研究冻土区土壤的化学组成和性质及其在冻融过程中的生物地球化学循环，同时探讨气候和生态环境的效应。冻土环境生态学主要阐述冻土分布及其与环境相互作用、多年冻土变化及其水文和生态过程，以及冻土化学元素的生物地球化学循环及其气候环境效应，是当前冰冻圈科学体系中重要的新兴研究领域。

在气候持续变暖和人类活动影响下，冻土的剧烈变化将显著影响水、碳和其他物质在各圈层之间的分布、迁移和转化并产生一系列的生态环境效应。冻土环境生态学研究不仅可以提升对生物地球化学循环规律的科学认识，还对发展绿色经济、低碳经济和循环经济，走可持续发展之路，有重要的现实意义。

全书共 8 章。第 1 章为绪论，系统介绍了冻土环境生态学的研究意义和内容，以及冻土环境生态学的发展与研究方法，并回顾了研究历史；第 2 章概述了多年冻土的形成和发育；第 3 章主要归纳了多年冻土区气候与植被变化；第 4 章描述了多年冻土变化；第 5 章概述了热喀斯特地貌演变及影响；第 6 章为冻土变化的水文过程；第 7 章为冻土生态碳循环过程；第 8 章为冻土地球化学过程。

本书的编写过程中召开多次研讨会，是参编人员集体劳动的成果。第 1 章由牟翠翠撰写；第 2 章由彭小清和牟翠翠主笔，吴晓东、罗京、马田、母梅、李璇佳参与；第 3 章由彭小清主笔，李璇佳参与；第 4 章由张国飞主笔；第 5 章由罗京和牟翠翠主笔，母梅参与；第 6 章由张国飞和牟翠翠主笔，许民、张怡宁参与；第 7 章由牟翠翠主笔，马田、吴晓东、母梅、刘和斌参与；第 8 章由鲁霞主笔。全书由彭小清、牟翠翠等统稿。中国科学院西北生态环境资源研究院冰冻圈科学与冻土工程全国重点实验室在本书提纲研讨、会议组织、材料准备等方面做出了重要贡献。在本书即将付印之际，对他们的无私奉献表示衷心的感谢！

本书受到兰州大学教材建设基金、兰州大学中央高校学科优秀青年项目“'一带一路'生态环境与气候变化综合观测研究”项目、国家自然科学基金、中国科学院战略性先导科技专项、甘肃省科技厅学科创新群体项目的资助。由于笔者水平有限，可供本书参考的国内外文献浩如烟海，需要开展大量归纳和梳理工作，难免会挂一漏万，希望读者不吝批评指正，以便在未来进行更好地修订和提高。

作　者
2024 年 6 月

目 录

第1章 绪 论

在气候变化和人类活动影响下,自然环境发生了很大的变化,冰冻圈各组分受到显著影响。随着多年冻土区人类活动的增强,自然环境的人为负荷越发沉重,导致现有的冻土生态系统的平衡被打破。多年冻土退化是气候系统的临界点之一(Lenton et al.,2023)。多年冻土区的生态环境十分脆弱,其景观对人类活动高度敏感,而高寒环境下的生态系统一旦受到破坏,恢复就极其缓慢甚至不可逆。

高纬度和高海拔多年冻土区的环境受到气候变暖和人类活动影响后,会对区域和全球的气候和生态环境产生影响,这些影响往往难以预测并且不可控制。因此,全球多年冻土退化对生态环境的复杂影响是地球系统科学亟待解决的重点问题。近年来冰冻圈科学产生了一个具有学科交叉性质的基础学科方向——冻土环境生态学。环境生态学是指以生态学的基本原理为理论基础,研究人为干扰下,生态系统内在的变化机理、规律和对人类的反效应,寻求受损生态系统恢复、重建和保护对策的科学,阐明人与环境间的相互作用及解决环境问题的生态途径。冻土环境生态学阐明气候变暖背景下全球冻土快速变化及其气候、生态和环境效应,是冰冻圈科学的重要分支,也是认识冻土变化及其影响的学科基础(秦大河,2018)。本书主要聚焦冻土的发育、变化及其生态环境效应。绪论部分主要阐述了冻土环境生态学的研究意义、研究内容和方法。

1.1 冻土环境生态学研究意义

冻土是冰冻圈的重要组成部分,包括多年冻土和季节冻土,其中多年冻土约占北半球陆地面积的 22%。冻土分布广泛且具有较为独特的水热特性,使它成为陆地表层环境过程中非常重要的气候和环境因子。冻土和气候系统之间的相互作用显著。一方面,冻土是气候变化的敏感指示器,气候变化将引起冻土地区环境显著变化,并对冻土工程安全和稳定性产生不利影响;另一方面,由于冻土所具有的水热特性及其广泛分布的地理区域特征,冻土的变化对气候系统的反馈作用显著。近年来气温升高导致冻土活动层加深,冻土生态系统各种要素,如植被群落结构、生物生产量以及生物多样性等发生了显著变化,同时冻土融化时释放大量温室气体,使区域水循环发生深刻变化,继而对整个气候系统将产生重要影响。

全球变暖导致的多年冻土退化会使其长期积累的有机碳分解释放,从而驱使多年冻土区生态系统可能由碳汇变为碳源,特别是冻土温度升高和水分的变化,将会导致微生物活动增强。多年冻土中储存的碳在微生物作用下以温室气体的形式释放到大气中,使得大气中温室气体的含量进一步增加,进而加剧全球变暖。多年冻土退化对全球变暖的正反馈效应,是目前全球变化研究领域极为关注的科学问题之一。开展多年冻土的生物地球化学循环研究，探讨各物质及其组分的迁移转化过程（特别是碳循环），对于揭示冻土环境对全球变化的响应特征，探究冻土变化与气候系统相互作用关系具有重要意义。

多年冻土退化引起土壤中的化学物质释放已受到国内外众多学者关注。当今正在执行的化学品禁/限用国际公约（如《关于持久性有机污染物的斯德哥尔摩公约》《关于汞的水俣公约》等）所涉及的污染物均可以在全球冰冻圈中检测到其"踪影"，这些污染物大多具有半挥发性，极易沉降和积累于高寒的冰冻圈区域，且诸多证据均指明其来自人类活动的释放，并经过远距离传输沉降到冰冻圈。多年冻土退化会引起这些有害物质的释放，从而对人类产生危害。例如，汞在微生物作用下发生甲基化过程，生成毒性增强的甲基汞。甲基汞可以在生物体内富集，威胁营养级较高的动物甚至人类的健康。

冻土低温环境和冻融过程所影响的水分和温度变化为冻土中的化学过程提供了特殊的条件。因此，明确冻土退化速率和过程机制，阐明冻融过程中的生物地球化学过程，厘清冻土营养元素循环和调节机制，认识冻土环境中污染物的迁移转化，可为应对未来冻土区气候和环境变化提供科学支撑，开展冻土环境生态学的研究可以更好地预测和评估未来冰冻圈水资源和水质变化，为减缓有毒污染物对冰冻圈影响区的生态环境保护提供应对策略。

1.2　冻土环境生态学研究内容

冻土环境生态学的研究内容主要包括冻土变化及其与环境相互作用、冻土碳循环的生物化学过程、冻融过程的化学作用和冻土污染物的环境效应。这三个内容之间具有紧密关系。

（1）冻土变化及其与环境相互作用。研究多年冻土形成和发育的气候条件，多年冻土分布及其与气候、植被和积雪的相互作用机理，阐明多年冻土区气候和植被变化特征，明确多年冻土变化，如地温、活动层厚度和热喀斯特景观演变特征与规律，预估未来气候情景下多年冻土的变化趋势。

（2）冻土碳循环的生物化学过程。研究多年冻土退化，包括升温和快速崩塌影响下土壤有机碳的组分、分解和释放等过程以及碳分解过程中各种土壤酶促反应、化学变化与调节机制。在局地尺度、流域尺度和全球尺度系统阐释多年冻土碳过程对全球变化的响应机理，评估多年冻土碳与气候反馈效应。

（3）冻融过程的化学作用和冻土污染物的环境效应。冻融过程的化学作用研究冻土低温环境下水合物和结晶水合物的生成过程、未冻水影响下的溶胶凝结和胶体化合物的形成、冻土中氧化还原体系等。冻土污染物的环境效应研究冻土污染物性质和分布及其生物地球化学过程和影响，包括污染物在迁移、转化过程中的生物物理化学行为、反应机理、积累和归宿及其对环境的影响评估等。

1.3　冻土环境生态学的发展与研究方法

1940年和1959年，苏联学者相继出版了《普通冻土学》和《冻土学原理》教材，显示出冻土学的发展达到了较高的深度和广度。2000年周幼吾先生等主编的《中国冻土》系统阐述了中国冻土形成条件及其主要特征，多年冻土分布、温度和厚度的空间变化规律等（周幼吾等，2000）。进入 21 世纪后，人类面临生存环境不断恶化和资源匮乏等问题，此时发展环境生态学应运而生，并成为解决环境问题和实施可持续发展战略的重要科学基础。我国系统的冻土研究是在 20 世纪 60 年代以后开展的，目前已在普通冻土学、工程冻土学、冻土物理力学、冻土物理化学方面取得了不少成果，形成较为完整的研究体系。鉴于近三四十年以来冻土学的理论基础和实践基础研究取得了巨大进展，产生了冻土环境生态学这一新兴的交叉学科。

21 世纪以前，冻土环境方面的研究主要是通过测定土壤颗粒组成、含量和元素组分来分析冻土区土壤化学性质及其化学规律，这为冻土区土壤发生分类提供了重要基础。21 世纪以来，分析技术从元素分析发展到结构分析，在低温条件下土壤有机质化学组成、有机矿质复合体类型、水合物和结晶水合物、氧化还原体系等方面都取得了不同程度的进展，构建了较完整的冻土环境科学研究体系。在全球变暖背景下，冻土碳氮等营养元素和污染物的气候环境效应引起广泛关注，利用同位素技术和原位监测方法研究痕量气体、污染物和碳氮等养分的生物地球化学过程及其源汇效应，充实了冻土环境生态学的理论基础和研究意义。随着遥感技术的发展和应用，多年冻土地下冰融化导致的热喀斯特景观演变及生态环境效应得到了快速发展。近年来，随着多年冻土对气候变化的响应机理认识逐渐深入，相关的陆面过程模型得到了重视，多种模型被广泛用于预估多年冻土热状态变化及其碳收支研究。

随着冻土学与水文学、环境科学和生态学等其他学科的交叉融合及分析方法的创新，冻土环境生态学的研究方法趋于多元化。冻土环境生态学的主要研究方法包括野外观测和样品采集、实验分析和模型模拟等。野外观测是利用测量仪器监测冻土区气象、水文、植被和碳氮等物质通量的指标参数。样品采集是利用钻探、坑探、静态箱等方法采集土样、水样及气体样品。实验分析主要测定样品中元素组成比例和含量、分子结构特征等，用于认识物质的化学结构和形态。实验分析从常量到微量，从组成到形态分析，从宏观组分到微观结构，不断探索发展。在综合野外观测和实验数据的基础上，利用地球系统模型和陆面过程模型进行模拟分析，可揭示冻土化学组分的生物地球化学规律及其气候和生态环境意义。

参 考 文 献

秦大河. 2018. 冰冻圈科学概论. 修订版. 北京：科学出版社.

周幼吾，郭东信，程国栋，等. 2000. 中国冻土. 北京：科学出版社.

Lenton T M，Armstrong McKay D I，et al. 2023. The Global Tipping Points Report 2023. Exeter：University of Exeter.

第 2 章　多年冻土的形成和发育

多年冻土区独特的下垫面特征、活动层强烈的冻融过程和多年冻土的弱透水性、高有机碳含量及大量发育的地下冰显著影响着地气能水交换过程、地表和地下产汇流过程以及植被和土壤的生物地球化学循环过程，使其在气候、水文和生物乃至人类等各圈层中发挥着重要作用。因此，多年冻土的形成和发育条件是冻土与环境变化研究的基础和前提。本章阐释了多年冻土形成与发育的条件，目前冻土制图的进展及主要地区分布特征；阐明了冻土分布与生态植被之间的关系，梳理了积雪与冻土之间的关系。

2.1　多年冻土形成与发育条件

冻土通常被视为气候的产物（Shur and Jorgenson，2007），在全球或区域尺度上，冻土的形成与分布主要由气候因素，如气温、降水的地带性变化控制，表现出随海拔、经度与纬度的三向变化。但冻土与气候之间的联系是复杂的，冻土的热状况通常直接受到相互关联的生态系统成分，如地形、地表水、地下水、土壤特性、植被和雪的影响（Heijmans et al.，2022；Jorgenson et al.，2010）。

根据国际冻土协会（International Permafrost Association，IPA）的定义，多年冻土是温度在 0℃ 或低于 0℃ 至少连续存在两年的岩土层。覆盖于多年冻土之上的夏季融化、冬季冻结的土层称为活动层，它具有夏季单向融化、冬季双向冻结的特征。多年冻土是特定气候条件下岩石圈—土壤—大气圈物质和能量交换的产物，自然界中参与物质能量交换过程的许多环境因素都会影响多年冻土的形成与发展，其中气候对多年冻土形成有重要作用。气候是某一区域多年天气的平均状态，其本身与太阳活动、地表各圈层的水热状况有着密不可分的关系。陆地气候系统的区域差异是导致冻土分布区域差异的主要原因。多年冻土的形成与地表辐射-热量变换有关。辐射平衡决定地表能量收支、气温和地温变化，且与太阳总辐射量、地面反射率、有效辐射有关。土壤冻结发生在有效辐射大于吸收辐射期间，即辐射平衡具有稳定负值的时期，地面温度在此期间得以降至 0℃ 以下。活动层热交换量是连接大气与多年冻土热状况的纽带，土壤热交换量年内正负值的差值很小，但在长时间内（地质尺度）土壤热交换量年际正负值不断变化，在岩石圈表层逐渐积累，足以形成或融化几百米厚的冻土层。

年平均气温是体现一个地区大气环流、地表辐射-热量变换的特征变量，是导致地温变化的主要原因，是判别多年冻土是否存在的指标之一。年平均气温随纬度、海拔的升高而逐渐降低，当年平均气温降低到一定程度时，多年冻土开始逐渐发育。因此，年平均气温的空间分布格局，基本决定了多年冻土的分布格局，全球的多年冻土分布区也因此被划分为受控于纬度气候带的高纬度多年冻土和受控于海拔气候带的高海拔多年冻土两大类。

多年冻土与降水的关系比较复杂,降水量、降水时间、降水频率、降水形式等差异都会引起地气之间能量交换变化。例如,不同区域年降水量增大,可能伴随冬春降雪增多或夏秋降雨增大。在冬春降雪增多的情况下,如果积雪深度较厚、持续时间较长,由于积雪的低热导率性质,对下伏土壤具有一定的保温作用,对土壤的冻结有抑制作用,不利于冻土的形成。夏秋降雨增大对冻土活动层有冷却作用,有助于冻土的保存。而同一地区降水量的长期增加,会改变地表能量与水分平衡过程,可能导致地表温度降低、地面蒸发增大,同时土壤内部水热运移分量受影响,水分下渗,导致土层中热流、土层水热参数发生变化,进而改变地表的热通量,影响多年冻土的发育。

云量和日照决定了地面接收的太阳辐射强度,并通过辐射平衡影响地面和土层的温度。北半球高纬度地区以及我国多年冻土分布区夏季云量多,降水相应也较多,日照少、蒸散发大,从而减弱了地面的受热程度;而冬季云量较少,相对日照多,但北半球受太阳高度角的影响,太阳总辐射量较弱,且冬季植被覆盖度差、积雪覆盖增多,使得地表反照率增大,辐射平衡出现负值,有利于地面冷却和土壤冻结。

积雪的高反射率效应和水文效应通过改变地表能量平衡、水循环以及大气环流等,影响着多年冻土形成和发展。季节性积雪对冻土区的热状况有着较大影响。季节性积雪较高的地表反照率和较低的导热性,有利于保持地面温度,阻滞了地气间的能量交换,且积雪越厚地气能量交换的阻力越大,相对会提高寒冷季节的地表温度,导致季节冻结深度降低。如果积雪存在时间延长,暖季积雪未全部消融,终年反射太阳辐射能,致使土层进一步变冷;积雪覆盖对多年冻土起到保温、隔热作用,使得其他因素对多年冻土的影响会被减弱或抵消。季节性积雪融化过程吸收大部分太阳辐射,抑制了土壤温度的升高,致使积雪地区多年冻土下界处的年平均气温比其他少雪或无雪地区的低。因此,积雪对多年冻土热状况的影响是一个复杂的过程,包括积雪的形成、持续时间以及积雪的密度、结构和厚度等都发挥着重要作用。

此外,地质构造对多年冻土的形成发育也有着重要影响。地温场是地球内热与地表能量平衡进行能量交换的结果。地球内热是来自地球深处的幔源热,通过地壳岩石源源不断向地球表层面散热;地表能量平衡主要来自太阳辐射,其影响 $10\sim20\text{m}$ 深度或更深层。因此,地温场形成的主要热源是地球内热,冻土层的形成以地温场为背景,其发展、特征受太阳辐射的制约。地壳构造运动使得组成地壳的岩层物理性质不同,从而导致不同区域地温场产生地域差异。

2.2　冻土制图及分布

多年冻土制图主要是基于相关地理地图成图的原则,将多年冻土的调查结果和冻土要素等以地图符号的形式绘制在地图上,用以表达环境和多年冻土之间的关系。多年冻土制图主要包括冻土学和制图学两个方面的内容,其中,冻土学方面主要是根据冻土相关要素分析一些变化和分布。首先,确定制图表达的核心内容,以哪一个冻土要素来表达,如多年冻土的分布和范围、多年冻土温度、活动层厚度等。其次,根据研究对象体现其主要特征,如多年冻土分布特征、多年冻土温度、活动层厚度变化和涉及地形、土壤、植被、气候条件等的冰缘现象特征。最后，根据所需要表达的内容来获取相关数据内容，并进行整理、处理。而制图学方面的内容主要包括地图投影、比例尺、精度、详细程度、色彩使用、图例的设计和地图编辑与成图［如地理信息系统（GIS）技术的使用和成图时需要考虑的事项等］。

多年冻土的常用分类是基于地理发生学原则，按照地温、连续性系数进行类型划分。例如，按年平均地温分为极稳定型、稳定型、亚稳定型、过渡型和不稳定型多年冻土以及季节冻土等，按连续系数分为连续、不连续、岛状、零星多年冻土等。一般来说，多年冻土图有以下三种类型：第一种是全球或半球尺度的多年冻土图，比例尺一般为1∶5000万～1∶3000万；第二种是国家尺度的多年冻土图，一般根据行政边界划分，比例尺为1∶500万～1∶250万；第三种是区域尺度的多年冻土图，该种地图能反映局部区域多年冻土或者地下冰赋存条件或其他特征。我国常见的多年冻土图是以地理发生学分类为基础，一般是小比例尺，如中国冰雪冻土图是1∶400万、青藏高原冻土图是1∶300万、中国冰川冻土沙漠图是1∶400万。较大比例尺的是青藏公路沿线多年冻土图1∶60万。

多年冻土绝大部分分布在北半球，且以环北极和青藏高原为主，故多年冻土研究多集中在这些区域。环北极绝大部分目前暴露陆地区域和部分大陆架区域广泛分布多年冻土，而且不同的方法得到的多年冻土分布范围大致相似（图2-1），面积结果在9.75×10^{6}～11.93

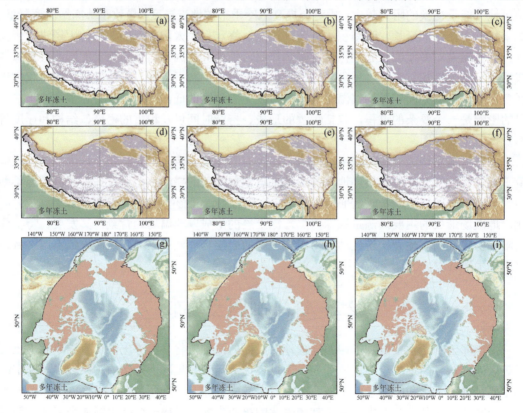

图2-1　环北极与青藏高原多年冻土分布

（a）（g）Gruber，2012；（b）（h）Obu et al.，2019；（c）（i）Brown et al.，2002；（d）Cao et al.，2019；（e）Zou et al.，2017；
（f）Ran et al.，2021

$\times 10^6$ km^2，差异性较小（表 2-1）。其中，Gruber（2012）首次对全球多年冻土分区进行了高分辨率估算，证明了利用简单的半经验模式结合降尺度的气候再分析数据绘制全球多年冻土图的潜力，得到了环北极多年冻土面积约为 11.93×10^6 km^2；Obu 等（2019）扩展和改进 Westermann 等（2015b）遥感方法，将基于多年冻土顶板温度（TTOP）的方案应用于整个北半球，编制了第一张分辨率为 1 km^2 的环北极多年冻土温度和分区图，其中环北极面积约为 9.75×10^6 km^2（表 2-1）；Brown 等（2002）根据国家和区域地图以及不同时期和来源的专家知识编制了第一份北半球多年冻土延伸综合地图，环北极的多年冻土面积大约为 10.83×10^6 km^2（表 2-1）。对于青藏高原地区的多年冻土，面积在 $1.06 \times 10^6 \sim 1.63 \times 10^6$ km^2（表 2-1），其中，Brown 等（2002）的结果最大。Zou 等（2017）根据经验方程和土壤性质（含水量和容重）估算了整个青藏高原地区 5 种土壤类型的土壤热性质，又借助多年冻土顶板温度（TTOP）模型模拟该地区多年冻土分布，除去该地区的冰川和湖泊后，多年冻土、季节冻土和未冻土的覆盖面积分别为 1.06×10^6 km^2、1.46×10^6 km^2 和 0.03×10^6 km^2（表 2-1）。Ran 等（2021）基于现有的多年冻土分布图和相关数据资料对中国的冻土分布图进行了修改和更新，计算得到青藏高原的多年冻土面积为 1.07×10^6 km^2（表 2-1）。Cao 等（2019）利用野外实测资料建立广义线性模型模拟得到青藏高原地区的多年冻土面积占比为 47.2%（表 2-1）。

表 2-1　环北极与青藏高原多年冻土面积统计

环北极多年冻土		青藏高原多年冻土		参考文献
面积/10^6 km^2	面积占比/%	面积/10^6 km^2	面积占比/%	
11.93	88	1.06	41.5	Gruber，2012
9.75	72	1.36	53.4	Obu 等，2019
10.83	80	1.63	64.2	Brown 等，2002
		1.20	47.2	Cao 等，2019
		1.06	41.8	Zou 等，2017
		1.07	42.2	Ran 等，2021

注：面积占比为该区域多年冻土面积与该区域整体面积之比。

2000 年及其以前的制图方法主要根据调查资料进行总结归纳，冻土调查、历史资料、实地勘探、区域统计调查、航空和卫星等遥感资料，地形特征、气象资料、前人研究成果等都可以作为冻土制图的重要组成部分。技术的进步使得传统制图逐渐转变为借助相关硬件和软件设施进行数字制图，提高了冻土制图效率。近年来，随着科技进步与发展，借助钻孔勘察、坑探、土壤温度和物探，采集到了证明多年冻土存在的实测数据，结合相关的遥感数据、再分析资料、高分辨率数字高程模型（digital elevation model，DEM）和高分辨率气象产品，为模拟多年冻土分布以及冻土制图提供了极大的便利。

2.3　多年冻土与植被相互作用

2.3.1　植被对多年冻土的影响

在气候持续变暖的背景下，生态系统的变化会缓解或加剧气温变化对多年冻土的影响。

因此，区域生态系统对多年冻土产生越来越重要的影响。其中，植被因子的作用十分显著。植被盖度和高度的增加可能会导致冬季土壤温度升高，夏季土壤温度降低，融化深度变浅。植被影响多年冻土的机制表现在植被覆盖对地表热状况和地表能量平衡的影响、植被冠层对降水与积雪的再分配以及植被覆盖对表层土壤有机质与土壤组成结构方面的作用。土壤有机质与结构变化将导致土壤热传导性质的改变，从而影响活动层土壤水热状态。植被影响多年冻土的机制也随季节变化，冬季和春季多年冻土所受到的影响更多地取决于植被与积雪的相互作用（图 2-2）；而夏季，植被对多年冻土的影响则与地表反照率的变化、热通量分配以及表层土壤热传导性质相关（Heijmans et al.，2022）。

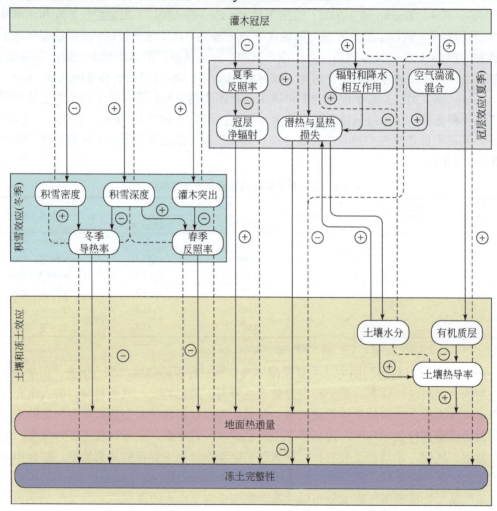

图 2-2　植被对多年冻土融化深度的影响（以灌木为例）

"+"表示促进作用；"-"表示抑制作用；修改自 Heijmans et al.，2022

1. 冬季、春季

在冬季，降雪是重要的降水形态，植被可以通过树冠截留雪影响土壤温度（Kropp et al.，

2021）。例如，在冻土主要分布的环北极地区，正在经历灌木的扩张，灌木因其更为高大且树冠更为复杂，降雪容易蓄积，并且由于升华造成的损失也相对较少，灌木丛中的积雪会更厚，有效减弱了冬季寒冷空气对土壤的冷却作用，从而促使土壤温度升高（Sturm et al.，2001）。灌木群落中的积雪较厚，积雪的低导热性、高吸收率和雪水渗入土壤后相变成冰过程释放的潜热，对冻土起到保温作用（Zhang，2005）。较高的冬季土壤温度通过增强有机质的微生物分解，促使更多的土壤养分释放，进一步提供灌木生长所需的养分，形成正反馈。大量的研究表明，植被影响了积雪的再分配，从而导致冬季土壤温度升高，但此效应因植被类型而异。在较高的灌木分布处，冬季土壤温度上升较为明显，但在矮小灌木和苔藓分布处，土壤温度的上升幅度则较小。因此，植被结构可以通过积雪对冬季土壤温度产生影响，并可能关键性地决定了冬季升温效应的强度。

积雪的高反照率可以缓解积雪在冬季产生的变暖效应。在北极地区，可以极大地减少积雪融化的太阳入射能量。但因为不同类型的积雪的反照率不同，所产生的影响也存在差异。未被破坏的积雪表面的反照率所产生的影响是最大的。此外，雪面反照率的影响同样存在着时间差异，一年四季都在变化，与秋季相比，春季的积雪反照率通常影响更大（Domine et al.，2016；Loranty et al.，2018；Wilcox et al.，2019）。局地的植被覆盖类型也可以对其产生影响。由于灌木具有深色的木质茎，灌丛丰富的区域反照率相比于低洼的苔原区域低 30%，因此前者会导致发生短暂的融雪，并在积雪层冻结形成冰层。冰层形成增加了积雪的密度和导热率，可能会限制冬季进一步积雪（Barrere et al.，2018），从而减弱或抵消冬季高大灌木冠层的变暖效应。

春季，极夜之后，太阳辐射的增加，反照率的作用变得更为明显。积雪的反照率效应减缓了积雪的融化和土壤变暖。然而，当高大的灌木覆盖于雪地之上时，较低的反照率会加速春季融雪（Bonfils et al.，2012；Loranty et al.，2011；Sturm et al.，2005），抵消春季积雪对土壤的冷却作用，从而加强冬季增温。

不同植被类型所产生的冬季变暖效应主要取决于植被的冠层结构，冠层结构决定了植被截留降雪的能力，从而决定了积雪的覆盖和积雪的反照率效应（Ksenofontov et al.，2019；Lawrence and Swenson，2011）。尽管普遍认为高大灌木覆盖的增加将导致冬季土壤变暖，但在夏季，植被冠层对土壤温度的影响没有得到准确量化，夏季土壤温度的变化是否能在一定条件下抵消冬季变暖效应以及如何抵消，目前尚未明确。

2. 夏季

与冬季植被对土壤的变暖效应相反，夏季的土壤温度记录和融化深度监测通常表明，植被对夏季土壤具有冷却效应。在北极地区，不同阶段的灌木植被覆盖下的土壤温度表明，夏季土壤降温与灌木高度的增加有关（Kropp et al.，2021），而对于森林或灌木地逐渐转化为泥炭地的区域，土壤温度则与具有隔热作用的土壤有机质层的逐步积累有关（Kropp et al.，2021）。除此之外，其他植被类型也有类似的冷却效果。苔原植被覆盖区的夏季土壤温度与夏季气温的关联性不大（Kropp et al.，2021）；禾本科植被覆盖下的冻土融化深度要比其他苔原植被类型浅。不同的植被类型可能以不同的方式影响夏季土壤温度，这取决于它们影响地表能量平衡和土壤热学性质的机制（Loranty et al.，2018）。

夏季地表的反照率是控制地表能量平衡的首要因素。反照率随着不同的反射表面而改变，如地衣可以增加反照率（Beringer et al.，2005；Juszak et al.，2016），而随着灌木和乔木等深色植被的高度和覆盖率逐渐增加，反照率往往会下降（Beringer et al.，2005）。此外，当地的水文状况也会显著影响地表反照率，积水地区相比于干燥地区的反照率低得多（Juszak et al.，2016）。因此，在不同的环境中，反照率在决定植被对土壤热力系统的影响方面具有十分重要的作用，也是相关差异产生的重要来源。

净地表辐射量提供了用于加热空气的能量（感热通量）、用于蒸散的能量（潜热通量）和用于加热土壤的能量（地表热通量）（Bonan，2015）。其中，地表热通量直接控制着土壤温度。地表热通量通常占北方生物群落总净辐射量的 5%（森林）～25%（湿润的苔原）（Beringer et al.，2005）。从贫瘠的苔原到丰富的森林，分配给感热和潜热通量的净辐射量比例趋于增加（Beringer et al.，2005）。分配给地表热通量的净辐射量比例则取决于植被对入射辐射的拦截程度，因为植被可以通过此遮蔽土壤表面。植被冠层拦截的短波净辐射越多，用于感热和潜热通量的辐射能量就越多，到达地面分配于地表热通量的能量就越少。

植被所截获的净辐射量部分被用于蒸散，包括从土壤和叶面蒸腾与蒸发（Huissteden，2020），后者以潜热的形式构成能量损失，促使用于周围空气和土壤升温的能量减少。植物不仅可以通过控制气孔传导和降低土壤水分有效性等方式，对这种蒸散产生的冷却效应进行调节（Bonan，2015；Domine et al.，2016），还可以有效拦截降水，进一步促进潜热损失（Subin et al.，2013；Zwieback et al.，2019）。随着植被高度和密度的增加，能量交换转移到树冠的更高位置，这实际上意味着更多的能量被分配到感热和潜热通量中，而较少的能量被分配到地表热通量中。

感热和潜热损失都会因空气混合所导致的空气层之间热传导的增加而增加。与冠层光滑的矮小植被相比，较高和较粗糙的树冠会增加空气湍流，树冠的温度将与大气的温度更紧密地耦合（Bonan，2015；Eugster et al.，2000）。然而，低矮的灌木树冠同时也被发现可以维持树冠下较寒冷的微气候（Aalto et al.，2018；Kemppinen et al.，2021）。一方面，因为它们的树冠密集、呈水平分枝（Kemppinen et al.，2021），这可以有效地拦截入射辐射能量并冷却土壤表层。另一方面，由于光滑的冠层内空气混合度低，较冷的地表温度与环境气温相关性相对较小（Aalto et al.，2018；Kemppinen et al.，2021）。上述对比说明了冠层结构及其空气动力学粗糙度在热通量分配中的复杂作用。虽然高大、粗糙的树冠引起的湍流增加了辐射能量在大气中的损失，但具有低矮、枝叶茂密的树冠，且高度一致的植被可以有效地减少大气湍流的形成，构成光滑的植被层，作为下垫面土壤的有效隔热层。

地表热通量不仅由计入潜热和感热损失后的净辐射的剩余部分决定，还受到土壤表面的热状态的影响（Loranty et al.，2018）。例如，在干燥且植被稀少的高纬度环境中，由于潜热损失小，地表热通量在总净辐射中的比例就相对较大（Huissteden，2020）。地表热通量由温度梯度驱动，并受到土壤热扩散性，即热量扩散到土壤中的能力的影响。例如，在潮湿的苔原地区，由于潮湿土壤的高导热性，地表热通量可能会较大（Beringer et al.，2005；Huissteden，2020）。而土壤水分和有机质对地面热状况有重要的控制作用。

植被变化对夏季土壤水分的影响难以量化。植被的存在可以改变整个土壤水热条件。植被蒸腾作用的增加和树冠的拦截导致土壤水分的减少（Bonfils et al.，2012；Domine et al.，

2016；Kemppinen et al.，2021；Subin et al.，2013；Zwieback et al.，2019），使得土壤干燥，降低了土壤的导热性，从而降低了地表热通量（Douglas et al.，2020；Subin et al.，2013）。此外，由于树冠拦截导致降水量减少，同时减少了与雨水本身的热量有关的土壤热量输入（Douglas et al.，2020）。然而，土壤水分和热扩散性也受气候、微地形和侧向径流、土壤和有机层的保水性以及多年冻土范围和地下冰含量的控制（Loranty et al.，2018；Minke et al.，2009；Osterkamp et al.，2009）。这些因素可以与植被的因素相互制约，甚至超越植被因素对土壤的影响，导致土壤的湿润度、热扩散性和融化深度呈现微观的空间异质性。

植物凋落物、苔藓及地衣构成的下层植被也对冻土融化深度有着重要的影响（Aartsma et al.，2021；Beringer et al.，2005）。苔藓通常构成苔原植被的下层，在较潮湿的苔原地区，可以形成导热性低的隔层，从而有效地隔离多年冻土（Aguirre et al.，2021；Blok et al.，2011；Gornall et al.，2007；Soudzilovskaia et al.，2013）。隔热效果取决于苔藓层的厚度及其水分状况。与土壤有机层相似，苔藓的导热性与苔藓的水分含量呈正向线性相关（Soudzilovskaia et al.，2013）。而地衣则相反，尽管地衣的导热率很低，但由于其热容量低，并不能有效减少地表热通量（Aartsma et al.，2021；Grünberg et al.，2020）。

在夏季，虽然灌木层下冻土融化深度相比于苔藓和地衣层下更浅，但随着灌木高度的不断增加，年平均土壤温度往往更高。首先，就温度变化幅度绝对值而言，植被所产生的冬季变暖效应往往强于夏季变冷效应（Frost et al.，2018；Kropp et al.，2021；Myers-Smith and Hik，2013）。其次，在高纬度地区，冬季时间要长于夏季。由此产生的全年变暖导致多年冻土温度逐渐升高，将进一步导致多年冻土退化（Kropp et al.，2021）。然而，大多数关于植被对多年冻土影响的评估都集中在表层土壤的温度上，对 20 cm 以下的土壤冬季变暖和夏季变冷的相对影响知之甚少。此外，考虑冠层高度、密度及其结构在积雪过程及热通量分配中的重要性，冬、夏两季的热效应机制可能会在不同的植被类型中存在不同的平衡关系（Beringer et al.，2005；Eugster et al.，2000；Huissteden，2020；Lawrence and Swenson，2011）。但灌木以外的植被类型（如禾本科植物、苔藓或混合植被）对全年地表温度的影响还没有被广泛地量化（Grünberg et al.，2020）。

植被-多年冻土反馈机制严重依赖于局地的景观结构。例如，微地形是影响多年冻土分布的重要因素，即便是很小的变化也会影响雪深、土壤温度、土壤水分、土壤肥力、生长季节的长度和融化深度。这种协同变化机制是生态系统的一个组成部分，同时有可能导致植被类型对多年冻土状态影响的差异（图 2-2）。

2.3.2　植被对多年冻土变化的响应

植被是陆地生态系统的一个重要组成部分，在能量平衡、水文过程、碳循环以及水热交换过程中起着重要作用（Piao et al.，2003）。同时，植被也具有固碳作用，这会改变碳平衡以及减少温室气体的释放（Hu et al.，2010；Piao et al.，2003）。因此，针对植被生长变化的研究也是全球气候变化的一个重要分支。对于植被变化的影响因素的讨论，主要集中于气温和降水因素（Bao et al.，2015；Kim et al.，2014；Liu Y et al.，2016），强调气候变化在地方、区域和全球范围内对植被的直接影响。但仅靠气候因素不足以解释植被变化对环境的复杂反馈。高纬度变暖加速了多年冻土的退化，多年冻土特征的变化，如温度、活动层厚度的增加及范围的减少，进一步影响了区域水文动态和生态系统结构，这可能会对植被产生重要的影响。而且，多年冻土独特的冻融循环特征对植被的影响与其他地区不同。多年冻土作为一个敏感的主体，其变化对植被生长有很重要的影响，也有助于预测未来植被生长及对水文过程的影响。

随着多年冻土区温度的快速上升，以前冻结的土壤开始融化，释放出更多的碳，进一步放大了全球气候变暖效应（Schuur et al.，2015）。多年冻土由于对气候变暖高度敏感而正在退化，多年冻土范围大幅减少，土壤温度、年融化时间（即融化开始较早，结束较晚）和活动层厚度都在增加（Biskaborn et al.，2019）。例如，Wang 等（2019）研究表明，青藏高原多年冻土范围明显缩减，1980～2010 年的退化速度为 6.6×10^{4} km^2/10a。基于全球陆地网络对多年冻土温度的实地测量，Biskaborn 等（2019）发现 2007～2016 年多年冻土地区的年平均地温（MAGT）平均上升（0.29 ± 0.12）℃。此外，过去 30 年，在东西伯利亚北极大陆架观察到活动层厚度以 14 cm/a 的趋势增加（Shakhova et al.，2017）。所有这些变化不仅改变了多年冻土的空间范围和热状态、活动层厚度、冻融状态和雪深（Schuur et al.，2009），还通过影响土壤水文和营养物质变化调节植被生长和生态系统碳吸收（Chen et al.，2012；Jin et al.，2021）。例如，更早开始的冻土融化过程和活动层厚度增加预计会增加植被对多年冻土水文动态的敏感性与土壤养分的可用性（Keuper et al.，2012；Walvoord and Kurylyk，2016）。

从融化指数、降水、活动层厚度、冻融循环来考虑对植被的影响。融化指数是一年之中温度大于 0℃ 的累积。融化指数的升高促进了植被的生长，其机制同气温对植被生长的影响机制一致（Bao et al.，2015；Piao et al.，2011）。降水是影响植被生长的另一个重要因素，特别是在干旱和半干旱地区，它会促进生长季的延长（Djebou et al.，2015）。同时，多年冻土区降水增加也会提升热传导，促进土壤融化深度的加深，从而有利于植被的生长。在北半球多年冻土区，尽管融化指数和降水对植被生长产生了很大的影响，但是影响最大的是土壤的冻融循环过程，特别是在春秋季节。春季，土壤开始融化，融化深度很浅，因此降水大部分转化为地表径流。秋季，土壤表层已经开始冻结，阻碍了更多的降水转化为土壤水分。此外，活动层厚度也是影响植被生长的重要因子。一般来讲，活动层厚度增加可为植被生长提供更加充足的温度。然而，活动层越厚并不代表植被生长越好。例如，在星状、岛状多年冻土区，活动层厚度很厚，但是受到植被的根系深度的限制。在多年冻土区，土壤温度是影响植被生长最直接的因素，因为其为植被生长直接提供热量（彭小清等，2013），所以土壤温度与植被的相关性要大于融化指数与植被的关系。而且，不同的季节，归一化植被指数与不同深度土壤温度相关性不一样，可能与土壤冻融过程有关。连续 5 天地表无冻结记为土壤融化首日，它与春季植被相关性最显著，所以融化过程提前有利于植被的生长（Wang et al.，2011；Zhang et al.，2013）。融化天数的延长会促进植被的生长（Kropp et al.，2021；Liu Q et al.，2016）。

除以上影响多年冻土区植被生长的潜在因素外，土壤水分也是影响植被生长的一个重要因子。由于分析资料或者是遥感反演的土壤水分数据的不确定性很大，观测难度较大且又涉及未冻水的监测，故此没有考虑土壤水分。在冬季，积雪深度和积雪覆盖等过程也会影响冬季植被生长（Grippa et al.，2005；Yu et al.，2013）。大气 CO_2 浓度也是植被生长的敏感因素（Piao et al.，2019）。在气候变暖的背景下，地表覆盖类型也在发生相应的变化，如环北极地区灌木的扩张（Blok et al.，2011）。地表覆盖类型的变化，通过改变物种类型影响植被生长（Zhu et al.，2016）。同样，环境因子对植被生长也会产生重大影响，如高程、坡向，它们会影响太阳辐射以及水文过程（Peng et al.，2012）。

2.4 积雪对多年冻土的影响

冻土与积雪是冰冻圈的重要组成部分，也是全球气候系统的重要组成部分，对地气水热交换、地表能量平衡、地表水文过程、生态系统等具有不可忽视的影响。积雪存在着显著的季节和年际变化，其范围、动态及属性的变化能对大气环流和气候变化做出迅速反应，被认为是气候变化的重要指示器。积雪是冰冻圈的主要存在形式之一，其覆盖范围占全球陆地面积的 1.3%～30.6%，北半球多年平均最大积雪范围可占北半球陆地面积的 49%。随着全球变暖，气候变化日益明显，气候极端事件发生频率不断增加，积雪及其属性也在发生改变，继而影响冰冻圈和其他圈层的变化。

季节性积雪是地球表面存在时间不超过一年的雪层，简称积雪。它存在于寒冷季节的大气与地表之间，是控制地表热状况的重要因素。积雪对地表热状况的影响由许多因素决定，但由于积雪通常在高纬度地区稳定存在，因此被视为是寒冷季节保护地面免受热量损失的隔热层。积雪对地表热状态的影响可以通过高反照率、高发射率、高吸收率、低热导率及其融化潜热等因素来解释（Zhang，2005）。

积雪表面的反照率范围从小于 0.60（湿雪和融雪）到大于 0.85（新雪）。在多云条件下，积雪的反照率可以大于 0.90（Wendler and Kelley，1988；Zhang et al.，1996b）。高反照率导致吸收的太阳辐射能量减少和积雪表面温度降低。由于太阳高度、总辐射以及反照率随时间和空间变化会影响地表辐射平衡，因此地表温度存在时空变化。秋季积雪期的太阳高度远低于春季融雪期，特别是在北极和亚北极地区。因此，春季到达雪面的总辐射远大于秋季。尽管春季的雪面反照率低于秋季，但春季净反照率效应对地表辐射平衡及雪面温度影响大于秋季。例如，在阿拉斯加北部，9 月末到 10 月初通常达到降雪稳定，5 月末或 6 月初积雪开始融化（Zhang et al.，1996b），相应的总辐射量为 40～80 W/m^2、240～280 W/m^2（图 2-3）（Serreze et al.，1998；Stone et al.，2002）。如果秋季新雪的反照率为 0.80，春季融雪的反照率为 0.60，则秋季、春季吸收的太阳辐射分别为 8～16 W/m^2、96～112 W/m^2。在阿拉斯加北部，春季地表辐射平衡的净反照率效应是秋季的 8～15 倍。然而，高纬度地区的融雪过程通常在一周或 10 天内迅速完成（Kane et al.，1991；Stone et al.，2002；Zhang et al.，1996a）。春季融雪期的积雪反照率效应在季节或全年的尺度上是有限的。中低纬度地区的太阳高度更高，所以其雪面温度的反照率效应大于高纬度地区。由于冬季太阳高度较低，在高纬度地区，积雪反照率对雪面的冷却作用相对有限。

积雪在辐射光谱的热红外波段具有较高的辐射发射率，其发射率范围为 0.96～0.99，平均约为 0.98，基本高于沙子、泥土等其他地物类型。积雪表面较高的发射率会导致出射的长波辐射增加，从而使雪面温度降低。如果从平均发射率为 0.98 的积雪表面和平均发射率为 0.9 的裸露的土壤表面释放等能量的长波辐射，前者的温度低于后者 3.6～4.4℃。但是，积雪同样具有较高的辐射吸收率。研究表明，云的影响可以使北极和亚北极地区的融雪开始日期的变化幅度达到 1 个月，这一现象产生的主要原因即为大气沉降流的较强长波辐射与积雪表面接近于黑体的高辐射吸收率。通常，在寒冷、干燥和晴朗的天空条件下，雪面较高的发射率可能会导致地表变冷，并且经常会出现低层逆温现象（Serreze et al., 1992）。对于云覆盖较多或相对潮湿的天空，大气沉降流的长波辐射较强，雪面由于其较高的吸收率可能会吸收更多的能量，从而导致地表温度较高。雪的发射率和吸收率对雪面温度的总体影响取决于具体的大气条件。

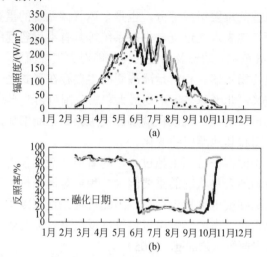

图 2-3　基于巴罗观测站点的下行（实线）和上行（虚线）太阳辐照度的季节变化（a）和相同两年的衍生反照率（b）

(a) 包括了春季融化季节晚期（1994 年，灰色曲线）和早期（1998 年，黑色曲线）；(b) 中反照率 30%作为阈值用于确定该站点积雪融化的日期

积雪具有低热导率的特征，因此季节性积雪被视为大气和地表之间的隔热层。气温变化和积雪的开始时间、持续时间、厚度等因素共同决定着积雪覆盖下的地表温度。地表温度可能低于或远高于雪面温度，但积雪的隔热作用通常可以有效防止土壤表面的冷却，具有保温作用，在积雪对地表热状态的影响中起着重要作用。

融雪是一种能量汇，具有融化潜热。融雪初期，即使气温可能远高于 0℃，融雪也会使地表温度保持在 0℃，导致地表一定程度的冷却和年平均地温的降低。在融雪进行的过程中，因为积雪融水的重新冻结和潜热的释放，会使整个雪层变暖，积雪温度逐渐升高，并在几天内达到 0℃，导致土壤表面增温。但是，潜热对地表温度的影响机制十分复杂，有待进一步探索。由于融雪通常发生得非常迅速，在高纬度地区整个融雪过程通常在 1～2 周内发生，潜热影响土壤温度的时间非常有限。

积雪覆盖下所发生的其他过程，如非传导热传递、雪变质和致密化过程，可能对大气和地表之间的能量交换产生不同的影响。季节性积雪的高反照率和热辐射率往往会使雪面变冷，从而使雪层与覆盖的土壤变冷。根据气象数据，积雪表面的平均冬季温度可能比冬季平均气温低 0.5～2.0℃。融雪的潜热延缓了土壤表面变暖，但积雪融水的重新冻结会释放潜热并增温，从而增加积雪覆盖下的地表和土壤温度。这一机制导致积雪具有隔热作用和更高的吸收率，使地表和下层土壤相对变暖。

　　季节性积雪对地热状态的净影响取决于积雪时间、积雪持续时间、累积和融化过程，以及雪深、积雪密度和结构，微气象条件、局地微地貌、植被覆盖和地理位置的相互作用。而这些积雪属性通常具有明显的时空差异。积雪的时空变化非常显著，积雪的时空变化可能会导致地面热状态的方向与幅度变化。积雪时间是指降雪开始的日期（晚秋或初冬）和积雪消失的日期（春季），即积雪首日与积雪终日。而季节性积雪的持续时间是指积雪覆盖地表的时间段，即积雪日数。例如，1981～1999 年青藏高原地区冬春季积雪日数在 20 世纪 80 年代增加，从 90 年代开始呈减少趋势（高荣等，2003）。整个青藏高原地区除念青唐古拉山系、帕米尔高原部分地区以及祁连山系部分地区积雪日数显著增加外，大部分区域积雪日数显著减少（孙燕华等，2015）。

　　秋季积雪期开始时，积雪相对较薄且气温在 0℃左右波动时，积雪对地表有降温冷却作用。之所以会出现这种降温效果，是因为当秋季太阳高度仍然相对较高时，新雪的地表反照率相对较高。但是，冷却效应的持续时间可能很短，因此它对年平均地温的影响也较小。随着气温的下降和积雪厚度随时间的增加，积雪的保温作用成为主导因素，有效地阻止了地面冷却。积雪的隔热保温作用所持续时间可能从几周到几个月不等，具体取决于积雪分布的地理位置。春季积雪融化的时候，地表温度相对气温较低，主要是因为相当一部分太阳辐射在融雪过程中被反射和消耗。融雪通常是一个非常迅速的过程，在北极和亚北极地区通常需要几天到几周的时间（Hinzman et al.，1991；Kane et al.，1991；Stone et al.，2002；Weller and Holmgren，1974；Zhang et al.，1996b）。所以，融雪过程对地表的冷却作用在短期内可能很显著，但对年平均地表温度的影响微弱。

　　地面热状态受积雪的影响与时间尺度有关。在日尺度基础上，积雪导致地表温度状态改变的方向及幅度取决于气温的变化和先前的地表热状态（Zhang et al.，1997）。图 2-4 显示了 1987 年 3 月中旬至 1988 年 3 月中旬阿拉斯加北部 Franklin Bluffs 的日平均地表温度和气温之间的差异。夏季（6～9 月）二者的差异在-1～5℃，而在地表被雪覆盖的寒冷季节，差异可以达到-10～20℃。在积雪期，地表温度通常比气温高约几摄氏度，而 1988 年冬季，最大高出 36.3℃。当暖气团进入该地区时，积雪会阻止地表变暖（图 2-4 中 12 月至次年 3

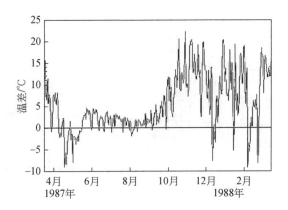

图2-4　1987 年 3 月中旬至 1988 年 3 月中旬阿拉斯加北部 Franklin Bluffs 的日平均地表温度和气温之间的差异（Zhang et al.，1997；Zhang，2005）

月的负峰）。根据 1992 年冬季普拉德霍湾西码头的温度记录，地表温度与气温的差异最高可达-13.8℃。在 1987 年 4 月下旬和 5 月上旬（图 2-4），由于融雪的影响，地表温度始终比气温低几摄氏度。

1987～1992 年阿拉斯加北部无积雪覆盖地表［图 2-5（a）］和有积雪覆盖地表［图 2-5（b）］的日均气温（T_0）与地表温度（T_0）的关系（Zhang et al.，1997）如图 2-5 所示。在无雪期间，日均气温与地表温度之间存在较强的线性相关性，相关系数为 0.79，标准差为 2.65℃。在冰雪覆盖期间，这种线性相关性减弱，相关系数为 0.69，标准差为 5.63℃。这表明，积雪可以通过其隔热作用对地表产生保温或冷却的影响。

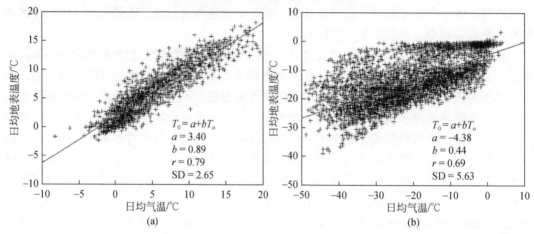

图 2-5　1987～1992 年阿拉斯加北部无积雪覆盖地表（a）和有积雪覆盖地表（b）的日均气温与地表温度的关系（Zhang et al.，1997）

积雪还可以降低每日地表温度的变化幅度（图 2-6）。在无雪期间，地表温度与气温的变化幅度相同，为 4～8℃。冰雪覆盖期间，地表温度变化幅度范围不足 2℃，大部分时间甚至低于 1℃（图 2-6）。

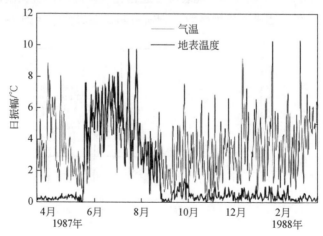

图 2-6　1987 年 3 月中旬至 1988 年 3 月中旬期间阿拉斯加北部 Franklin Bluffs 的气温（细线）和地表温度（粗线）的每日变化（Zhang et al.，1997；Zhang，2005）

基于月尺度,积雪对地表温度的影响与所处的年内时段较为相关。图 2-7 显示了 1987～
1992 年阿拉斯加北部三个地点的月平均地表温度和气温之间的差异(Zhang et al.,1997)。
由于新雪的密度低、热导率低,因此积雪在初冬的隔热效果更为明显,并且活动层冻结放
热也有助于防止地表冷却,所以三地的地表温度均在 11 月达到最大。而由于融雪过程的影
响,5 月气温高于地表温度。此外,雪深对土壤表面能量平衡的影响还具有阶段性:从活
动层冻结之日到雪深达到最大之日(第二阶段和第三阶段),积雪深度对土壤表面能量平衡
有直接影响(Sokratov and Barry,2002)。

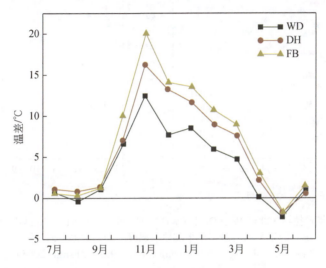

图 2-7　1987～1992 年阿拉斯加北部 West Dock(WD)、Deadhorse(DH)和 Franklin Bluffs(FB)的月平
均地表温度和气温之间的温差(Zhang et al.,1997;Zhang,2005)

在年尺度上,积雪通常会对北极的地表温度产生正向的影响。例如,阿拉斯加北部的
年平均气温约为-13℃,而由于积雪的影响,年平均地表温度范围则为-10～-5℃(图 2-8)。
而夏季无雪期间地表温度与气温的平均温差则为 1.1℃,以此作为参照,积雪可以使该地区
年平均地表温度升高 4～9℃(图 2-8)。

积雪厚度是决定积雪对寒冷地区地面热状况影响程度的另一重要因素。积雪厚度与积
雪的隔热作用存在着非线性关系,从而影响着地表温度。当积雪相对较薄且反照率较高时,
积雪会导致土壤表面较冷。随着积雪厚度的增加,积雪可以有效地隔热,导致土壤表面变
暖。当积雪厚度达到约 40 cm 时,隔热效果达到最大。但随着积雪厚度的不断增加,积雪
的保温作用降低。由于积雪的反照率和潜热效应,厚度足够维持到春末或夏季的积雪又将
对地表温度产生负向影响。积雪厚度的进一步增加可能会形成多年的稳定积雪或冰川,季
节性气温变化将无法传递到地表,积雪再次对地表温度产生正向影响。积雪厚度增加 5～
15 cm 会导致年平均地表温度升高 1℃。当年平均气温为负值时,如果有足够厚的积雪覆盖,
年平均地表温度仍可能为正值。

积雪密度和积雪结构决定着积雪的导热率,而积雪对地面热状态的绝缘作用是由于其
低导热率。积雪密度范围从小于 100 kg/m³(新雪和深度白)到大于 600 kg/m³(融雪和风

板）。这样的雪密度变化范围对积雪的导热特性有显著影响，使积雪具有隔热作用，因此积雪导热性的变化对地表、活动层和多年冻土有着重要影响。

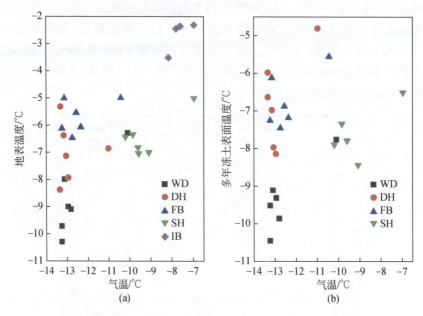

图 2-8　1987～1992 年阿拉斯加北部 West Dock（WD）、Deadhorse（DH）、Franklin Bluffs（FB）、Sagwon（SH）和 Toolik Lake（IB）的年平均气温和年平均地表温度之间的关系（a）及年平均气温和多年冻土表面温度之间的关系（b）（Zhang et al.，1997；Zhang，2005）

　　积雪可以通过影响地表温度的变化来影响植被生态。关于植被-积雪的相互作用，一方面积雪对植被有影响，物种、群落、景观和群系等不同尺度水平对积雪的响应机制不同。另一方面，季节性积雪与地表微地形和植被相结合，对寒冷地区季节性冻融和多年冻土的分布、温度和厚度产生了深远的影响。

　　积雪与其他环境因素相结合，显著影响着连续多年冻土的温度和厚度。在阿拉斯加北部，距北极海岸约 120 km 范围内，年平均气温约-12.4℃，而年平均多年冻土表面温度范围为-9.1～-5.0℃，冻土厚度从沿海的 600 m 减少到阿拉斯加北部的约 350 m（Zhang et al.，1997）（图 2-9）。除融化期长短和夏季气温外，风、微地形、植被与季节性积雪的物理特性

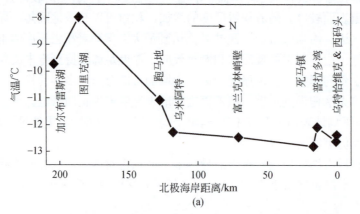

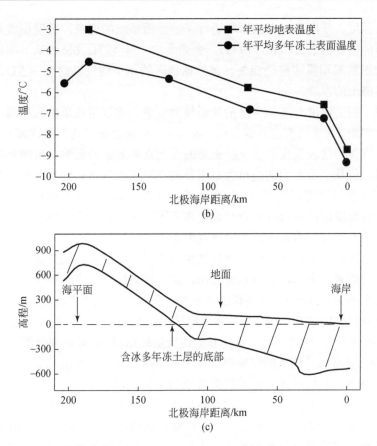

图 2-9　年平均气温（a）、地表温度和多年冻土表面温度（b）以及多年冻土厚度（c）随距离阿拉斯加北部北极海岸距离的变化（Zhang et al.，1997；Zhang，2005）

（如密度和结构）和季节性积雪的热学特征也均为影响阿拉斯加北部多年冻土温度的主要因素。北极沿岸地区地形平坦，风力强，植被覆盖较少。这些特点使得积雪产生动力学改变，如被风吹蚀或更为坚硬。这些变化都将使得积雪的隔热效果减弱，从而使得区域多年冻土的温度下降。相反，北极内陆地区风速较低，地表复杂，植被发育较好，积雪被植被和粗糙的地表所阻挡，从而增加了隔热效果，使得多年冻土温度较低。

在加拿大北极群岛，积雪的影响有着明显的空间异质性。因为多年冻土区南部的降雪量较少，密度较大，并且受到风力影响积雪分布非常不均匀，致使积雪对地表的隔热效果极大减弱（Brown and Péwé，1973；Brown，1972）。在加拿大哈得孙湾东部，植被和季节性积雪同样对地表温度产生了难以忽视的影响。在存在低矮植被（苔藓或地衣）和积雪的地方，地表温度较低，而在积雪较厚的较为高大的植被（灌木或乔木）覆盖的地方，地表温度较高。北方森林和针叶林生态区的多年冻土温度在-2～-1℃不等，而在加拿大西北部的苔原生态区多年冻土温度明显较低（约-6℃）。苔原生态区往往寒冷季节时间更长，地表缺乏积雪覆盖可以解释这种多年冻土温度的剧烈变化（Smith et al.，1998）。

季节性积雪不仅对连续多年冻土温度和厚度有重大影响，在不连续多年冻土的分布中也起着重要的作用。自 1950 年以来，已在魁北克北部的舍弗维尔附近对积雪对不连续多年冻土区的冻土温度、厚度和分布的影响进行了全面而系统的调查，发现积雪是控制该地区多年冻土分布的主要因素（Gold，1973）。舍弗维尔（54°48′N，66°49′W）附近不连续多年冻土的分布与积雪累积模式密切相关。虽然该地区的年平均气温约为-4.5℃，但积雪阻止了该地区多年冻土的发展。

一般来说，积雪深度与多年冻土的关系极为复杂，难以用简单的积雪深度阈值对多年冻土分布进行判断。大量的实测数据表明，多年冻土可能会在平均积雪深度小于70~75 cm的区域形成。雪深与地表温度和多年冻土之间受到众多要素的影响，可能存在更复杂的响应机制与联系，但从三者之间的简单关系出发同样对冻土分布研究具有积极意义。例如，约50 cm或更大积雪深度可能会阻止加拿大哈得孙湾东部多年冻土的形成。在魁北克哈得孙湾沿岸，积雪深度超过80 cm的森林或灌木下不存在多年冻土（Ménard et al.，1998）。当然，积雪对于多年冻土的影响程度仍难以确定。

高纬度零星冻土区的存在主要受该区域积雪的覆盖、泥炭层的形成以及富含冰的多年冻土中的潜热等因素的影响，且与积雪相比，泥炭层对地热状态和多年冻土的影响相反。泥炭层是由密度小于400 kg/m^{3}的腐烂或部分腐烂的植物残骸组成的沉积层。在夏季，泥炭层较干燥且具有良好的隔热作用，导热系数范围为0.3~0.6 W/（m·K），秋季的降水浸润泥炭层，使其达到接近饱和水平。当接近饱和的泥炭层冻结时，其导热率急剧增加，变为1.1~1.6 W/（m·K）。夏季低导热率的泥炭层减少了多年冻土到大气中的热量损失，而冬季冷冻泥炭层导热率增高，并且该区域无积雪覆盖或积雪深度较小，就会导致多年冻土的热量损失增加。因此，多年冻土区南部边缘的泥炭层下可能有多年冻土。例如，由于覆盖积雪较薄、泥炭层较厚和多年冻土含冰量较高这三种要素的综合作用，阿尔泰山南侧海拔2200 m处存在多年冻土。这种综合效应的产生是由于季节性积雪和泥炭层对地面热状况的相反影响。星状和岛状多年冻土的持续存在使多年冻土对气候变化的响应的解释更加复杂。

中低纬度的高海拔地区由于风力造成的积雪稀薄或没有积雪是多年冻土形成或存在的主要因素。冬季积雪量较小和风力较强使得林线以上范围积雪难以累积，是北美山脉多年冻土形成与发育的主要因素。另外，堆积在洼地和背风侧的积雪可能导致下垫面的温度变化。如果降雪主要发生在大风的秋季或初冬，则可能会出现积雪的保温效应，导致地表温度升高。山坡上所堆积的积雪厚度可以达到几米到几十米不等，厚厚的积雪会增加融雪过程所需的时间，从而缩短春季或初夏地面无雪的时间长度，延长积雪期。在这种情况下，入射太阳辐射的影响降至最低，并消耗大量能量融化积雪。

秋季主要降雪的时间与冷空气的出现在很大程度上影响了积雪对地表热状态的影响。例如，科罗拉多落基山脉地区较长的季节性积雪时间可能为多年冻土的形成提供了极其有利的环境。相对较低的年平均气温（在3500 m处约为-1.0℃，在3750 m处为-4.0℃），在春季（4~5月）该地区发生极大降雪事件，积雪的高反照率和融雪导致的潜热消耗使地表冷却，为该地区多年冻土发育提供了有利条件。

2.5 本章小结

本章围绕多年冻土的发育形成条件，主要阐述了多年冻土发育的气候、环境、土壤等条件，并且进行了详细的理论解释和论述。在此基础上，进一步总结归纳了冻土制图的发展历史和方法，包括了传统的冻土调查、经验统计、经验物理模型以及物理模型模拟。从机制方面，系统阐述了多年冻土与植被、积雪之间的相互作用机制。

　　总体上，多年冻土是历史气候的产物，这也是其形成发育的基本条件，但是受到其他环境因素影响。通过不同的方法开展多年冻土分布模拟，在过去 40 年开展了大量的研究工作，不同方法在青藏高原和环北极多年冻土分布模拟上，结果一致，但也存在一定差异。植被和积雪上覆于多年冻土，在不同的季节，通过积雪、植被的反照率、降雨与积雪的截留作用，改变地气之间的能量交换、活动层水热状态。冬季和春季更多地取决于植被与积雪的相互作用；而夏季，植被对多年冻土的影响则与地表反照率的变化、热通量分配以及表层土壤热传导性质相关。

思　考　题

（1）多年冻土发育及形成条件有哪些？这些要素在多年冻土形成中如何发挥作用？

（2）简述目前多年冻土分布探测、模拟方法有哪些，并简述这些方法的优缺点。

（3）植被、积雪如何影响多年冻土的存在、水热状态？

参 考 文 献

高荣，韦志刚，董文杰，等. 2003. 20 世纪后期青藏高原积雪和冻土变化及其与气候变化的关系. 高原气象，22（2）：191-196.

彭小清，张廷军，潘小多，等. 2013. 祁连山区黑河流域季节冻土时空变化研究. 地球科学进展，28（4）：497-508.

孙燕华，黄晓东，王玮，等. 2015. 2003—2010 年青藏高原积雪及雪水当量的时空变化. 冰川冻土，36：1337-1344.

Aalto J，Scherrer D，Lenoir J，et al. 2018. Biogeophysical controls on soil-atmosphere thermal differences: Implications onwarming Arctic ecosystems. Environmental Research Letters，13（7）：074003.

Aartsma P，Asplund J，Odland A，et al. 2021. Microclimatic comparison of lichen heaths and shrubs: Shrubification generates atmospheric heating but subsurface cooling during the growing season. Biogeosciences，18（5）：1577-1599.

Aguirre D，Benhumea A E，McLaren J R. 2021. Shrub encroachment affects tundra ecosystem properties through their living canopy rather than increased litter inputs. Soil Biology and Biochemistry，153：108121.

Bao G，Bao Y，Sanjjava A，et al. 2015. NDVI—indicated long-term vegetation dynamics in Mongolia and their response to climate change at biome scale. International Journal of Climatology，35（14）：4293-4306.

Barrere M，Domine F，Belke-Brea M，et al. 2018. Snowmelt events in autumn can reduce or cancel the soil warming effect of snow-vegetation interactions in the Arctic. Journal of Climate，31（23）：9507-9518.

Beringer J，Chapin III F S，Thompson C C，et al. 2005. Surface energy exchanges along a tundra-forest transition and feedbacks to climate. Agricultural and Forest Meteorology，131（3-4）：143-161.

Biskaborn B K，Smith S L，Noetzli J，et al. 2019. Permafrost is warming at a global scale. Nature Communications，10（1）：264.

Blok D，Heijmans M，Schaepman-Strub G，et al. 2011. The cooling capacity of mosses：Controls on water and energy fluxes in a Siberian tundra site. Ecosystems，14（7）：1056-1065.

Bonan G. 2015. Ecological Climatology：Concepts and Applications. Cambridge：Cambridge University Press.

Bonfils C，Phillips T，Lawrence D，et al. 2012. On the influence of shrub height and expansion on northern high latitude climate. Environmental Research Letters，7（1）：015503.

Brown J，Ferrians O J，Heginbottom Jr J A，et al. 2002. Circum-Arctic Map of Permafrost and Ground-Ice Conditions. Version 2. Boulder, Colorado，USA: National Snow and Ice Data Center.

Brown R J E. 1972. Permafrost in the Canadian Arctic Archipelago. Zeitschrift fur Geomorphologie，13：102-130.

Brown R J，Péwé T L. 1973. Distribution of permafrost in North America and its relationship to the environment：A review，1963-1973//2nd International Conference on Permafrost Proceedings. Yakutsk：Union of Soviet Socialist Republics：71-100.

Cao B，Zhang T，Wu Q，et al. 2019. Brief communication：Evaluation and inter-comparisons of Qinghai-Tibet Plateau permafrost maps based on a new inventory of field evidence. The Cryosphere，13（2）：511-519.

Chen S，Liu W，Qin X，et al. 2012. Response characteristics of vegetation and soil environment to permafrost degradation in the upstream regions of the Shule River Basin. Environmental Research Letters，7（4）：045406.

Djebou D CS，Singh V P，Frauenfeld O W. 2015. Vegetation response to precipitation across the aridity gradient of the southwestern United States. Journal of Arid Environments，115：36-43.

Domine F，Barrere M，Morin S. 2016. The growth of shrubs on high Arctic tundra at Bylot Island：Impact on snow physical properties and permafrost thermal regime. Biogeosciences，13（23）：6471-6486.

Douglas T A，Turetsky M R，Koven C D. 2020. Increased rainfall stimulates permafrost thaw across a variety of Interior Alaskan boreal ecosystems. NPJ Climate and Atmospheric Science，3（1）：1-7.

Eugster W，Rouse W R，Pielke Sr R A，et al. 2000. Land-atmosphere energy exchange in Arctic tundra and boreal forest：Available data and feedbacks to climate. Global Change Biology，6（S1）：84-115.

Frost G V，Epstein H E，Walker D A，et al. 2018. Seasonal and long-term changes to active-layer temperatures after tall shrubland expansion and succession in Arctic tundra. Ecosystems，21（3）：507-520.

Gold L W. 1973. Thermal Conditions in Permafrost-A review of North American Literature. Proceedings of Second Conference on Permafrost，North America Contribution. Yakutsk: Union of Soviet Socialist Republics：3-25.

Gornall J，Jónsdóttir I，Woodin S，et al. 2007. Arctic mosses govern below-ground environment and ecosystem processes. Oecologia，153（4）：931-941.

Grippa M，Kergoat L，Le Toan T，et al. 2005. The impact of snow depth and snowmelt on the vegetation variability over central Siberia. Geophysical Research Letters，32（21）：L21412.

Gruber S. 2012. Derivation and analysis of a high-resolution estimate of global permafrost zonation. The Cryosphere，6（1）：221-233.

Grünberg I，Wilcox E J，Zwieback S，et al. 2020. Linking tundra vegetation，snow，soil temperature，and permafrost. Biogeosciences，17（16）：4261-4279.

Heijmans M M PD，Magnússon R Í，Lara M J，et al. 2022. Tundra vegetation change and impacts on permafrost. Nature Reviews Earth & Environment，3（1）：68-84.

Hinzman L，Kane D，Gieck R，et al. 1991. Hydrologic and thermal properties of the active layer in the Alaskan Arctic. Cold Regions Science and Technology，19：96-110.

Hu J，Moore D J，Burns S P，et al. 2010. Longer growing seasons lead to less carbon sequestration by a subalpine forest. Global Change Biology，16（2）：771-783.

Huissteden J V. 2020. Thawing Permafrost：Permafrost Carbon in a Warming Arctic. New York：Springer.

Jin X Y，Jin H J，Iwahana G，et al. 2021. Impacts of climate-induced permafrost degradation on vegetation：A review. Advances in Climate Change Research，12（1）：29-47.

Jorgenson M T T，Romanovsky V，Harden J，et al. 2010. Resilience and vulnerability of permafrost to climate change. Canadian Journal of Forest Research，40：1219-1236.

Juszak I，Eugster W，Heijmans M M，et al. 2016. Contrasting radiation and soil heat fluxes in Arctic shrub and wet sedge tundra. Biogeosciences，13（13）：4049-4064.

Kane D L，Hinzman L D，Zarling J P. 1991. Thermal response of the active layer to climatic warming in a permafrost environment. Cold Regions Science and Technology，19：111-122.

Kemppinen J，Niittynen P，Virkkala A M，et al. 2021. Dwarf shrubs impact tundra soils：Drier，colder，and less organic carbon. Ecosystems，24（6）：1378-1392.

Keuper F，van Bodegom P M，Dorrepaal E，et al. 2012. A frozen feast：Thawing permafrost increases plant-available nitrogen in subarctic peatlands. Global Change Biology，18（6）：1998-2007.

Kim Y，Kimball J S，Didan K，et al. 2014. Response of vegetation growth and productivity to spring climate indicators in the conterminous United States derived from satellite remote sensing data fusion. Agricultural and Forest Meteorology，194：132-143.

Kropp H，Loranty M M，Natali S M，et al. 2021. Shallow soils are warmer under trees and tall shrubs across Arctic and boreal ecosystems. Environmental Research Letters，16（1）：01500.

Ksenofontov S，Backhaus N，Schaepman-Strub G. 2019. 'There are new species'：Indigenous knowledge of biodiversity change in Arctic Yakutia. Polar Geography，42（1）：34-57.

Lawrence D M，Swenson S C. 2011. Permafrost response to increasing Arctic shrub abundance depends on the relative influence of shrubs on local soil cooling versus large-scale climate warming. Environmental Research Letters，6（4）：045504.

Liu Q，Fu Y H，Zhu Z，et al. 2016. Delayed autumn phenology in the Northern Hemisphere is related to change in both climate and spring phenology. Global Change Biology，22（11）：3702-3711.

Liu Y，Wang L，Liu B，et al. 2016. Observed changes in shallow soil temperatures in Northeast China，1960-2007. Climate Research，67（1）：31-42.

Loranty M M，Abbott B W，Blok D，et al. 2018. Reviews and syntheses：Changing ecosystem influences on soil thermal regimes in northern high-latitude permafrost regions. Biogeosciences，15（17）：5287-5313.

Loranty M M，Goetz S J，Beck P S. 2011. Tundra vegetation effects on pan-Arctic albedo. Environmental Research Letters，6（2）：024014.

Ménard É，Allard M，Michaud Y. 1998. Monitoring of Ground Surface Temperatures in Various Biophysical Micro-environments Near Umiujaq，Eastern Hudson Bay，Canada. Yellowknife，Canada：Proceedings of the 7th International Conference on Permafrost：723-729.

Minke M，Donner N，Karpov N，et al. 2009. Patterns in vegetation composition，surface height and thaw depth in polygon mires in the Yakutian Arctic（NE Siberia）: A microtopographical characterisation of the active layer. Permafrost and Periglacial Processes，20（4）: 357-368.

Myers-Smith I H，Hik D S. 2013. Shrub canopies influence soil temperatures but not nutrient dynamics: An experimental test of tundra snow-shrub interactions. Ecology and Evolution，3（11）: 3683-3700.

Obu J，Westermann S，Bartsch A，et al. 2019. Northern Hemisphere permafrost map based on TTOP modelling for 2000-2016 at 1 km^2 scale，Earth-Science Reviews，193: 299-316.

Osterkamp T，Jorgenson M，Schuur E，et al. 2009. Physical and ecological changes associated with warming permafrost and thermokarst in interior Alaska. Permafrost and Periglacial Processes，20（3）: 236-256.

Peng J，Liu Z，Liu Y，et al. 2012. Trend analysis of vegetation dynamics in Qinghai-Tibet Plateau using Hurst Exponent. Ecological Indicators，14: 28-39.

Peng X Q，Tian W W，Li X J，et al. 2023. Research progress on changes in frozen ground on the Qinghai-Tibet Plateau and in the circum-Arctic region. Journal of Glaciology and Geocryology，45（2）: 521-534.

Piao S，Fang J，Zhou L，et al.，2003. Interannual variations of monthly and seasonal normalized difference vegetation index（NDVI）in China from 1982 to 1999. Journal of Geophysical Research: Atmospheres，108（D14）: 1-13.

Piao S，Wang X，Ciais P，et al. 2011. Changes in satellite-derived vegetation growth trend in temperate and boreal Eurasia from 1982 to 2006. Global Change Biology，17（10）: 3228-3239.

Piao S，Wang X，Park T，et al. 2019. Characteristics，drivers and feedbacks of global greening. Nature Reviews Earth & Environment，1（1）: 14-27.

Ran Y，Li X，Cheng G，et al. 2021. Mapping the permafrost stability on the Tibetan Plateau for 2005-2015. Science China Earth Sciences，64（1）: 62-79.

Schuur E A，McGuire A D，Schädel C，et al. 2015. Climate change and the permafrost carbon feedback. Nature，520（7546）: 171-179.

Schuur E A，Vogel J G，Crummer K G，et al. 2009. The effect of permafrost thaw on old carbon release and net carbon exchange from tundra. Nature，459（7246）: 556-559.

Serreze M C，Kahl J D，Schnell R C. 1992. Low-level temperature inversions of the Eurasian Arctic and comparisons with Soviet drifting station data. Journal of Climate，5: 616-629.

Serreze M C，Key J R，Box J E，et al. 1998. A new monthly climatology of global radiation for the Arctic and comparisons with NCEP-NCAR reanalysis and ISCCP-C2 fields. Journal of Climate，11: 121-136.

Shakhova N，Semiletov I，Gustafsson O，et al. 2017. Current rates and mechanisms of subsea permafrost degradation in the East Siberian Arctic Shelf. Nature Communications，8（1）: 1-13.

Shur Y L，Jorgenson M T. 2007. Patterns of permafrost formation and degradation in relation to climate and ecosystems. Permafrost and Periglacial Processes，18: 7-19.

Smith C A S，Burn C R，Tarnocai C，et al. 1998. Air and Soil Temperature Relations along an Ecological Transect through the Permafrost Zones of Northwestern Canada. Yellowknife，Canada: Proceedings of the 7th International Conference on Permafrost.

Sokratov S A，Barry R G. 2002. Intraseasonal variation in the thermoinsulation effect of snow cover on soil temperatures and energy balance. Journal of Geophysical Research: Atmospheres, 107 (D10): 1311-1316.

Soudzilovskaia N A, van Bodegom P M, Cornelissen J H. 2013. Dominant bryophyte control over high-latitude soil temperature fluctuations predicted by heat transfer traits, field moisture regime and laws of thermal insulation. Functional Ecology, 27 (6): 1442-1454.

Stone R S, Dutton E G, Harris J M, et al. 2002. Earlier spring snowmelt in northern Alaska as an indicator of climate change. Journal of Geophysical Research: Atmospheres, 107: 1011-1013.

Sturm M, Douglas T, Racine C, et al. 2005. Changing snow and shrub conditions affect albedo with global implications. Journal of Geophysical Research: Biogeosciences, 110 (G1): G01004.

Sturm M, Holmgren J, McFadden J P, et al. 2001. Snow-shrub interactions in Arctic tundra: A hypothesis with climatic implications. Journal of Climate, 14 (3): 336-344.

Subin Z M, Koven C D, Riley W J, et al. 2013. Effects of soil moisture on the responses of soil temperatures to climate change in cold regions. Journal of Climate, 26 (10): 3139-3158.

Walvoord M A, Kurylyk B L. 2016. Hydrologic impacts of thawing permafrost—A review. Vadose Zone Journal, 15 (6): 1-20.

Wang T, Wu T, Wang P, et al. 2019. Spatial distribution and changes of permafrost on the Qinghai-Tibet Plateau revealed by statistical models during the period of 1980 to 2010. Science of the Total Environment, 650: 661-670.

Wang X, Piao S, Ciais P, et al. 2011. Spring temperature change and its implication in the change of vegetation growth in North America from 1982 to 2006. Proceedings of the National Academy of Sciences, 108: 1240-1245.

Weller G, Holmgren B. 1974. The microclimates of the Arctic tundra. Journal of Applied Meteorology and Climatology, 13: 854-862.

Wendler G, Kelley J. 1988. On the albedo of snow in Antarctica: A contribution to IAGO. Journal of Glaciology, 34: 19-25.

Westermann S, Østby T I, Gisnås K, et al. 2015b. A ground temperature map of the North Atlantic permafrost region based on remote sensing and reanalysis data. The Cryosphere, 9 (3): 1303-1319.

Wilcox E J, Keim D, deJong T, et al. 2019. Tundra shrub expansion may amplify permafrost thaw by advancing snowmelt timing. Arctic Science, 5 (4): 202-217.

Yu Z, Liu S, Wang J, et al. 2013. Effects of seasonal snow on the growing season of temperate vegetation in China. Global Change Biology, 19 (7): 2182-2195.

Zhang G, Zhang Y, Dong J, et al. 2013. Green-up dates in the Tibetan Plateau have continuously advanced from 1982 to 2011. Proceedings of the National Academy of Sciences, 110: 4309-4314.

Zhang T J. 2005. Influence of the seasonal snow cover on the ground thermal regime: An overview. Reviews of Geophysics, 43 (4): RG402.

Zhang T, Osterkamp T, Stamnes K. 1996a. Some characteristics of the climate in northern Alaska, USA. Arctic and Alpine Research, 28 (4): 509-518.

Zhang T, Osterkamp T, Stamnes K. 1997. Effects of climate on the active layer and permafrost on the North Slope of Alaska, USA. Permafrost and Periglacial Processes, 8: 46-67.

Zhang T, Stamnes K, Bowling S. 1996b. Impact of clouds on surface radiative fluxes and snowmelt in the Arctic and subarctic. Journal of Climate, 9（9）: 2110-2123.

Zhu Z C, Piao S L, Myneni R B, et al. 2016. Greening of the Earth and its drivers. Nature Climate Change , 6: 791.

Zou D, Zhao L, Sheng Y, et al. 2017. A new map of permafrost distribution on the Tibetan Plateau. The Cryosphere, 11（6）: 2527-2542.

Zwieback S, Chang Q, Marsh P, et al. 2019. Shrub tundra ecohydrology: Rainfall interception is a major component of the water balance. Environmental Research Letters, 14（5）: 055005.

第3章 多年冻土区气候与植被变化

多年冻土是气候变化的产物，也意味着多年冻土的变化受到气候变化的影响；同时多年冻土的变化会通过影响活动层水热特征，对上覆的地表植被产生重要的影响。因此，了解多年冻土区气候及植被变化有助于深刻认识多年冻土区环境。本章概述了北半球多年冻土区气温、降水变化特征及未来趋势；揭示了过去30多年植被变化的特征及其与冻土变化之间的关系。

3.1 多年冻土区气温

气温变化是多年冻土区气候变化的显著特征之一。过去研究结果显示，不同多年冻土区受环境、地形、积雪、植被及海洋等因素的影响不同，气温变化存在着一定的空间异质性，但整体上，年平均气温呈现出不断上升的趋势。虽然一些工作已经通过观测数据探索了北半球多年冻土区的气温变化，但时间和空间分辨率有限。受到北极放大或海拔依赖的变暖效应的影响，以及各地区地下冰含量不同，不同类型的多年冻土区气温变化不同。气温变化方面的研究工作主要集中在地区、国家尺度。

第六次国际耦合模式比较计划（Coupled Model Intercomparison Project Phase 6，CMIP6）与降尺度方法为探究历史到未来的多年冻土区的高分辨率气温变化提供了数据支撑。CMIP6包含过去到未来共享社会经济路径（SSPs）下（1850～2100年）的气温数据。SSPs情景目前共有以下典型路径，分别是SSP1（可持续路径）、SSP2（中间路径）、SSP3（区域竞争路径）、SSP4（不均衡路径）和SSP5（化石燃料为主发展路径）。降尺度是把大尺度、低分辨率的全球气候模式输出的信息转化为小尺度、高分辨率的区域地面气候变化信息的一种方法。由此获得高分辨率（1km）的北半球多年冻土区气温数据来量化不同类型的多年冻土的气温变化，包括连续、不连续、零星、岛状、高纬度和高海拔的多年冻土区，以及北半球高、中、低地下冰含量的多年冻土区。

不同的CMIP6模式以及多模式平均的原始气温数据，降尺度后的气温数据与观测数据的对比结果显示（图3-1和图3-2），降尺度后的气温数据在大多数模式下都比原始气温数据更接近观测结果。当降尺度后的气温数据与站点观测数据进行对比时，不同地区的效果存在区域性差异（图3-3）。在美国和加拿大，气温的精度在降尺度后提升最大。在青藏高原及蒙古高原地区，大多数站点对比结果显示降尺度后气温数据精度有所改善。

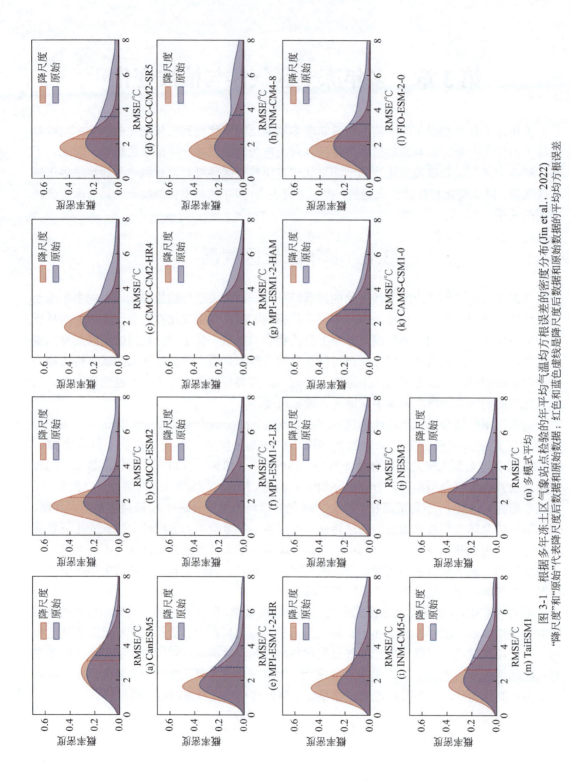

图 3-1 根据多年冻土区气象站点检验的年平均气温均方根误差的密度分布 (Jin et al., 2022)

"降尺度"代表降尺度后数据和原始数据的平均均方根误差

"降尺度"和"原始"代表降尺度后数据和原始数据；红色和蓝色虚线是降尺度后数据和原始数据的平均

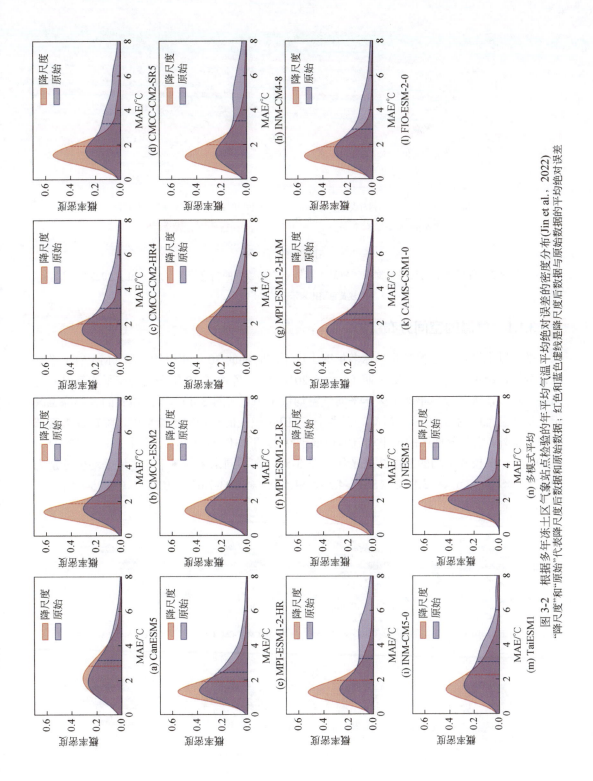

图 3-2 根据多年冻土区气象站点检验的年平均气温平均绝对误差的密度分布 (Jin et al., 2022)
"降尺度"和"原始"代表降尺度后数据和原始数据; 红色和蓝色虚线是降尺度后数据与原始数据的平均绝对误差

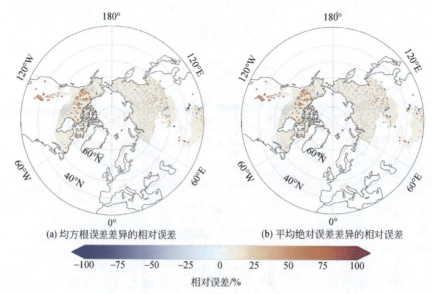

(a) 均方根误差差异的相对误差　　　　　(b) 平均绝对误差差异的相对误差

相对误差/%

图 3-3　降尺度后的气温数据在气象站上相较于原始数据的精度误差（Jin et al.，2022）

浅黄色阴影表示多年冻土区

3.1.1　气温的空间分布

基于以上降尺度数据对北半球多年冻土区不同时期的 30 年年平均气温（MAAT）进行统计分析，结果表明：在历史时期（1986～2014 年），各模式 30 年平均的年平均气温的空间格局相似，大部分多年冻土区年平均气温均低于 0℃（图 3-4）。不同模式的多年冻土区年平均气温范围为-9.50～-6.21℃。在多个 CMIP6 模式的平均输出结果中，除加拿大南部和蒙古国外，大部分地区的年平均气温也低于 0℃，平均值为-7.28℃。在未来时期（2071～2100 年），多模式平均的数据结果显示（图 3-5），在不同未来情景下，区域平均值分别为-4.57℃（SSP1-2.6）、-3.11℃（SSP2-4.5）、-1.54℃（SSP3-7.0）、-0.18℃（SSP5-8.5）。

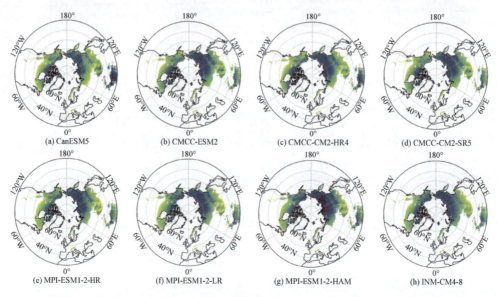

(a) CanESM5　　　(b) CMCC-ESM2　　　(c) CMCC-CM2-HR4　　　(d) CMCC-CM2-SR5

(e) MPI-ESM1-2-HR　　　(f) MPI-ESM1-2-LR　　　(g) MPI-ESM1-2-HAM　　　(h) INM-CM4-8

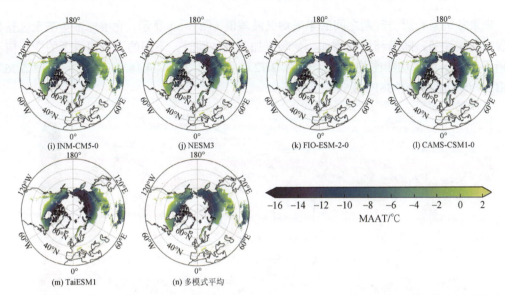

(i) INM-CM5-0　　(j) NESM3　　(k) FIO-ESM-2-0　　(l) CAMS-CSM1-0

(m) TaiESM1　　(n) 多模式平均

图 3-4　基于 CMIP6 各模式及集合平均输出的北半球历史时期（1986～2014 年）年平均气温空间分布
（Jin et al.，2022）

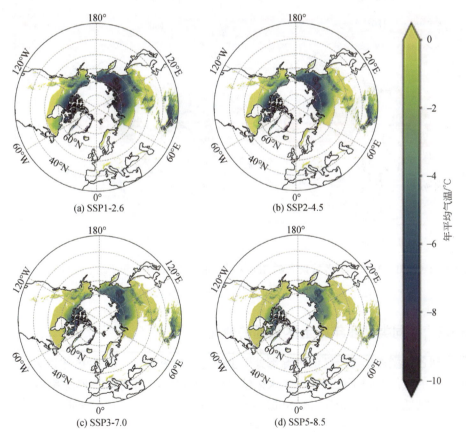

(a) SSP1-2.6　　(b) SSP2-4.5

(c) SSP3-7.0　　(d) SSP5-8.5

图 3-5　未来（2071～2100 年）各情景下 CMIP6 多模式集合平均输出的年平均气温空间分布
（Jin et al.，2022）

未来各情景和历史时期之间的年平均气温差值（图 3-6）显示，北半球多年冻土区整体呈现出变暖趋势，随着纬度的增加，变暖更加明显。同时，不同的未来情景下的变暖情况有所不同。区域平均年平均气温差值为 2.72℃（SSP1-2.6）、4.18℃（SSP2-4.5）、5.75℃（SSP3-7.0）、7.11℃（SSP5-8.5）。

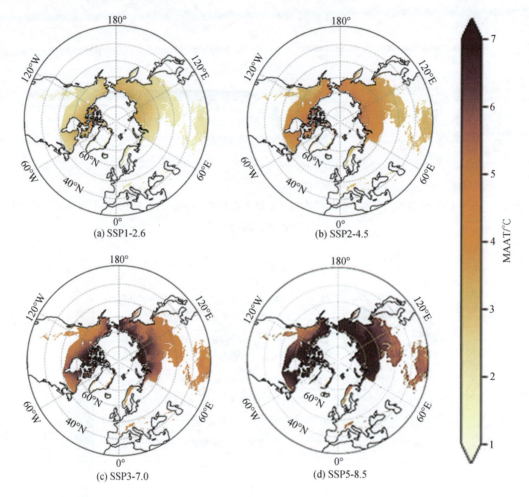

图 3-6　未来（2071～2100 年）各情景下 CMIP6 多模式集合平均输出的年平均气温与历史时期气温差值的空间分布（Jin et al.，2022）

3.1.2　不同类型多年冻土区气温的变化

北半球各类型多年冻土区的气温都处于上升趋势（图 3-7）。自 1995 年以来，北半球及多年冻土区的气候变暖正在加速。在未来情景中，SSP5-8.5 情景的变暖速度最快，其余变暖速度由高到低依次是 SSP3-7.0、SSP2-4.5 和 SSP1-2.6，均高于历史时期。

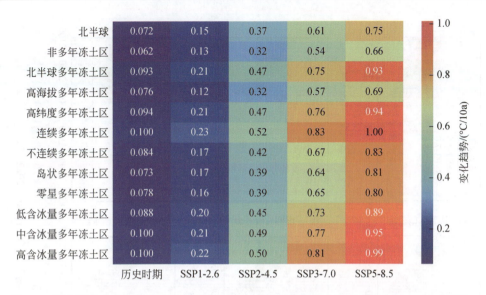

图 3-7　历史至未来各情景下北半球及多年冻土区的变暖趋势（$P<0.05$）（Jin et al.，2022）

在年平均气温的变化方面，虽然同一情景下不同类型多年冻土区的变暖情况相似，但变暖速率仍表现出明显的差异性（图 3-7），可能会对不同地区的冻土退化产生不同的影响。不同情景下北半球多年冻土的变暖速率高于北半球非多年冻土区，多年冻土区的变暖速率为非多年冻土区的 1.4～1.6 倍，北半球陆地地区变暖率的 1.2～1.4 倍。这进一步表明，全球变暖的背景下，多年冻土区的气温相比于别的区域变化更为剧烈。

在高纬度多年冻土区，北极放大效应可能是该地区快速变暖的主要原因。除此之外，多年冻土碳反馈效应也会导致气候变暖。在高海拔多年冻土区，气温上升可能是海拔依赖的放大效应的主要原因。高海拔地区的变暖速率高于非多年冻土区，但仍低于高纬度多年冻土区。不连续、岛状和零星的多年冻土区变暖速率相似，连续多年冻土区的变暖速率最高，为其他类型多年冻土区的 1.2～1.4 倍。

地下冰是多年冻土区的重要特征之一，通过比较高、中、低地下冰含量的多年冻土区的变暖速率可以发现，地下冰含量高的多年冻土区，其变暖速率是中、低地下冰含量地区的 1.1 倍。在 SSP5-8.5 情景下，高含冰量多年冻土区的变暖速率达到 0.99℃/10a。

在未来的平均气温变化中，升温最显著的是 SSP5-8.5 情景（图 3-8）。与历史时期（1986～2014 年）相比，SSP5-8.5 情景下整个多年冻土区年平均气温将上升 8.07℃，非多年冻土区上升 6.06℃，北半球整体约上升 6.53℃。与高海拔多年冻土区相比，到 2100 年 SSP5-8.5 情景下高纬度多年冻土区气温升高 1.98℃。不同多年冻土区升温速率不同，连续多年冻土区升温最快，在 SSP5-8.5 情景下将升高 9.41℃，为其他类型多年冻土区的 1.2～1.3 倍。到 2100 年，SSP5-8.5 情景下的低、中、高含冰量的多年冻土区将分别上升 8.29℃、8.77℃、9.22℃。

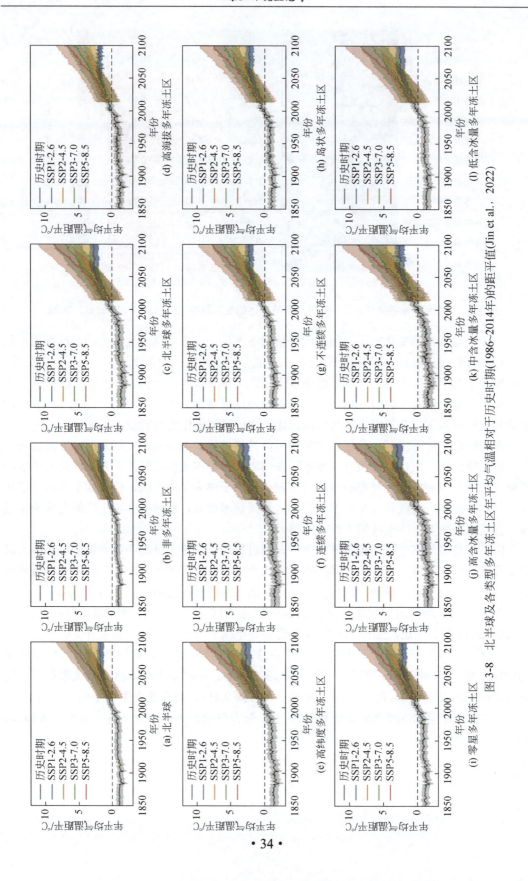

图 3-8 北半球及各类型多年冻土区年平均气温相对于历史时期(1986~2014年)的距平值(Jin et al., 2022)

综上，在历史情景下（1850~2014 年），北半球多年冻土区的变暖速率为 0.093℃/10a。未来情景（2016~2100 年）中，SSP1-2.6 情景下变暖速率为 0.22℃/10a，SSP2-4.5 情景下变暖速率为 0.48℃/10a，SSP3-7.0 情景下变暖速率为 0.75℃/10a，SSP5-8.5 情景下变暖速率为 0.95℃/10a。各情景下多年冻土区的变暖速率是非多年冻土区变暖速率的 1.4~1.6 倍。高纬度地区的变暖速率是高海拔地区的 1.2~1.7 倍。由于北极放大效应，连续多年冻土区的变暖速率是其他类型多年冻土区的 1.2~1.4 倍。此外，高含冰量的多年冻土区的变暖速率较中或低含冰量的多年冻土区高约 1.1 倍。

3.2　多年冻土区降水

降水是水循环中的重要过程，也是研究气候变化与水文的重要变量之一。未来气候情景下中国平均年降水量呈现波动上升趋势，美国大部分地区平均年降水量将增加 10%~30%。尽管全球陆地平均年降水量有一定的上升趋势，但由于厄尔尼诺-南方涛动和北大西洋涛动等海-气相互作用的影响，降水的年代际变化较大。此外，降水增加会导致土壤含水量和土壤热传热率的增加，致使多年冻土不断退化释放温室气体，进一步加剧全球变暖，增大极端气候事件发生的频率。因此，多年冻土区降水的分布及变化显得尤为重要。

CRU（Climatic Research Unit gridded）是由东英吉利大学发布的网格化资料。它是以世界气象组织（World Meteorological Organization，WMO）、美国国家海洋和大气管理局等部门提供的逐月站点观测数据为基础构建的栅格数据，空间分辨率为 0.5°×0.5°，目前已广泛应用于对全球气候变化的检测及对气候变化模式的评估之中。将 CRU 与 CMIP6 数据对比，可以系统评估 CMIP6 中 13 个全球气候模式及其集合平均，对历史时期北半球及多年冻土区年降水量的模拟能力；并对不同未来情景（SSP1-2.6、SSP2-4.5、SSP3-7.0、SSP6-8.5）下，北半球及多年冻土区年降水量的时空变化进行分析。

图 3-9 展示了 13 个 CMIP6 模式以及多模式的集合平均的结果对北半球及不同类型多年冻土区年降水量模拟能力的评估。可以看到，各模式对整个北半球以及多年冻土区的模拟结果相对较好，超过一半的模式与 CRU 资料的相关系数可以达到 0.4 以上；各模式对岛状多年冻土区的模拟结果相对较差，绝大部分模式与 CRU 的相关系数都在 0.2 以下。多模式集合下的标准差最低，说明多模式集合平均能够有效地降低 CMIP6 多模式数据的不确定性。因此，接下来本书使用多模式的集合平均来对北半球及多年冻土区各情景下的年降水量进行分析。

3.2.1　历史时期年降水量空间分布

为了更好地了解北半球年降水量变化的时空变化特征，用 CRU 和 13 个 CMIP6 模式的集成平均数据计算了北半球 1986~2014 年平均年降水量的空间分布，以及它们之间的差值（图 3-10），同时计算了两者 1986~2014 年平均年降水量的空间变化趋势及差值（图 3-11）。

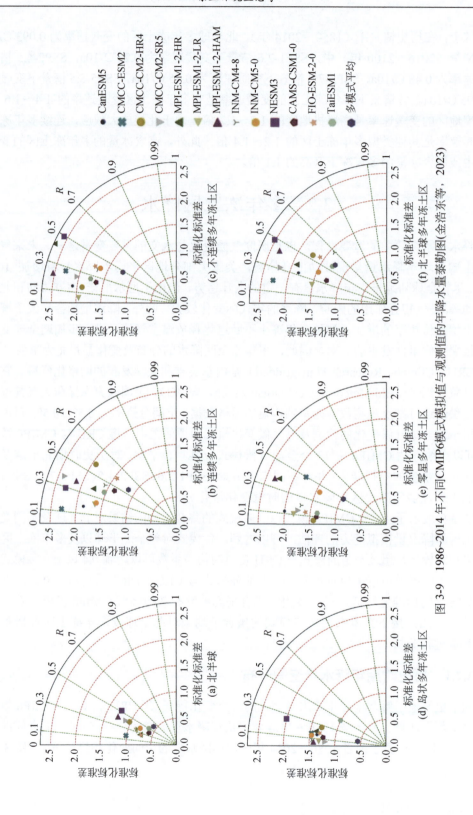

图 3-9　1986~2014 年不同 CMIP6 模式模拟值与观测值的年降水量泰勒图 (金浩东等, 2023)

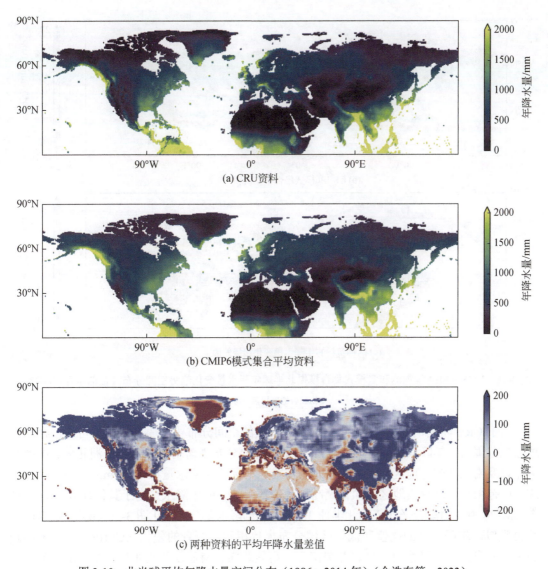

(a) CRU资料

(b) CMIP6模式集合平均资料

(c) 两种资料的平均年降水量差值

图 3-10　北半球平均年降水量空间分布（1986～2014 年）（金浩东等，2023）

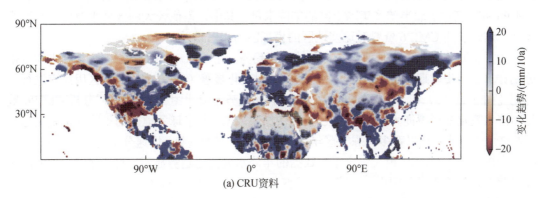

(a) CRU资料

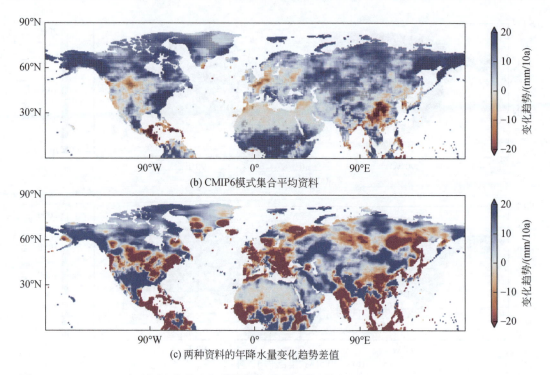

(b) CMIP6模式集合平均资料

(c) 两种资料的年降水量变化趋势差值

图 3-11　1986～2014 年观测和多模式集合模拟北半球年降水量变化趋势空间分布（金浩东等，2023）

变化显著地区用黑点标记

基于 CRU 资料的北半球 30 年平均年降水量的空间分布［图 3-10（a）］可知，在北半球陆地范围内，年降水量超过 2000 mm 的地区主要分布于落基山脉、南美洲北部、中西非沿岸以及南亚的部分地区，绝大部分北半球陆地地区的年降水量在 1500 mm 以下。在多年冻土区范围内，高海拔地区（如青藏高原、落基山脉）的年降水量高于其他地区。基于 13 个 CMIP6 模式的集合平均值的北半球 30 年平均年降水量分布图［图 3-10（b）］与 CRU 的结果类似，年降水量的高值和低值区域分布大致相同。两者的差值（CMIP6 集合平均减 CRU）则显示，除了格陵兰岛、北美南部、南美北部、南亚以及北非和南欧的部分区域，其余北半球地区，尤其是整个北半球多年冻土区 30 年平均年降水量差值都为正值，这表明 CMIP6 数据高估了北半球多年冻土区的年降水量。其中，差值较大的区域主要位于高海拔地区，这也表明 CMIP6 资料对这些地区的模拟能力相对较差。

为了说明北半球历史时期年降水量的变化趋势，用 CRU 和 CMIP6 模式集合平均数据分别计算了历史时期年降水量的变化趋势，并对变化显著（$P<0.05$）的地区用黑点进行了标记［图 3-11（a）和（b）］，同时计算了两者的趋势差值［图 3-11（c）］，分析 CMIP6 数据对降水变化的模拟能力。基于 CRU 数据的结果表明，北半球各地区的年降水量变化趋势差异较大，但北半球以及多年冻土区年降水量整体呈增加趋势，增速分别为 9 mm/10a 以及 6 mm/10a。基于 CMIP6 模式集合平均数据的年降水量变化趋势显示，北半球绝大部分区域以及整个多年冻土区范围内，年降水量的变化趋势都大于 0 mm/10a，即北半球及多年冻土区年降水量呈显著递增的趋势，增加速率分别为 8 mm/10a 及 12 mm/10a。两者的差值

（CMIP6-CRU）显示北半球多年冻土区范围内，除俄罗斯地区，绝大部分多年冻土区的差值大于 0 mm/10a，多年冻土区 CMIP6 年降水量变化趋势约是 CRU 年降水量变化趋势的两倍，因此可以得知在多年冻土区范围内，CMIP6 数据高估了年降水量变化趋势。

对历史时期北半球及各类型多年冻土区内 CRU 和 CMIP6 的年降水量进一步统计与对比（图 3-12），CMIP6 年降水量在北半球及多年冻土区相对于观测数据分别有 10% 和 44% 的高估。在北半球陆地范围内的年降水量平均值差异最小，为 60 mm；在零星多年冻土区内两者的差异最大，年降水量平均值差值达到 221 mm；在整个北半球多年冻土区，差值约为 171 mm。同时，不同区域的年降水量也有着较大差异，岛状多年冻土区的平均年降水量最高，达到了 738 mm；连续多年冻土区的平均年降水量最低，平均为 450 mm。

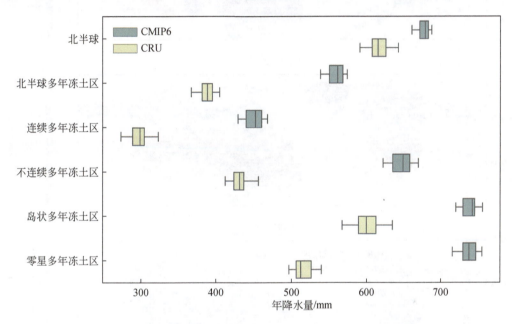

图 3-12　1986～2014 年北半球及各类型多年冻土区平均年降水量（金浩东等，2023）

自 1850～1900 年以来，全球地表增温约为 1℃，由于全球变暖的影响，全球地表蒸发量也随之增加，从而导致全球范围内降水量的不断增加（Giorgi et al.，2019）。此外，因为气温的不断升高，全球范围内极端降水事件也在加剧，这也将导致年降水量不断增加（O'Gorman，2015）。通过历史时期北半球及多年冻土区年降水量的时空特征可知，在历史时期，北半球及各类型多年冻土区的年降水量整体呈现出增加趋势。而在多年冻土区内，高海拔地区的年降水量要高于其他地区。

3.2.2　未来气候情景下年降水量的时空变化

根据 13 个 CMIP6 模式的集合平均数据，选取 SSP1-2.6、SSP2-4.5、SSP3-7.0、SSP5-8.5 四个典型未来气候情景（图 3-13），发现在 SSP1-2.6 情景下，北半球年降水量的空间分布延续了历史时期的特征，北半球的平均年降水量为 729 mm。在绝大部分多年冻土区内，平均年降水量介于 200～800 mm，平均值为 616 mm，但在部分高海拔地区，如青藏高原部分地区、加拿大落基山脉、拉布拉多高原等地，平均年降水量超过 800 mm。在 SSP2-4.5、SSP3-7.0 和 SSP5-8.5 情景下，平均年降水量的空间分布特征与 SSP1-2.6 情景下类似，不同之处在于平均年降水量不断增加。SSP2-4.5、SSP3-7.0 和 SSP5-8.5 情景下，北半球多年冻土区的年降水量平均值分别为 641 mm、667 mm 和 699 mm。

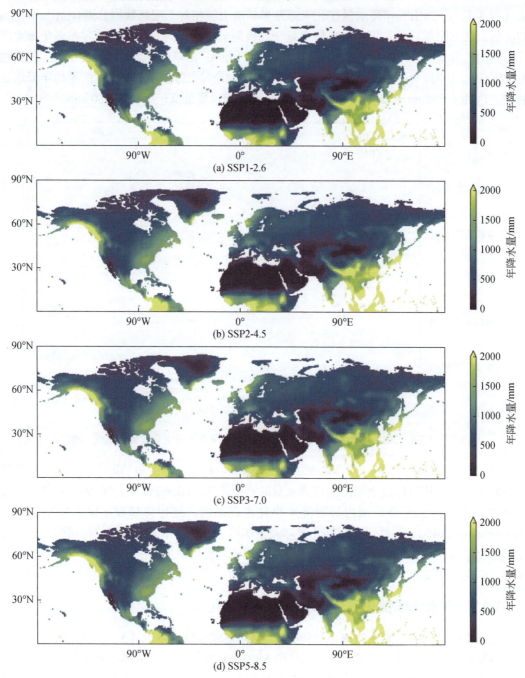

图 3-13　未来（2071～2100 年）不同情景下北半球平均年降水量空间变化特征（金浩东等，2023）

　　未来各情景下年降水量与历史时期年降水量的差值空间分布图则进一步展示了北半球及多年冻土区的年降水量整体变化 [图 3-14（a）]。在 SSP1-2.6 情景下，相较于历史时期，北半球年降水量整体表现出增加趋势，在南亚、中非、加拿大落基山脉、南美西北部，年降水量的增加速率最为显著，年降水量平均增加 53 mm。而在多年冻土区，年降水量平均增加 58 mm，高海拔地区增加更为明显，最大增加值为 327 mm；在 SSP2-4.5、SSP3-7.0 和 SSP5-8.5 情景下，差值的空间分布特征与 SSP1-2.6 情景相似，北半球年降水量平均增加 66 mm、74 mm 和 104 mm；在多年冻土区平均增加 82 mm、108 mm 和 141 mm。同时，多年冻土区内，高海拔地区的年降水量增加趋势表现得更为显著，其中，SSP5-8.5 情景增加最为明显，增加值最大达到 823 mm。

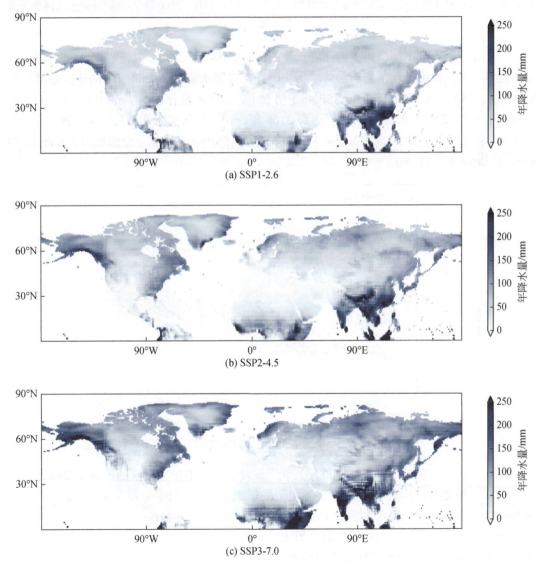

(a) SSP1-2.6

(b) SSP2-4.5

(c) SSP3-7.0

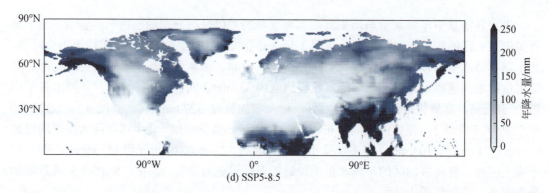

(d) SSP5-8.5

图 3-14   未来不同情景下与历史时期年降水量的差值空间分布（2071～2100 年平均值–1986～2014 年平均值）（金浩东等，2023）

历史时期至未来不同情景下的年降水量线性趋势图（图 3-15）也表明，至 2100 年，北半球的年降水量始终呈现出增加趋势。历史时期，年降水量以 6 mm/10a 的速度递增，在 SSP1-2.6、SSP2-4.5、SSP3-7.0 和 SSP5-8.5 情景下，年降水量分别以 7 mm/10a、9 mm/10a、13 mm/10a 和 17mm/10a 的速度递增。到 2100 年，相较于历史时期最后一年（2014 年），北半球年降水量在 SSP1-2.6、SSP2-4.5、SSP3-7.0 和 SSP5-8.5 情景下分别增加了 6 mm、77 mm、112 mm 和 152 mm。

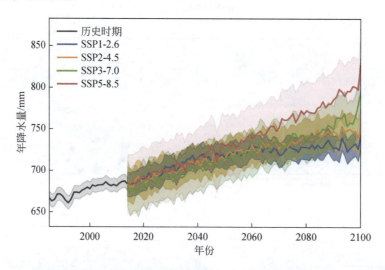

图 3-15   1986～2100 年北半球区域平均年降水量变化趋势（CMIP6 模式集合平均数据）（金浩东等，2023）

对未来不同情景下（2071～2100 年）北半球及各类型多年冻土区的年降水量统计分析（图 3-16），结果显示，21 世纪末期，各类型多年冻土区在 SSP1-2.6、SSP2-4.5、SSP3-7.0 和 SSP5-8.5 情景下，年降水量表现出不断递增的趋势。2071～2100 年，北半球及各类型多年冻土区的平均年降水量的差异特征与历史时期相似，平均年降水量最高的地区为零星多年冻土区，在四个未来情景下的平均年降水量分别为 797 mm、817 mm、840 mm 和 871 mm；平均年降水量最低的地区为连续多年冻土区，在四个未来情景下的平均年降水量分别为 506 mm、533 mm、563 mm 和 597 mm。

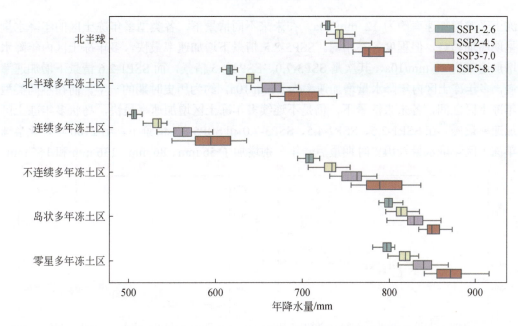

图 3-16　2071～2100 年北半球及各类型多年冻土区在不同情景下年降水量对比（金浩东等，2023）

　　尽管一般认为在不同未来情景下，随着温室气体排放的提升，气候呈现变暖变湿的趋势（Johns et al.，2011），但在不同的气候情景下，不同地区的降水量变化不一致：高纬度地区和湿润地区降水量预计会增加，而中纬度地区和干燥地区降水量预计可能会减少，即未来降水可能出现"湿变湿，干变干"的情况（Guo and Wang，2017）。从对 21 世纪北半球年降水量的空间和时间变化特征的分析可以看出，在不同的情景下，北半球年降水量整体表现出增加的趋势，南亚、中非、南美西北部等湿润地区以及高纬度地区年降水量呈现出更快的增长趋势，而中亚、北非等中纬度地区和干燥地区，年降水量没有明显的增加趋势，并呈现出一定的减少趋势，这主要是由于这些地区的气候变化涉及复杂的潮湿动力反馈，从而出现负降水异常（Chou and Neelin，2004；Held and Soden，2006）。但整体上北半球及多年冻土区的年降水量增加速率仍然随着未来情景辐射强迫水平的提升而加快，同时在多年冻土区内较为湿润的高海拔地区，年降水量的增长速率相较于其他区域更高，这也进一步说明未来降水可能出现"湿变湿"的现象。

3.2.3　不同类型多年冻土区年降水量

　　各类型多年冻土区的线性趋势图（图 3-17）显示，无论在连续多年冻土区、不连续多年冻土区、岛状多年冻土区、零星多年冻土区，还是整个北半球多年冻土区，其年降水量均呈现显著增加趋势。在历史时期和未来各情景下，连续多年冻土区和零星多年冻土区为年降水量最低和最高的两个区域。

　　进一步探究历史时期至未来各情景下不同类型多年冻土区年降水量变化趋势。在历史时期，不连续多年冻土区的年降水量增加速率最快，约为 14 mm/10a；其次是连续多年冻土和零星多年冻土，岛状多年冻土区增加速率最慢，约为 8.9 mm/10a，整个北半球多年冻土区的增加速率约为 12 mm/10a。在未来不同情景下，各类型多年冻土区的年降水量均呈现增加趋势，但程度各不相同。SSP5-8.5 情景下增加速率最快，多年冻土区内年降水量增加速率为 20 mm/10a，其次是 SSP3-7.0、SSP2-4.5 情景，而 SSP1-2.6 情景下增加速率最慢，多年冻土区内年降水量增加速率为 6 mm/10a，约为历史时期的一半。而在不同类型多年冻土区之间，各未来情景下，仍是不连续多年冻土区增加速率最快，岛状多年冻土区增加速率最慢。在 SSP1-2.6、SSP2-4.5、SSP3-7.0 和 SSP5-8.5 情景下，至 2100 年，北半球多年冻土区年降水量较历史时期最后一年分别增加了 56 mm、86 mm、136 mm 和 165 mm。

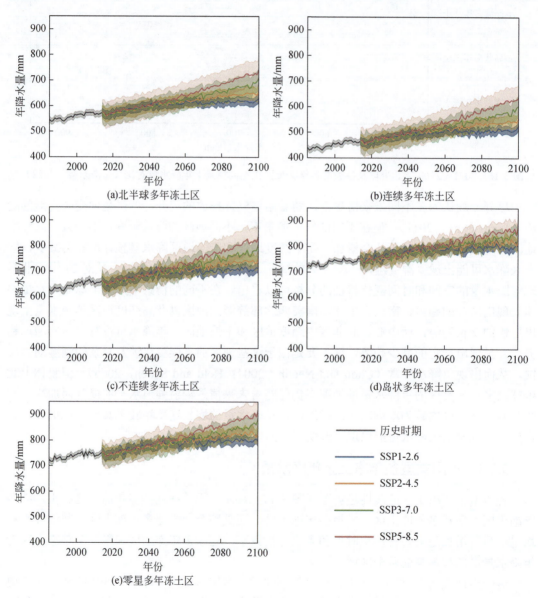

图 3-17　1986～2100 年 CMIP6 集合模式在各类型多年冻土区的年降水量变化趋势（金浩东等，2023）

　　通过比较连续多年冻土区、不连续多年冻土区、岛状多年冻土区和零星多年冻土区的年降水量变化发现，降水增加速率最快的是不连续多年冻土区，其次是零星多年冻土区和连续多年冻土区，最后是岛状多年冻土区。再与北半球的年降水量增加速率对比，可以得知多年冻土区的年降水量增加速率远高于整个北半球的增加速率。

联合国政府间气候变化专门委员会第六次评估报告（IPCC AR6）指出，降水变化与气温呈线性关系，而多年冻土区的升温速率要远高于北半球（Guo et al., 2018），这在一定程度上解释了为何多年冻土区降水增加显著高于其他地区。在未来四个情景下，多年冻土区年降水量的增加速率分别为整个北半球增加速率的 1.24 倍、1.27 倍、1.36 倍和 1.43 倍。

综上所述，CMIP6 模式数据对北半球及多年冻土区的年降水量的空间分布有较为合理的模拟能力，但整体上有一定的高估，模拟结果在部分地区，如岛状多年冻土区的相关性较差。从时间尺度上来看，未来北半球及各类型多年冻土区的年降水量将不断增加，且随着辐射强迫水平的升高而加快。在 SSP5-8.5 情景下增加速率最快，多模式的集合平均数据显示，北半球和多年冻土区的年降水量增加速率分别为 14 mm/10a、20 mm/10a。从空间角度来看，未来北半球非多年冻土区年降水量增加速率较大的地区主要集中在降水较多的地区，如中非、南亚及南美洲西北部。而在多年冻土区内，年降水量增加速率较高的区域主要是高海拔地区，如青藏高原南部、拉布拉多高原、加拿大落基山脉。在北半球及不同类型多年冻土区中，年降水量及其变化趋势各不相同。未来情景下，零星多年冻土区年降水量最多，不连续多年冻土区年降水量增加速率最快。北半球平均年降水量在历史以及四个气候情景下高于多年冻土区，但增加速率方面，多年冻土区要高于北半球，在 SSP5-8.5 情景下，多年冻土区年降水量增加速率是北半球年降水量增加速率的 1.4 倍以上。

3.3　多年冻土区植被

近几十年来，多年冻土区的气温出现了前所未有的上升，其升温速率约为全球平均升温速率的 2 倍。植被和多年冻土对气候变化高度敏感。目前全球快速变暖，在不同程度上驱动了植被和多年冻土的变化。植被与多年冻土具有很强的关联，区域生态系统特征的变化可以缓解或加剧气候变化对多年冻土的影响。反过来，多年冻土也是植被和区域生态系统的基础，对植被物候有重要影响。冻土的持续退化会影响区域水文动态、冻土碳释放，进而影响植被生长。

3.3.1　多年冻土区植被观测

植被及其变化受到长期的关注，其监测方法也由较早期的地面观测，发展到了卫星监测。地面观测方法有人工记录、相机拍摄、涡动站点等手段。人工记录特定植物生长发育过程是最直观、最准确的，但其费时费力，不同观测员的观测标准也存在差异。高分辨率数字相机对植物高频自动拍照，再通过人工目视解译，就可以提取植物生长发育阶段的信息。此方法虽然减少了人力消耗，但只针对有限物种的动态监测，无法反映较大尺度的物候信息。生态系统的二氧化碳与植被生长发育关系密切，可以利用此数据提取生长季等物候指标。

自 20 世纪 80 年代开始，遥感技术迅速发展，卫星遥感数据逐渐应用于各学科研究领域。卫星遥感技术的发展与应用逐渐取代野外调查成为研究地面植被的主要手段。传统的野外调查耗时长，费人力、物力，且难以获取长时间大范围的地面植被监测数据，而卫星遥感则弥补了这些缺点。

随着 NOAA-AVHRR 卫星发射，其在全球尺度下对地球进行大气、海洋、植被、土地等方面的监测，为使用遥感影像对大尺度下的植被状况进行动态的分析与研究创造了坚实基础。随后搭载有 MODIS 传感器的 Terra 与 Aqua 卫星，搭载 Vegetation 的 SPOT 卫星等一系列卫星的发射，进一步丰富了对地球植被动态观测的数据资源，为基于卫星遥感的植被研究提供了有利的条件。与此同时，随着遥感科学的进步，利用植被特殊的反射光谱特性构建植被指数，并作为反映植被状况的指标因子对地球植被进行监测得到普及。其中，归一化植被指数（normalized difference vegetation index，NDVI，正值表示有植被覆盖，且随植被覆盖度的增大而增大）是目前应用最为广泛的植被指数。NDVI 利用卫星的可见光与近红外波段探测数据组合而成，制备较为简单，数据延续性长。目前，即使有许多可以弥补 NDVI 缺点的新的植被指数出现，但是由于 NDVI 使用的广泛性和长时间的数据资料延续性，其依旧是目前应用最为广泛的植被指标。

满足空间及时间连续性的长期遥感植被监测数据为探索区域乃至全球的环境变化及生态响应提供了行之有效的手段，由此诞生的地表物候学（land surface phenology，LSP）也日益受到关注。地表物候学被认为是生态系统行为及其对环境信号反应的重要生物指标，其在调节陆地和大气之间的能量、水和微量气体交换方面具有重要作用。卫星技术的不断扩展和卫星记录时间序列的延长，使得大规模地监测植被动态成为可能。

3.3.2 多年冻土区植被的空间变化

基于 GIMMS NDVI（global inventory monitoring and modeling system NDVI）数据，多年冻土区 34 年（1982～2015 年）平均 NDVI 在生长季、春季、夏季、秋季的空间分布，如图 3-18 所示。NDVI 低值主要分布于环北极地区、青藏高原地区和蒙古高原地区；NDVI 较高值分布于西伯利亚地区和北美大陆北部；NDVI 最大值出现在阿拉斯加、北美大陆南部和西伯利亚南部地区。生长季是温度和土壤湿度条件适宜作物生长的时期，对生态系统功能发挥有重要控制因素（Carter，1998）。在该时期 [图 3-18（a）]，多年平均 NDVI 变化范围在 0.4～0.5 的区域占北半球多年冻土区整体面积的 22.8%，主要分布在北美大陆北部和西伯利亚地区；NDVI 介于 0.3～0.7 的区域占整体面积的 71.8%。在春季 [图 3-18（b）]，NDVI 在 0.0～0.1 的区域占整体面积的 28.5%；NDVI 介于 0.0～0.5 的区域占整体面积的 90.8%。在夏季 [图 3-18（c）]，NDVI 介于 0.6～0.7、0.7～0.8 和 0.8～0.9 的区域分别占整体面积的 19.8%、22.9% 和 22.3%，这也说明夏季 NDVI 变化范围主要介于 0.6～0.9。在秋季 [图 3-18（d）]，NDVI 介于 0.2～0.6 的区域占整体面积的 71.6%。综合多年平均生长季、春季、夏季和秋季的 NDVI 空间变化，发现 NDVI 较大值出现在夏季，NDVI 较大值主要分布在西伯利亚、阿拉斯加和多年冻土区的南部区域。春季 NDVI 较小，其较小值主要分布于环北极地区和青藏高原地区。

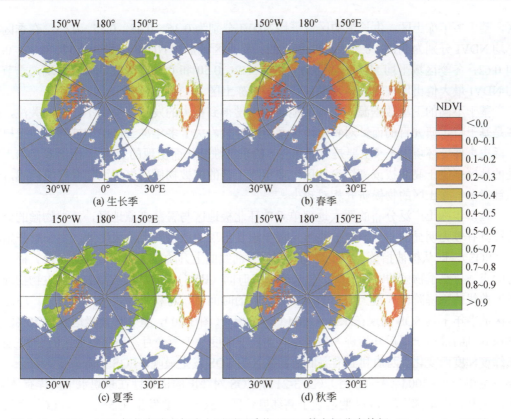

图 3-18　1982～2015 年北半球多年冻土区不同季节 NDVI 的空间分布特征（Peng et al.，2020）

　　不同类型多年冻土区的季节平均 NDVI 存在差异（图 3-19），NDVI 最大值出现在岛状、零星和残余多年冻土区，其次为不连续多年冻土区，然后是整个多年冻土区，最小值出现在连续多年冻土区。在连续多年冻土区，不连续多年冻土区，岛状、零星和残余多年冻土

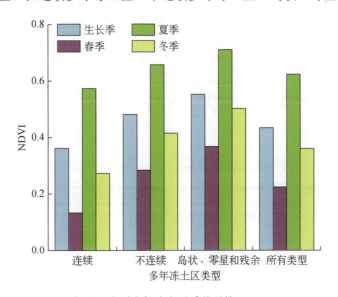

图 3-19　1982～2015 年不同类型多年冻土区季节平均 NDVI（Peng et al.，2020）

区，整个多年冻土区，生长季的区域平均 NDVI 分别为 0.36、0.48、0.55、0.43；春季区域平均 NDVI 分别为 0.13、0.28、0.37 和 0.22；夏季区域平均 NDVI 分别为 0.57、0.66、0.71 和 0.62；冬季区域平均 NDVI 分别为 0.27、0.42、0.50 和 0.36。因此，可以发现，季节平均 NDVI 最大值出现在岛状、零星和残余多年冻土区。

基于不同的卫星数据源，宏观的地表物候学得到极大的发展，受到了广泛的关注，但多是基于特定研究目的而针对特定地区及特定时段。关于多年冻土区的植被物候 [指植物生活史事件受环境因子（主要是气象条件）的季节性变化而出现的变化]，由于多年冻土所处的地区多位于高海拔或高纬度地区，多年冻土区的植被物候研究仍面临着严峻挑战，专门针对多年冻土区的物候研究相对较少。

在多年冻土广泛分布的两大地理单元：环北极地区与青藏高原地区，植被物候的分布特征具有较为明显的差异。植被物候是每年重复出现的植物发育阶段序列。生长季开始时间（SOS），即从植被指数（或生物物理变量）曲线的上升阶段（最大值前的阶段）提取的时间点，与春季物候的时间有关；生长季结束时间（EOS），即从植被指数（或生物物理变量）曲线的下降阶段（最大值后的阶段）提取的时间点，与秋季物候的时间有关。环北极地区的多年平均 SOS 出现在 120~160d（5~6 月）（图 3-20），整个环北极地区有 10% 的区域在 6 月的最后一周后开始进入生长季，生长季长度少于两个月。环北极地区的 SOS 通常随纬度梯度而变化。西伯利亚沿海低地富冰区的 SOS 发生最晚。EOS 的分布更为复杂，主要发生在 250~300d（9~10 月）（图 3-21）。EOS 对纬度的依赖性在景观水平同样有体现，但西伯利亚中南部升温 EOS 明显晚于高纬度地区。SOS 主要发生在 5~6 月，EOS 主要发生在 9~10 月，导致生长季长度通常为 4~6 个月。植被物候也显示出对温度和降水的明显依赖性：生长季的长度在相对潮湿和温暖的青藏高原东部通常较长，而在相对干燥和寒冷的西部较短。

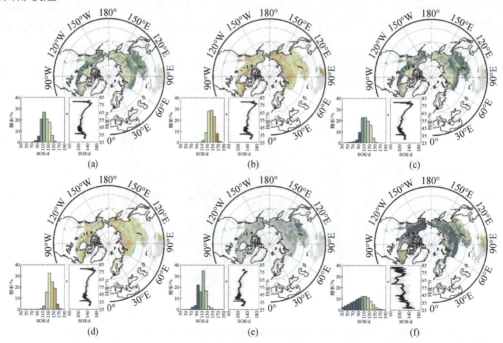

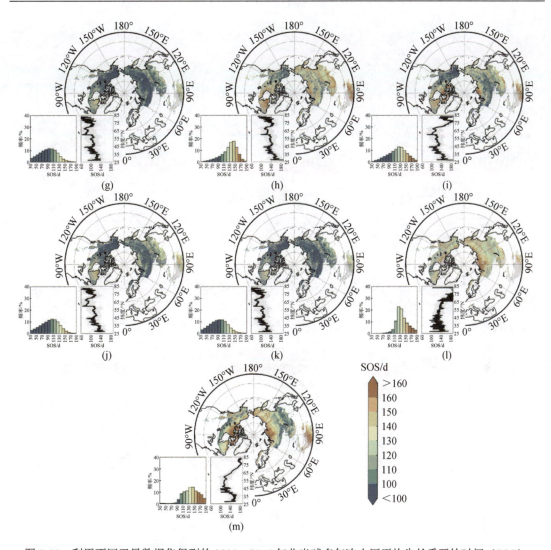

图 3-20 利用不同卫星数据集得到的 2001~2014 年北半球多年冻土区平均生长季开始时间（SOS）

（a）~（e）基于不同方法的 GIMMS 物候数据集：（a）~（d）双 Logistic 函数拟合法分别结合二阶导数、一阶导数、动态阈值（0.2）、动态阈值（0.5）物候参数提取方法，（e）多项式拟合法结合变化速率提取方法；（f）~（k）基于不同方法的 AVHRR 物候数据集：分段 Logistic 函数拟合法结合动态阈值（0.2）、一阶导数、二阶导数、变化速率、三阶导数、曲率变化物候参数提取方法；（l）MODIS 物候数据集；（m）VIP 物候数据集

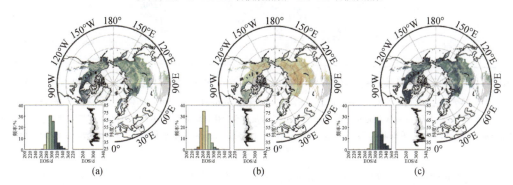

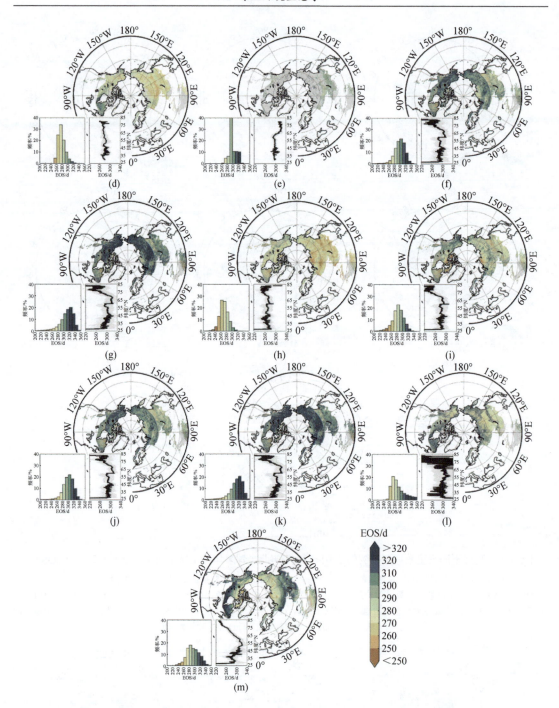

图 3-21　利用不同卫星数据集得到的 2001～2014 年北半球多年冻土区平均生长季结束时间（EOS）

（a）～（e）基于不同方法的 GIMMS 物候数据集：（a）～（d）双 Logistic 函数拟合法分别结合二阶导数、一阶导数、动态阈值（0.2）、动态阈值（0.5）物候参数提取方法；（e）多项式拟合法结合变化速率提取方法；（f）～（k）基于不同方法的 AVHRR 物候数据集：分段 Logistic 函数拟合法结合动态阈值（0.2）、一阶导数、二阶导数、变化速率、三阶导数、曲率变化物候参数提取方法；（l）MODIS 物候数据集；（m）VIP 物候数据集

　　植被在单位时间、单位面积上通过光合作用固定的有机物的总量被称为陆地生态系统

总初级生产力（GPP），代表了进入陆地生态系统的总初级物质和能量（Zhang et al., 2016）。作为表征陆地生态系统吸收 CO_2 的重要指标，GPP 在陆地碳循环过程中扮演着重要角色（叶许春等，2021；程春晓等，2014；Zhang et al.，2014）。基于 MOD17A2H，对比北极 GPP 年最大值和年平均值的空间分布（图 3-22）。总体来看，两者的空间格局基本相似，GPP 较低的区域年最大值为 0～1.2 g C/(m² · d)，年平均值为 0～0.9 g C/(m² · d)，主要位于加拿大东北部、极高纬区域、格陵兰岛及其西部岛屿。由于这些地区的地物类型主要是草地和裸地，因此，GPP 的空间分布可能受地物覆盖类型的影响。从多月平均 GPP 的空间分布图（图 3-23）可以清楚看到植被物候周期。从 11 月到次年 3 月，月均 GPP 非常低，几乎接近于 0。4～7 月，气温的升高、冰雪和海冰的融化以及光照时间的增加为北极地区植被生长提供了适宜的生长温度、水分和光照条件，植被光合作用和固碳能力逐渐增强，北极地区平均 GPP 在此期间快速增长，从 4 月的 0.0895 g C/(m² · d) 增加到 7 月的 3.739 g C/(m² · d)。从 8 月开始，GPP 呈现出迅速降低的趋势，10 月降到了 0.0453 g C/(m² · d)。在空间异质性

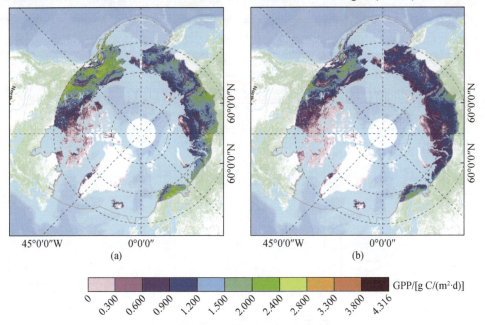

图 3-22　北极 GPP 年最大值（a）和年平均值（b）的空间分布（马杜娟，2023）

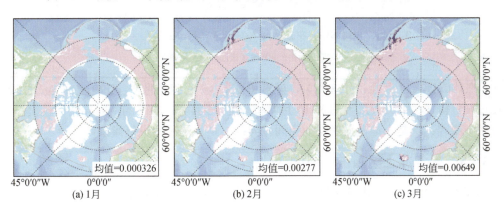

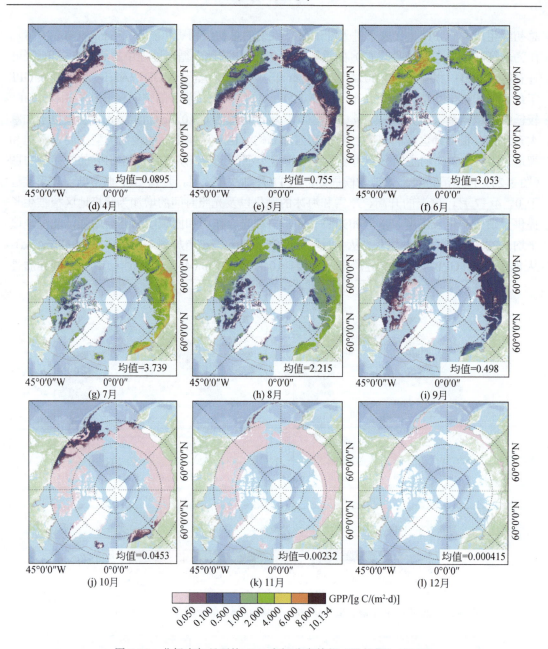

图3-23　北极多年月平均GPP空间分布特征（马杜娟，2023）

右下角为整个北极地区该月GPP的均值

方面，在休眠期（11月至次年3月）、盛夏和夏末（7月和8月），GPP空间异质性较小，但在过渡月份（4月、5月、9月和10月）和初夏（6月），GPP的空间异质性较大。这主要有两个原因：一是土地覆盖类型的空间差异；二是不同时间段气候条件差异。

3.3.3　多年冻土区植被的时间变化

不同季节 NDVI 的时间变化趋势，包括变化趋势的空间分布和长时间序列变化趋势

（图 3-24 和图 3-25）。图 3-24 表示北半球多年冻土区季节 NDVI 在 1982～2015 年变化趋势
的空间分布，结果表明，季节 NDVI 变化趋势空间差异明显。在生长季，NDVI 变化趋势
呈现正值的区域占整体面积的 70.39%，主要分布于北美大陆以北、西伯利亚和青藏高原地
区。另外，29.61%的像元呈现负值变化趋势，分布于北美大陆以南和青藏高原的西北地区。
春季、夏季、秋季 NDVI 变化趋势的空间分布，呈现递增的变化趋势的区域占整体像元的百
分比分别为 58.14%、66.02%、71.99%；递减趋势的区域占比分别为 41.86%、33.98%、28.01%。

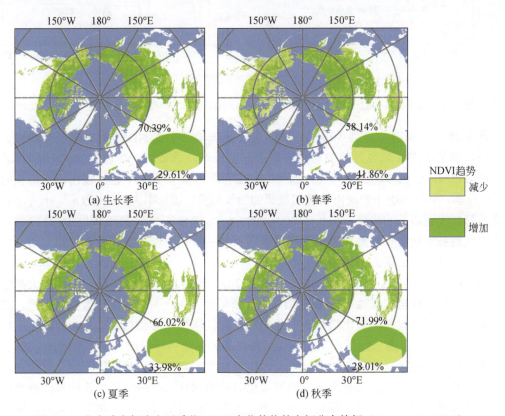

图 3-24 北半球多年冻土区季节 NDVI 变化趋势的空间分布特征（Peng et al.，2020）

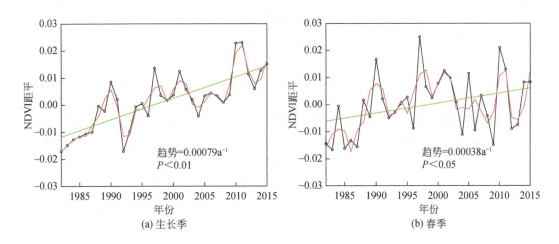

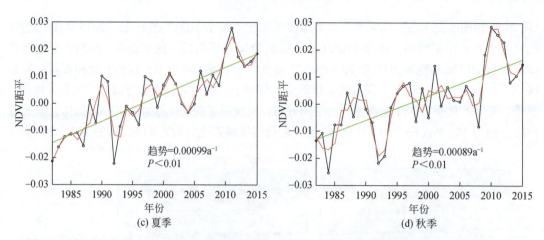

图 3-25　长时间序列（1982～2015 年）区域季节平均 NDVI 的时间变化趋势（Peng et al.，2020）

图 3-25 表示长时间序列（1982～2015 年）区域季节平均 NDVI 的时间变化趋势。结果表明，季节 NDVI 呈现显著的递增趋势。在生长季，季节 NDVI 以 0.00079 a^{-1} 显著递增（$P<0.01$），这也体现在空间变化趋势中。在春季，季节 NDVI 也呈现出低速增长的趋势。在夏季，季节 NDVI 表现出快速和显著的增长趋势，增长率为 0.00099 a^{-1}。秋季 NDVI 呈现出第二快速增长的趋势，增长率为 0.00089 a^{-1}。综合各个季节 NDVI 的变化趋势，多年冻土区植被呈现增长趋势主要是受到夏季和秋季的控制，较少受到春季控制，很有可能是受寒冷的环境、土壤的冻融循环等影响。

AVHRR 和 MODIS 的记录都表明，1982～2020 年和 2000～2021 年，环北极大部分地区的年最大归一化植被指数（MaxNDVI）均有所增加。在这两个 NDVI 数据时序中，部分环北极地区显示出显著的变化趋势。在北美洲、阿拉斯加北部和加拿大大陆的绿化现象表现最强，而北极群岛部分地区和阿拉斯加西南部的绿化趋势持平或为负（褐化）。在欧亚大陆，俄罗斯远东地区（楚科奇）出现了与阿拉斯加北部类似的显著绿化趋势，但在东西伯利亚海区和泰梅尔半岛的部分地区，植被褐化的趋势明显。西伯利亚西北部和欧洲北极地区的 NDVI 变化趋势不明确，绿化与褐化像元混杂，这可能是两个卫星所记录的时期有所不同造成的。植被变化的空间异质性突出了北极植被变化的复杂性，以及苔原生态系统与海冰、多年冻土、季节性积雪、土壤成分和水分、干扰过程、野生动物和人类活动等之间存在的丰富的相互作用网络（Buchwal et al.，2020；Campbell et al.，2021；Myers-Smith et al.，2020）。

2020～2021 年，AVHRR 和 MODIS 都观测到了欧亚大陆、北美和整个环北极地区的 MaxNDVI 创下了历史新高，同时北极地表温度达到历史最高水平，但积雪覆盖却成为有记录以来的最低水平。2021 年，MODIS 观测的环北极地区 MaxNDVI 比前一年下降了 2.7%，但仍是该传感器 22 年记录中的次高值。此外，MODIS 观测到的环北极地区 MaxNDVI 总体表现为显著的正向趋势。在过去 12 个生长季中，环北极地区的 NDVI 超过了此前 22 年的平均值（图 3-26）。GIMMS NDVI 的时间序列也表明，在记录的完整时期（1982～2020年）以及与 MODIS 重叠的时期（2000～2020 年），环北极地区的 MaxNDVI 的平均值都在增加。

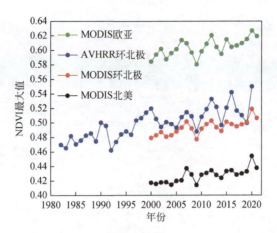

图 3-26　来自 MODIS MCD43A4（2000～2021 年）数据集的最大归一化植被指数
（MaxNDVI）时间序列（AMAP，2017）

图 3-27 和图 3-28 显示了 2001～2014 年环北极地区和青藏高原地区 SOS、EOS 显著变化趋势的空间分布。环北极地区物候发生显著变化的主要是 SOS，欧亚大陆西部苔原和北部针叶林的 SOS 提前，生长季延长。这些地区分别与过去 30 年来春季和夏季气温增幅最高的地区相吻合（Barichivich et al.，2014；Zeng et al.，2011），春季的较高温度可以驱动更早的 SOS。在过去 20 年中，分别有 70.6%和 60.5%的高原区域经历了 SOS 提前与 EOS 延迟，70.5%的区域生长季延长。SOS 平均以 2.7 d/10a 的速度推进，其中连续多年冻土区的 SOS 推进速率（4.3 d/10a）是季节冻土区（2.0 d/10a）的约 2 倍。尽管青藏高原整体表现为生长季的延长，但分别有 29.4%和 29.5%的区域表现出 SOS 的推迟与生长季的缩短，主要分布在青藏高原的西南部区域。

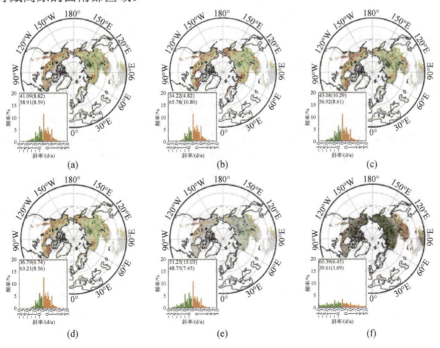

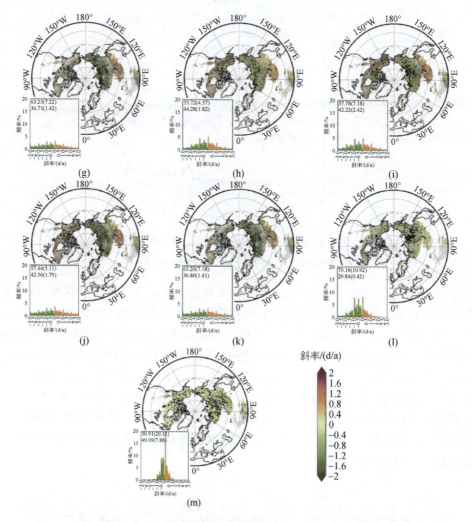

图 3-27　利用不同卫星数据集得到的 2001～2014 年北半球多年冻土区平均生长季开
始时间（SOS）变化趋势

（a）～（e）基于不同方法的 GIMMS 物候数据集：（a）～（d）双 Logistic 函数拟合法分别结合二阶导数、一阶导数、动态阈值（0.2）、动态阈值（0.5）物候参数提取方法，（e）多项式拟合法结合变化速率提取方法；（f）～（k）基于不同方法的 AVHRR 物候数据集：分段 Logistic 函数拟合法结合动态阈值（0.2）、一阶导数、二阶导数、变化速率、三阶导数、曲率变化物候参数提取方法；（l）MODIS 物候数据集；（m）VIP 物候数据集

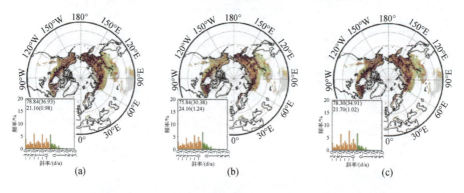

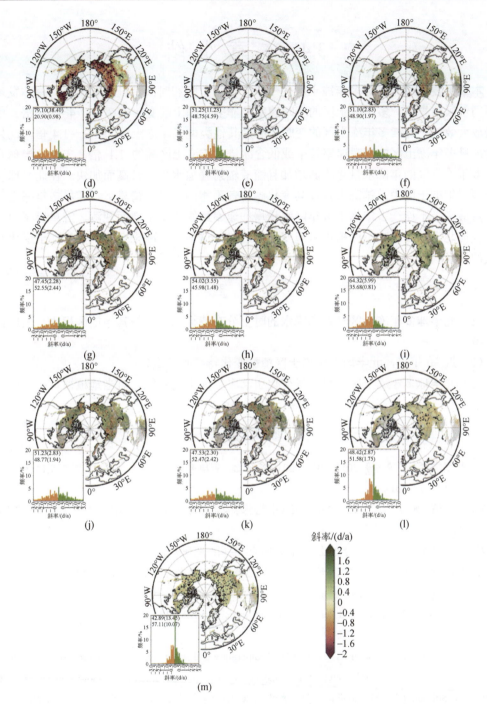

图 3-28　利用不同卫星数据集得到的 2001～2014 年北半球多年冻土区平均生长季结束时间（EOS）变化趋势

（a）～（e）基于不同方法的 GIMMS 物候数据集：（a）～（d）双 Logistic 函数拟合法分别结合二阶导数、一阶导数、动态阈值（0.2）、动态阈值（0.5）物候参数提取方法；（e）多项式拟合法结合变化速率提取方法；（f）～（k）基于不同方法的 AVHRR 物候数据集：分段 Logistic 函数拟合法结合动态阈值（0.2）、一阶导数、二阶导数、变化速率、三阶导数、曲率变化物候参数提取方法；（l）MODIS 物候数据集；（m）VIP 物候数据集

3.4 本章小结

本章主要围绕北半球多年冻土区的气候、植被空间和时间特征进行研究。总体发现未来不同气候情景下，多年冻土的变暖速率是非多年冻土区变暖速率的 1.4～1.6 倍。由于北极放大效应，连续多年冻土区的变暖速率是其他类型多年冻土区的 1.2～1.4 倍。此外，高含冰量多年冻土区的变暖速率较中或低含冰量多年冻土区高约 1.1 倍。未来北半球及各类型多年冻土区的年降水量将不断增加且随着辐射强迫水平的升高而加快。在北半球及不同类型多年冻土区中，年降水量及其变化趋势各不相同。未来情景下，零星多年冻土区年降水量最多，不连续多年冻土区年降水量增加速率最快。基于地面观测、卫星遥感观测技术，发现北半球多年冻土区植被呈现变绿的趋势，这与多年冻土变暖、多年冻土退化有着直接的关系。

思 考 题

（1）北半球多年冻土区气温和降水的时空分布特征如何？与其他地区相比，呈现什么显著特征？

（2）近 30 年来，北半球多年冻土区植被变化特征是什么？

（3）北半球多年冻土区未来气候变化引起多年冻土的变化，对当地植被可能会产生多大影响？

参 考 文 献

程春晓，徐宗学，王志慧，等. 2014. 2001—2010 年东北三省植被净初级生产力模拟与时空变化分析. 资源科学，36（11）：2401-2412.

金浩东，彭小清，陈聪，等. 2023. CMIP6 模式中北半球及多年冻土区降水变化的比较研究. 冰川冻土，45（2）：641-654.

马杜娟. 2023. 北极 GPP 的时空分布及对气候的响应. 兰州：兰州大学.

叶许春，杨晓霞，刘福红，等. 2021. 长江流域陆地植被总初级生产力时空变化特征及其气候驱动因子. 生态学报，41（17）：6949-6959.

AMAP. 2017. Snow, Water, Ice and Permafrost in the Arctic（SWIPA）2017. Oslo, Norway: Arctic Monitoring and Assessment Programme（AMAP）.

Barichivich J, Briffa K, Myneni R, et al. 2014. Temperature and snow-mediated moisture controls of summer photosynthetic activity in northern terrestrial ecosystems between 1982 and 2011. Remote Sensing, 6: 1390.

Buchwal A, Sullivan P F, Macias-Fauria M, et al. 2020. Divergence of Arctic shrub growth associated with sea ice decline. Proceedings of the National Academy of Sciences, 117（52）：33334-33344.

Campbell T K F, Lantz T C, Fraser R H, et al. 2021. High Arctic vegetation change mediated by hydrological conditions. Ecosystems, 24（1）：106-121.

Carter T R. 1998. Changes in the thermal growing season in Nordic countries during the past century and prospects for the future. Agricultural and Food Science, 7（2）：161-179.

Chou C，Neelin J D. 2004. Mechanisms of global warming impacts on regional tropical precipitation. Journal of Climate，17（13）：2688-2701.

Giorgi F，Raffaele F，Coppola E. 2019. The response of precipitation characteristics to global warming from climate projections. Earth System Dynamics，10（1）：73-89.

Guo D L，Li D，Hua W. 2018. Quantifying air temperature evolution in the permafrost region from 1901 to 2014. International Journal of Climatology，38：66-76.

Guo D，Wang H. 2017. Permafrost degradation and associated ground settlement estimation under 2℃ global warming. Climate Dynamics，49：2569-2583.

Held I M，Soden B J. 2006. Robust responses of the hydrological cycle to global warming. Journal of Climate，19（21）：5686-5699.

Jin H，Li X，Frauenfeld O W，et al. 2022. Comparisons of statistical downscaling methods for air temperature over the Qilian Mountains. Theoretical and Applied Climatology，149（3-4）：893-896.

Johns T C，Royer J F，Höschel I，et al. 2011. Climate change under aggressive mitigation：The ENSEMBLES multi-model experiment. Climate Dynamics，37：1975-2003.

Myers-Smith I H，Kerby J T，Phoenix G K，et al. 2020. Complexity revealed in the greening of the Arctic. Nature Climate Change，10（2）：106-117.

O'Gorman P A. 2015. Precipitation extremes under climate change. Current Climate Change Reports，1：49-59.

Peng X，Zhang T，Frauenfeld O W，et al. 2020. Northern Hemisphere greening in association with warming permafrost. Journal of Geophysical Research：Biogeosciences，125（1）：e2019JG005086.

Zeng H，Jia G，Epstein H. 2011. Recent changes in phenology over the northern high latitudes detected from multi-satellite data. Environmental Research Letters，6：4.

Zhang L，Guo H D，Jia G S，et al. 2014. Net ecosystem productivity of temperate grasslands in northern China：An upscaling study. Agricultural and Forest Meteorology，184：71-81.

Zhang Y L，Song C H，Sun G，et al. 2016. Development of a coupled carbon and water model for estimating global gross primary productivity and evapotranspiration based on eddy flux and remote sensing data. Agricultural and Forest Meteorology，223：116-131.

第4章 多年冻土变化

在气候快速变暖背景下，多年冻土在全球范围内发生显著、快速和广泛退化，对全球和区域气候、生态、水文、基础设施以及社会经济发展产生了深刻影响。多年冻土变化主要是指多年冻土范围、温度和活动层厚度的变化。多年冻土温度和活动层厚度是多年冻土的主要特征，本章结合最新的观测和模拟研究，重点从冻土观测与模拟方法、观测到的多年冻土变化、多年冻土模拟及预估、多年冻土变化的驱动因素、多年冻土变化的影响五个方面进行概述。

4.1 冻土观测与模拟方法

观测和模拟是冻土研究的两个基本手段。实地观测可以作为研究冻土的重要资料，一般作为"真值"验证冻土模型的模拟性能，而模型是推断未知区域（不能或很难观测的区域）、回溯过去、预测未来冻土变化的重要工具，本节从冻土观测和冻土模型两个方面进行介绍。

4.1.1 冻土观测

冻土观测内容主要包括冻土特征参数和冻土热状态、活动层水热状态等动态过程的观测。冻土特征参数主要包括：冻土年变化深度、多年冻土年平均地温、多年冻土下限、多年冻土厚度、多年冻土分布边界、季节融化和冻结深度等基本特征参数（赵林等，2015）。

1. 冻土年变化深度、多年冻土年平均地温、多年冻土下限或多年冻土厚度

主要通过一定深度范围内的冻土热敏电阻温度串的电阻值观测经计算来获得。冻土年变化深度存在区域差异，一般在10～20 m变化。因此，一般冻土温度观测深度至少需要大于10～20 m。根据一年内土体温度连续观测资料来确定冻土年变化深度，确定年变化深度就可确定多年冻土年平均地温（MAGT，年变化深度处的地温）。另外，冻土年变化深度也可通过一次钻孔温度测量结果依据相关计算方法来估算。若要通过土体温度来获得多年冻土下限或多年冻土厚度观测值，冻土温度观测深度至少应该大于冻土下限深度。但根据冻土温度观测结果计算获得冻土地温梯度，可近似推测多年冻土下限深度或多年冻土厚度。

2. 多年冻土分布边界

探地雷达法是目前最为简便的多年冻土分布边界物理勘探手段，其探测的水平分辨率可以达到数米乃至1 m之内，弥补了钻孔探测法在空间分辨率上的不足。通常我们通过追踪雷达剖面图中多年冻土上限特征反射层的变化状况来确定多年冻土分布边界的位置。一

般情况下，在多年冻土至季节冻土的过渡地段，多年冻土上限特征反射层有逐渐增厚的趋势，在多年冻土分布边界处该反射层消失。在利用雷达法探测多年冻土边界时，首先需要根据已有多年冻土分布的背景资料，如钻孔资料、地貌及植被覆盖等资料，保证所选取的雷达探测断面能够跨越多年冻土和季节冻土分布的边界地段。另外在雷达探测断面选取时，要尽量考虑探测断面区的地质沉积特征，一般选取沉积特征一致的地段较为理想，这样可以最大限度地避免地质沉积分层造成的冻土上限特征反射层识别的困难或误判。

电阻率法是通过电阻率特征的差异解译得到多年冻土分布边界的物探方法，近年来被广泛应用。电阻率法勘探要结合钻孔、坑探、地形、地貌和地表植被特征等资料，以多年冻土分布边界为勘探目的，勘探剖面的布设原则，首先穿过经初勘判定的多年冻土分布边界，并通过加密测点以获取剖面上更为详尽的电阻率拟断面图，最终反演得到多年冻土分布边界。

3. 季节融化和冻结深度

多年冻土区观测季节融化深度，季节冻土区观测季节冻结深度。多年冻土区季节融化深度也称为多年冻土上限。一般有三种观测方法，即机械探测、土体温度观测和可视化观测方法。

机械探测方法主要采用冻土器和融化管来观测。冻土器主要用于观测季节冻结深度，由外管和内管组成，冻土器外管内径 30 mm、外径 40 mm。外管为一标有 0 刻度线的硬橡胶管，内管为一根有厘米刻度的软橡胶管（管内有固定冰柱用的链子或铜丝、线绳），底端封闭，顶端与短金属管、木棒及铁盖相连。内管中灌注当地干净的一般用水至刻度的 0 线处。冻土器长度规格可变，可根据当地可能出现的最大冻结深度选用适当的规格。一般采用钻孔法将冻土器垂直埋入土体中，并保证外管四周与周围土层紧密接触。观测时将内管提出读出冰上下两端相应的刻度。融化管用来观测季节融化深度，其结构与冻土器结构类似。融化管内置的水冻结成冰后，在融化季节开始前置于钻孔内，并需固定在多年冻土层中，观测时主要读取管内冰融化成水的位置。对于以细颗粒土为主且基本饱和的活动层土体，可以采用融化探针的方法对季节融化深度进行探测，将 1 cm 粗细的金属探针插入土体，遇到阻力无法继续插入的位置，即为季节融化深度。一般利用这些方法获取最大季节融化深度应在 9～10 月。与通过测温来获得季节冻结深度和季节融化深度相比，这种方法存在一定的误差。

土体温度观测方法主要通过测量活动层内土体的热敏电阻值，经换算为土体温度来确定季节融化和冻结深度。由于季节冻结深度或季节融化深度数年内会发生变化，因此，一般观测深度需超过最大季节冻结深度或最大季节融化深度一定范围。根据土体温度观测，季节冻结深度和季节融化深度通过活动层内土体温度廓线与深度坐标轴的交点来获得，一般是通过 0℃以上和以下两个邻近点的线性内插来估计的。根据一年内土体温度观测资料，在季节冻土区，当地表开始冻结时可获得季节冻结深度，至次年的 3～4 月可达到最大季节冻结深度。在多年冻土区，当地表开始融化时可获取季节融化深度，至 9～10 月可达最大季节融化深度，有些地区持续至 11 月甚至 12 月才达到最大季节融化深度。

可视化观测方法主要通过坑探或钻探方法来确定，这种方法主要用于一次性观测最大季节冻结深度和最大季节融化深度。在季节冻土区，一般在 3 月中旬或 4 月初通过坑探和钻探确定冻结和融化的界限深度。在多年冻土区，一般是在 9 月下旬至 10 月初通过上限附近存在厚层地下冰的特征来确定最大季节融化深度。

4. 冻土热状态

冻土热状态为各深度上冻土温度的时空变化特征，可以通过不同深度的热敏电阻温度串测量的电阻值换算成温度来获得。依据冻土观测目的，可以制作不同深度和不同观测间隔的热敏电阻温度串。一般热敏电阻观测可采用两种方法：一是可采用分辨率为 $\pm 1\mu V$ 的高精度万用表进行手动观测，然后依据标定方程换算成温度值。二是可采用自动数据采集仪进行观测。观测时间可依据不同的观测目的和要求来设置。浅层（一般 5 m 深度以内）温度观测时间间隔 1 日内可每小时观测一次，一般应采用自动数据采集仪观测。对深部温度可每日观测一次，温度观测超过年变化深度后可每年观测 5~10 次，一般可采用手动进行观测。对于不能够采用自动数据采集仪观测的情况，至少需考虑 1 月内观测 2~3 次。

多年冻土年平均地温通常使用测温钻孔进行监测。以青藏高原多年冻土地温监测为例，使用的温孔探头多为铂电阻探头，探头精度可以达到 ± 0.01℃，能够很好地测量多年冻土地温的变化。探头通常集成到一根电缆中，探头布设深度在浅层（<5.0 m）间隔为 0.5 m，在深层间隔一般为 1 m 或者 2 m。青藏公路沿线的钻孔地温数据采集一般由自动数据采集仪完成，采集时间间隔为 30 min 或者 1 h，其他地区的钻孔地温测量一般由人工不定期采集，通常一个年度内采集 1~2 次。连续采集的数据可全面了解冻土内部不同深度地温的年内变化过程，对冻土地温年变化深度、冻土自上而下和自下而上的退化趋势进行分析。不定期人工采集的数据可以用于分析多年冻土多年变化过程以及多年冻土在空间范围内的地温特征等。

5. 活动层水热过程

土体温度可采用热敏电阻或铂电阻或热电偶等来观测，水分可采用时域反射或频域反射或其他类型的水分传感器来观测。由于浅层土体温度和水分具有强烈的时空变化，因此，一般活动层内土体水热观测传感器间隔可采用 5 cm、15 cm、30 cm、50 cm、80 cm、120 cm、180 cm、240 cm、300 cm，最深达到多年冻土上限位置即可。一般观测应采用自动数据采集仪进行，观测频率为每 30 min 一次。

4.1.2 冻土模型

模型模拟是冻土变化研究的重要手段。自冻土学形成以来，用于研究冻土状态和变化、分布及其时空变化的冻土模型大量涌现，它们大多基于热传输原理来模拟土壤中的热状态。根据模型是否考虑冻土的形成机制和物理过程，可将其分为经验统计模型和基于过程的物理模型。经验统计模型是建立局部（时间或空间）冻土状态和易获得的地形、地理、气候以及地表等各要素之间的关系，进而推演全局冻土状态或变化。被广泛使用的经验统计模型主要包括高程模型、MAGT 模型、多年冻土顶板温度（TTOP）模型、冻结数模型、Kudryavtsev 模型、Stefan 模型以及机器学习模型等。物理模型基于物理机制而建立，通常采用数值方法求解，能够再现土壤水热的瞬态变化。根据模型的复杂程度可以分为一维热传导模型和陆面过程模型。

1. 经验统计模型

模拟多年冻土活动层水热与冻融过程的经验统计模型较多，常用的主要有以下几个。

（1）Stefan 模型：是多年冻土模型中应用较广的数值方法，主要用于计算冻融锋面（冻结与融化之间可移动的接触界面）。它基于两个重要假设：土质均匀且土的冻结或融化温度为 0℃，将求解简化为有内热源的一维热传导问题，其公式为

$$X = \sqrt{\frac{2\lambda I}{L}} \tag{4-1}$$

式中，λ 为热传导系数；L 为融化潜热；I 为冻结或融化指数。

（2）冻结数模型：将大气和地面冻结指数关联为季节冻结深度和季节融化深度比值，据此定义地面冻结指数与融化指数的比值——冻结数，它是一个周期内（通常为 1 年）气温连续低于/高于 0℃ 的持续时间与其数值乘积总和。冻结数公式为

$$F = \sqrt{\text{DDF}}/(\sqrt{\text{DDT}} + \sqrt{\text{DDF}}) \tag{4-2}$$

式中，DDF 和 DDT 分别为冻结和融化度日因子（℃·d）。

（3）Kudryavtsev 模型：给出一种活动层底板温度的计算方案，并经不断修正，因充分考虑植被与积雪对多年冻土和活动层的影响，近年来被广泛应用于环北极和北半球其他区域多年冻土模拟，普遍认为其具有良好的适用性。

（4）TTOP 模型：结合地表冻融指数和土壤性质估计 TTOP。

$$\text{TTOP} = \frac{\lambda_\text{T} I_\text{TS} - \lambda_\text{F} I_\text{FS}}{\lambda_\text{F} P} \tag{4-3}$$

式中，λ_T 和 λ_F 分别为融化和冻结时的导热系数；I_TS 和 I_FS 分别为地表融化和冻结指数；P 为周期，取值 365 天。

经验统计模型由于结构简单、输入参数少，易与遥感数据相结合，仍然是目前冻土分布模拟的主要手段。但其主要局限是不具备对水热过程的描述，体现的是一种平均和稳态状况，忽略了下垫面和土壤异质性的影响。因此，此类模型往往不是冻土变化研究的最佳选择。

2. 物理模型

物理模型都是通过有限差分或有限元的方法求解一维热传导方程来模拟垂直方向上土壤温度剖面。相较于精确解模型，数值模型有着更好的灵活性，能够较好地解决时间和空间上的异质性问题，但会较为依赖于土壤的物质组成和初始状态资料。建立在热力学和水量平衡基础上的数值模型（如陆面过程模型）是研究多年冻土变化的理想手段。这类模型建立在能水循环基础上，物理过程清晰，能够从机理上回答多年冻土的发生和发展，以气象条件为上边界对模型进行驱动，与气候模式相互耦合，具备了模拟气候变化下未来冻土变化的能力。

由于冻土物理过程的复杂性和特殊性，早期的全球气候模式（GCM）没有涉及冻融过

程。近年来,陆面过程模型中冻土参数化方案取得了许多进展,如基于土壤基质势和温度的最大可能的未冻水含量方案已经获得广泛认可和应用,但仍有许多不足。例如,目前陆面过程模型中土壤分层依然较少且模拟深度多数小于 10 m,对地下状况考虑粗糙很难准确反映多年冻土的过程。用于区域或大陆范围的多年冻土分布模型通常会以 GCM 的输出数据作为输入或驱动数据,以模拟多年冻土在未来气候情景下的变化情况。

4.2　观测到的多年冻土变化

4.2.1　多年冻土监测网

多年冻土地面实地观察主要集中在站点尺度和局地尺度,通过钻孔、土壤剖面物探等方法观测冻土的状态。由于一些大的工程计划的启动和推动,在过去的 50 年间,多年冻土观测网络在全球范围内逐步建立,一些比较著名的观测计划包括国际冻土协会(IPA)的多年冻土区碳库(Carbon Pools in Permafrost Regions,CAPP)计划、欧洲冻土与气候(Permafrost and Climate in Europe,PACE)计划,国际科学理事会的国际极地年(International Polar Year,IPY)计划等。在这些计划的直接或间接影响下,世界气象组织和 IPA 等国际组织以及各种独立科学团体在全球的多年冻土区布设了一系列的监测网络,特别是全球陆地多年冻土观测网(Global Terrestrial Network for Permafrost,GTN-P)的建立,极大地推动了冻土学的发展。GTN-P 是 20 世纪 90 年代由 IPA 和全球陆地观测系统联合发起的,其目标是监测多年冻土温度和活动层厚度的时空变化,前者主要通过一个密集的钻孔网络(Thermal State of Permafrost,TSP)开展长期的监测,后者主要由环极地活动层监测网络(Circumpolar Active Layer Monitoring Program,CALM)执行。图 4-1 显示了目前 GTN-P 多年冻土地温钻孔和活动层监测点的分布情况。

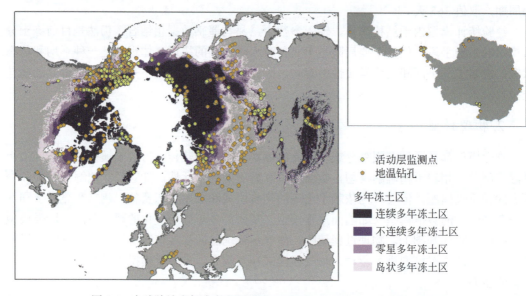

图 4-1　全球陆地多年冻土观测网(GTN-P)(Streletskiy et al.,2021)

4.2.2　多年冻土温度变化

联合国政府间气候变化专门委员会第五次评估报告（IPCC AR5）指出，自 20 世纪 80 年代初以来，大多数地区 MAGT 都有所升高。在阿拉斯加北部一些地区，观测到 MAGT 升幅达 3℃（20 世纪 80 年代初至 21 世纪第一个 10 年中期）；俄罗斯北部地区达到 2℃（1971～2010 年）。低温多年冻土（MAGT＜-2℃）的 MAGT 升幅大于高温多年冻土（MAGT≥-2℃）。《气候变化中的海洋和冰冻圈特别报告》（SROCC）指出，自 20 世纪 80 年代以来，MAGT 已上升至创纪录的高水平。基于 GTN-P 的 154 个钻孔观测数据研究结果表明，2007～2016 年，全球（极地、北方和高山区）多年冻土的 MAGT 平均升高了（0.29±0.12）℃。与不连续多年冻土区的较温和的升温幅度［（0.20±0.10）℃］相比，北极连续多年冻土区观测到了更强的变暖［（0.39±0.15）℃］。

IPCC AR6 指出，过去 30～40 年，整个多年冻土区观测到的 MAGT 在升高（图 4-2），

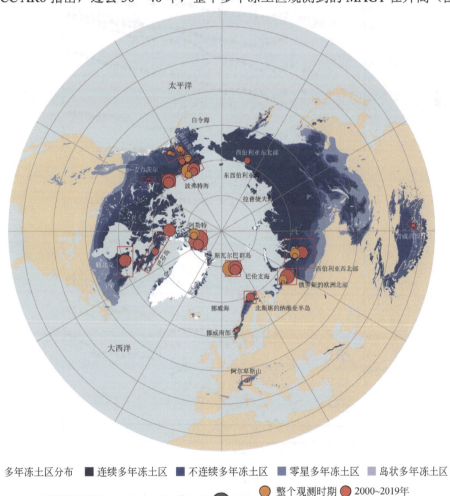

图 4-2　多年冻土区温度变化趋势（Smith et al., 2022）

北极地区的变暖速率更快（IPCC，2021；Smith et al.，2022）。近期（2018～2019 年），北极和亚北极地区大多数地点直接观测到多年冻土 20～30 m 深度处的温度是有史以来的最高值 [图 4-3（a）和（b）]。其中，北美北部的低温多年冻土的温度比 1978 年高出 1℃以上。北极地区低温多年冻土的变暖速率（1974～2019 年，平均变暖速率为 0.4～0.6℃/10a）大于亚北极地区高温多年冻土的变暖速率（0.17℃/10a）。过去 10～30 年，北半球高海拔地区（包括欧洲阿尔卑斯山、青藏高原和亚洲其他一些中高海拔地区），20m 深处的 MAGT 以 0.3℃/10a 的速度升高。与北极地区一样，在欧洲阿尔卑斯山地区，低温多年冻土的变暖速率通常更高，在高海拔无冰覆盖的基岩地区，多年冻土温度的升高与北极地区相当 [图 4-2 和图 4-3（c）]。

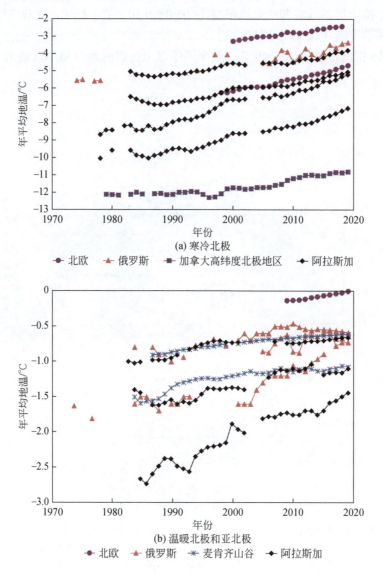

(a) 寒冷北极

━●━ 北欧　━▲━ 俄罗斯　━■━ 加拿大高纬度北极地区　━◆━ 阿拉斯加

(b) 温暖北极和亚北极

━●━ 北欧　━▲━ 俄罗斯　━✳━ 麦肯齐山谷　━◆━ 阿拉斯加

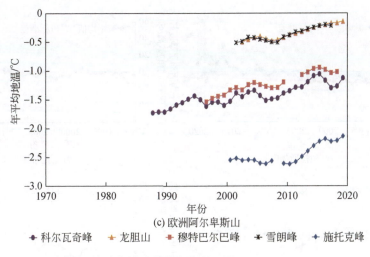

(c) 欧洲阿尔卑斯山

科尔瓦奇峰　　龙胆山　　穆特巴尔巴峰　　雪朗峰　　施托克峰

图 4-3　多年冻土温度变化（Smith et al.，2022）

4.2.3　活动层厚度变化

多年冻土之上、靠近地表的活动层每年经历季节性冻融循环。浅层地温的变化导致冻土活动层厚度（ALT）的变化。然而，与深层多年冻土温度的变化相比，ALT 的变化主要受季节气温和积雪的控制，因此表现出明显的年际变化，使得长期变化趋势不明显。尽管如此，ALT 的变化趋势仍可以从长序列的观测记录中检测到。

IPCC AR5 指出，自 20 世纪 90 年代以来，许多高纬度监测点的 ALT 增加了几厘米到几十厘米。SROCC 与 IPCC AR6 一致表明，整个泛北极地区活动层都普遍增厚。IPCC AR6 的新证据显示，自 20 世纪 90 年代以来，北极一些地区的 ALT 不断增大（图 4-4）。ALT 增加趋势在俄罗斯北极地区最为明显 [图 4-4（a）和（b）]，自 20 世纪 90 年代末以来俄罗斯的欧洲北部地区和西伯利亚西部的一些地区出现了最大的 ALT 增加，1999～2019 年，平均 ALT 增大了 0.4 m [图 4-4（a）]。在北美，一些地区的 ALT 也发生了变化，但变化幅度不及俄罗斯。特别是 1996～2019 年，阿拉斯加内陆的 ALT 增加超过了 0.2 m [图 4-4（c）]。

相比之下，在阿拉斯加北部 [图 4-4（d）] 和麦肯齐山谷 [图 4-4（e）]，ALT 在 1998 年达到峰值后开始下降，且自 21 世纪第一个 10 年中期以来略有增加，然而，当前的 ALT 与 1998 年之前的观测值相比几乎没有变化。在挪威南部、瑞典北部、格陵兰岛东北部和斯瓦尔巴群岛中部的监测点，自 20 世纪 90 年代以来，ALT 普遍以与俄罗斯北极地区相当的

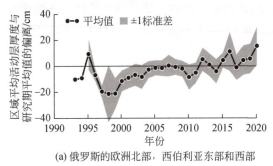

(a) 俄罗斯的欧洲北部，西伯利亚东部和西部

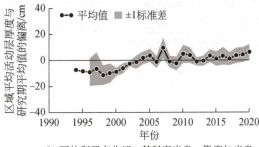

(b) 西伯利亚东北部，楚科奇半岛，勘察加半岛

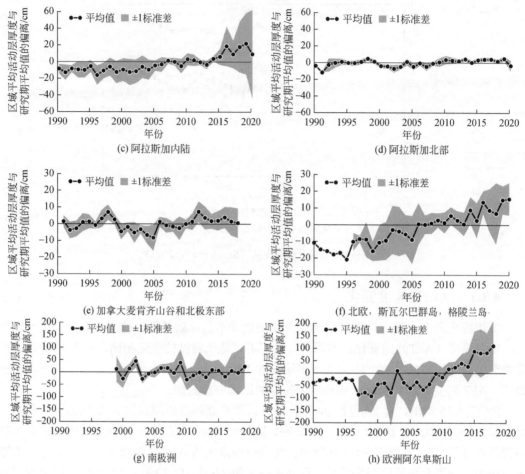

图 4-4　活动层厚度变化（Smith et al.，2022）

速度增加［图 4-4（f）］，但具有相当大的年际变化。在南极洲无冰覆盖地区，自 2006 年以来 ALT 的年际变化很大，但没有增加趋势［图 4-4（g）］。自 20 世纪 90 年代以来，在欧洲阿尔卑斯山观测到 ALT 显著增加［图 4-4（h）］。当前的 ALT 通常比整个时期的平均值高出 10%。此外，自 2000 年以来，在阿尔卑斯山的几个监测点，ALT 已经增加了一倍，增加了几米。在青藏高原，自 1980 年以来，ALT 以 0.2 m/10a 的速率增大（Zhao et al.，2020）。

IPCC AR6 指出，ALT 的变化具有很大的空间异质性，阻碍了在全球尺度上对 ALT 变化趋势的更清晰认识，制约因素有：①ALT 观测站点分布不均；②受局地条件（土壤成分和水分、积雪、植被等）强烈影响，现有站点之间的 ALT 差异很大；③ALT 年际变化大；④富含冰地形中的融沉。

4.2.4　高山区和极地多年冻土变化

1.高山区多年冻土变化

全球 11 个高山地区多年冻土覆盖面积为 $3.6 \times 10^6 \sim 5.2 \times 10^6 \ km^2$（Gruber，2012；Obu et al., 2019），占全球多年冻土总面积的 27%～29%，其分布具有很高的空间异质性（图 4-5）。近几十年来，阿尔卑斯山、斯堪的纳维亚半岛、天山、阿尔泰山、青藏高原、帕米尔高原的多年冻土已经变暖；一些观测结果显示了地下冰消融和多年冻土退化的现象。

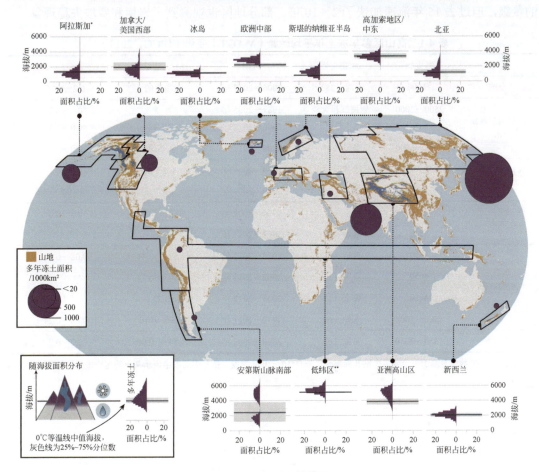

图 4-5　山区和多年冻土分布及面积统计（IPCC，2019）

*包括加拿大育空地区和不列颠哥伦比亚地区；**包括低纬度安第斯山区、墨西哥、东非和印度尼西亚

2007～2016 年，阿尔卑斯山、斯堪的纳维亚半岛、加拿大以及亚洲高山区和北亚山区 28 个多年冻土钻孔数据显示，山区 MAGT 平均升高速率约（0.19±0.05）℃/10a，并在更长时间尺度上显示出普遍升温（表 4-1 和图 4-6）和部分地区多年冻土退化的现象。过去几十年，在阿尔卑斯山、斯堪的纳维亚半岛和青藏高原，均观测到活动层增厚（表 4-2），表明多年冻土在自上而下发生退化。例如，自 1980 年以来，青藏公路沿线多年冻土的 MAGT 升高速率为 0.02～0.26℃/10a，ALT 增速为 0.2m/10a。自 2000 年以来，阿尔卑斯山的几个观测点的 ALT 增加了数米。基于地球物理方法的监测显示，近 15 年来，阿尔卑斯山的土壤未冻水含量不断增加，表明地下冰在逐渐融化。

相对于低温多年冻土，温度接近 0℃的多年冻土，特别是含冰量较高的多年冻土，观察到的变暖速率较低（小于 0.3℃/10a），这是因为地下冰融化，冰-水相变消耗了大量潜热，从而减缓了多年冻土的升温。同样，由于冰含量低，基岩比岩屑或土壤的变暖速度更高。例如，在过去 20 年，几个欧洲基岩观测点 MAGT 迅速升温（表 4-1），升温速率达到 1℃/10a。与多年冻土的变暖相关，在欧洲阿尔卑斯山，20 世纪 90 年代石冰川流速处于每年几厘米的量级，但过去 15 年流速加快了 2～10 倍。部分地区也观测到了岩崩和斜坡失稳现象。

表 4-1 高山区多年冻土年平均地温（MAGT）变化（IPCC，2019）

区域	海拔/m	地表类型	时期	MAGT/℃	MAGT 趋势/（℃/10a）
全球	>1000	不同（28）	2006～2017 年	未指定的	0.2±0.05
欧洲阿尔卑斯山	2500～3000	岩屑或粗大块石（>10）	1987～2005 年	>-3	0.0～0.2
			2006～2017 年	>-3	0.0～0.6
	3500～4000	基岩（4）	2008～2017 年	>-5.5	0.0～1.0
斯堪的纳维亚半岛	1402～1505	冰碛（3）	1999～2009 年	-0.5～0	0.0～0.2
	1500～1894	基岩（2）	1999～2009 年	-2.7	0.5
天山	3300	裸土（2）	1974～2009 年	-0.5～-0.1	0.3～0.6
	3500	草地（1）	1992～2011 年	-1.1	0.4
青藏高原	4650	草地（6）	2002～2012 年	-1.52～-0.41	0.08～0.24
	4650	草原（3）	2002～2012 年	-0.79～-0.17	0.08～0.24
	4650	裸土（1）	2003～2012 年	-0.22	0.15
	4500～5000	未知（6）	2002～2011 年	-1.5～-0.16	0.08～0.24
蒙古国	1350～2050	草原（6）	2000～2009 年	-1.54～-0.06	0.2～0.3

注：MAGT 数值是基于单个或多个钻孔的集合，取自 10～20 m 深度。括号中的数字表示某一特定地表类型和区域的观测点数量。

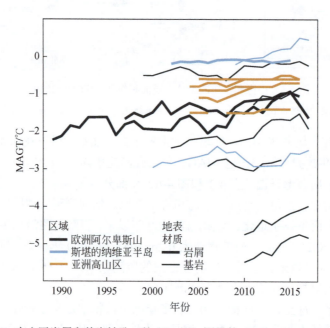

图 4-6 高山区岩屑和基岩钻孔（约 10m 深）测量的 MAGT（IPCC，2019）

表 4-2 高山区多年冻土活动层厚度（ALT）变化（IPCC，2019）

区域	海拔/m	地表类型	时期	ALT/m	ALT趋势/（cm/10a）
斯堪的纳维亚半岛	353～507	泥炭地（9）	1978～2006 年	0.65～0.85	7～13
			1997～2006 年		13～20
欧洲阿尔卑斯山	2500～2910	基岩（4）	2000～2014 年	4.2～5.2	10～100
天山	3500	草地（1）	1992～2011 年	1.70	19
青藏高原	4629～4665	草地（6）	2002～2012 年	2.11～2.3	34.8～45.7
	4638～4645	草原（3）	2002～2012 年	2.54～3.03	39.6～67.2
	4635	裸土（1）	2002～2012 年	3.38	18.9
	4848	草地	2006～2014 年	1.92～2.72	15.2～54

注：括号内数字表示某一特定地表类型和区域的站点数。

在一些地区，观测到了 MAGT 降温和 ALT 减薄的现象。例如，近 10 年来，在大兴安岭一些地区观测到了 MAGT 和 ALT 呈下降趋势，可能与这一时期人类活动减少、天然林保护工程恢复后的植被更加茂盛和冬季积雪减少有关。区域建模结果显示，青藏高原西北部自 20 世纪 90 年代后期以来出现了区域性的 MAGT 下降和 ALT 减小。

山区 MAGT 变化趋势并不一致，反映了地形、地表类型、土壤质地和积雪等局地条件变化的深刻影响。这种空间差异与局地条件、区域温度变化以及多年冻土本身热状态有关（牟翠翠等，2023）。总的来说，近几十年来，许多山区多年冻土已经变暖。

2. 极地多年冻土变化

环北极多年冻土区的许多长期监测点都记录了多年冻土中 10～20 m 深度的创纪录高温 [图 4-3 （a）和（b）]。在一些地方，MAGT 比 30 年前高出 2～3℃。例如，20 世纪 80 年代以来阿拉斯加北部和加拿大西北部麦肯齐山谷北部的升温速率为 0.4～0.8℃/10a，而魁北克北部和巴芬岛的升温速率高达 0.7℃/10a。2007～2016 年，连续多年冻土区的 MAGT 变暖速率为（0.39±0.15）℃；不连续多年冻土区的 MAGT 变暖速率为（0.20±0.10）℃；所有极地和山地多年冻土的平均变暖速率为（0.29±0.12）℃。高温多年冻土的 MAGT 相对较小的升幅表明，多年冻土正在融化，冰-水相变吸收了热量，因而 ALT 可能会加深。与温度变化相比，整个地区的 ALT 的增加只有中等信度，这是由于 ALT 的年代际变化趋势因地区和监测点而异。

在南极地区，存在于无冰暴露地区的多年冻土仅占南极洲陆地总面积的 0.18%，该面积比北半球陆地多年冻土区的多年冻土面积（13×10^6～18×10^6 km²）小三个数量级（Gruber，2012）。南极多年冻土的钻孔数量有限且记录短暂（大多数<10 年）；虽然有研究表明，近 10 年来，较浅深度的 MAGT 升高，但较大深度的地温长期趋势并不明显。同样，观测记录显示了 ALT 明显的年际变化；自 2006 年以来，一些地点的 ALT 相对稳定或下降，或无明显趋势。

4.3 多年冻土模拟及预估

在北半球，多年冻土主要分布在高纬度和高海拔地区。多年冻土南界以南，受海拔制约而形成的多年冻土，称为高海拔多年冻土，而南界以北的多年冻土则称为高纬度多年冻土。根据多年冻土形成的地理特征，可将其分为高纬度多年冻土和高海拔多年冻土，其中高海拔多年冻土主要集中在青藏高原地区。本节以北半球和青藏高原为例，对多年冻土分布现状模拟，多年冻土面积、温度和活动层厚度变化预估进行介绍。

4.3.1　多年冻土分布现状模拟

1. 北半球多年冻土分布现状

年平均气温（MAAT）是判断温度较稳定的高纬地区多年冻土存在的可靠指标。在大范围内，多年冻土的存在是由 MAAT 控制的。一般来说，MAAT 小于 0℃ 的地方就有可能存在多年冻土，这是由气温、积雪、地形、水文、土壤性质和植被的季节性循环所调控的。在冬季，积雪能够使土壤与冷空气隔绝，使得土壤温度高于空气温度。在夏季，任何植被都能使得土壤与温空气隔绝，使得土壤温度低于空气温度。

Obu 等（2019）使用多源遥感地表温度和再分析资料等，利用 TTOP 模型绘制了分辨率为 $1\ \mathrm{km}^2$ 的北半球多年冻土分布概率图，如图 4-7 所示。从多年冻土发生概率推算出北半球多年冻土区面积为 $20.8 \times 10^6\ \mathrm{km}^2$（约占裸露陆地面积的 21.8%）。

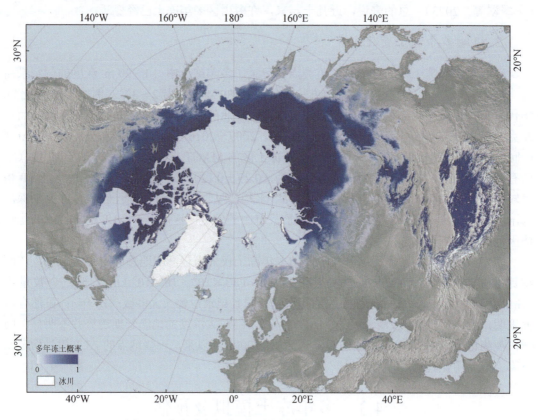

图 4-7　北半球多年冻土分布概率图（Obu et al.，2019）

2. 青藏高原多年冻土分布现状

Cao 等（2023）利用扩展的地面冻结数模型，以卫星地表温度数据推算得到的地表融化指数和冻结指数为输入，以小区域冻土调查图为约束，模拟了一张 2010 年青藏高原冻土分布图，如图 4-8 所示。结果显示，青藏高原地区多年冻土总面积约为 1.086×10^6 km² （占青藏高原中国总面积的 41.17%），季节冻土面积为 1.447×10^6 km²（占总面积的 54.85%）。基于多年冻土调查图（Kappa=0.74）和钻孔记录（总体精度=0.85，Kappa=0.43）进行的验证表明，与同时期其他青藏高原冻土分布图相比，该分布图的精度更高。

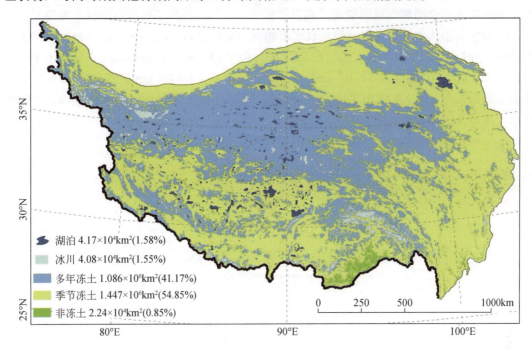

图 4-8　青藏高原冻土分布图（Cao et al.，2023）

图 4-8 显示，多年冻土的分布以羌塘高原为中心向周边展开；羌塘高原北部和昆仑山是多年冻土最发育的地区，基本连续或大片分布。在青藏公路沿线，自西大滩往南直至唐古拉山南麓安多附近，地段内除局部有大河融区和构造地热融区外，多年冻土基本连续分布。连续多年冻土带由此向西、西北方向延伸，直至喀喇昆仑山。安多以南多年冻土主要分布在高山顶部，如冈底斯山、喜马拉雅山和念青唐古拉山地区。在青藏公路以东地区，地势自西向东降低，但由于存在阿尼玛卿山、巴颜喀拉山和果洛山等 5000 m 以上的山峰，区内有片状、岛状多年冻土与季节冻土并存，横断山区基本为岛状山地多年冻土。

4.3.2　多年冻土面积变化预估

自 1980 年以来，在不连续和零星多年冻土区，多年冻土可能完全融化，但其证据在地理上是分散的。由于多年冻土是一种无法直接观察到的地下现象，这使得量化多年冻土范围变化十分困难。例如，青藏高原的模拟研究表明，20 世纪 60 年代～21 世纪第一个 10 年，

约超过 $4.0 \times 10^5 \text{km}^2$ 的浅表层多年冻土退化为季节冻土（Ran et al.，2018）。与此形成鲜明对比的是，近期基于改进的 Noah 陆面过程模型的建模研究显示，1986~2015 年青藏高原多年冻土面积仅减少了约 $9.8 \times 10^4 \text{km}^2$（Zhang et al.，2022）。可见，就多年冻土退化面积而言，不同研究方法和学者之间的估计值差别甚大，可达几个数量级。总之，近几十年来，多年冻土融化是不连续和零星多年冻土区普遍存在的现象。

1. 北半球多年冻土面积变化预估

在 21 世纪多年冻土面积的变化趋势预估上，多数陆面过程模型有着高度统一的趋势判断，一致认为其会随着气温的快速升高显著减少。在不同的代表性浓度路径（RCP）情景下，CMIP5 多模式集合的模拟结果也表现出相同的变化趋势（Slater and Lawrence，2013）。到 2099 年时，近地表多年冻土面积在 RCP2.6、RCP4.5、RCP6.0 和 RCP8.5 情景下平均分别减少至 $10.0 \times 10^6 \text{km}^2$、$7.5 \times 10^6 \text{km}^2$、$5.9 \times 10^6 \text{km}^2$ 和 $2.1 \times 10^6 \text{km}^2$。其中到 2099 年，多年冻土的面积在 RCP2.6 和 RCP4.5 情景下已趋于稳定，而在 RCP6.0 和 RCP8.5 情景下仍处在进一步减少的趋势中（图 4-9）。

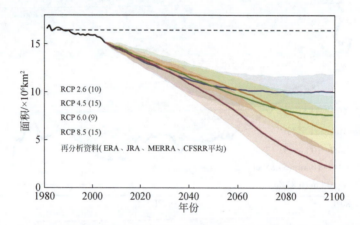

图 4-9　CMIP5 模型预估的多年冻土面积变化（Slater and Lawrence，2013）

图中括号内数字表示模式数量

图 4-10 所示为不同 RCP 情景下，CMIP5 模式预估的近地表多年冻土面积状况，不同的颜色代表预估格点存在多年冻土的模式个数。在 RCP2.6 情景下，绝大部分目前的连续多年冻土区除了部分转变为不连续多年冻土区外仍将很可能保留下来。在 RCP4.5 和 RCP6.0 情景下，随着增温速率升高多年冻土区向北后退更加显著，尤其是在阿拉斯加地区。而在 RCP8.5 情景下，除了几个预估升温较低的模型，其他大多数模型预估欧亚大陆和加拿大的几乎全部冻土都将不复存在。但在加拿大北极群岛、西伯利亚高地东部、俄罗斯北极沿海和部分青藏高原地区仍将有多年冻土的遗留。值得注意的是，鉴于目前的陆面过程模型通常的模拟深度为 2~4 m，上述模拟结果仅反映 2 m 以上多年冻土面积的变化状况，并不能代表实际的多年冻土面积变化。

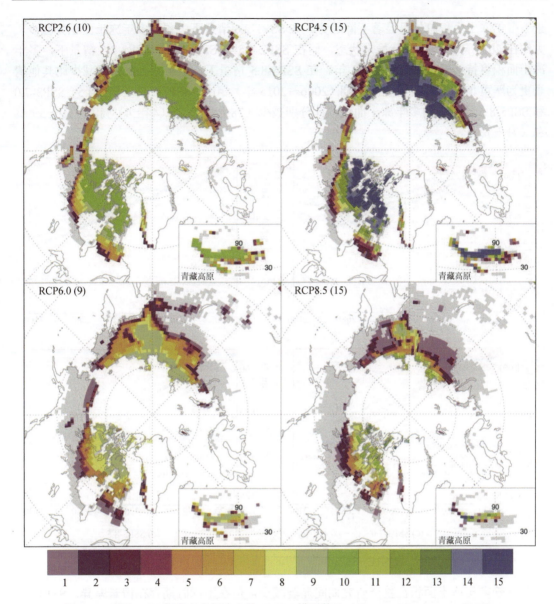

图 4-10 预估 2099 年存在多年冻土的 CMIP5 模型数目（Slater and Lawrence，2013）

尽管各模式在预估多年冻土面积减少趋势上较为一致，但是各模式所模拟的冻土退化速率之间的差异幅度极大，如 RCP4.5 情景下模拟的多年冻土面积减少的比率范围为 15%～87%，而 RCP8.5 情景下的变化范围则在 30%～99%。因此，现有模式尚不能很好地模拟多年冻土物理过程及变化特征，仍需进一步提高和改进。

2. 青藏高原多年冻土面积变化预估

Zhang 等（2022）利用改进 Noah 陆面过程模型预估了不同共享社会经济路径（SSPs）情景下 2016～2100 年青藏高原多年冻土的面积变化（图 4-11）。结果表明，四种 SSPs 情景下多年冻土面积总体呈显著下降趋势。在 SSP1-2.6 情景下,预计多年冻土面积先减少,大约在 2080 年后基本保持稳定状态,而在 SSP2-4.5、SSP3-7.0 和 SSP5-8.5 情景下,多年冻土面积将持续减少,直至 2100 年。在 SSP5-8.5 情景下,多年冻土面积的减少比其他情景更为严重。到 2100 年,与基准期(2006～2015 年)相比,SSP1-2.6、SSP2-4.5、SSP3-7.0 和 SSP5-8.5 情景下的多年冻土面积预计分别减少(28±4)%、(44±4)%、(59±5)% 和(71±7)%。

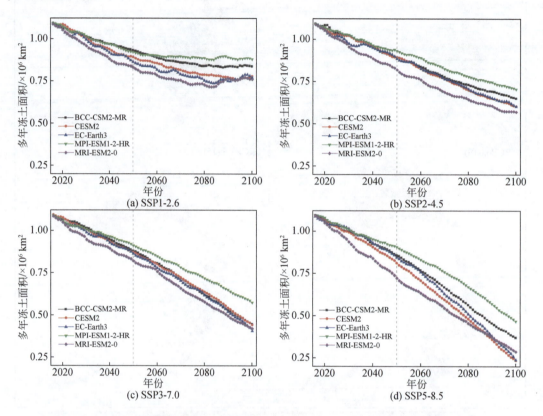

图 4-11　SSPs 情景下青藏高原多年冻土面积变化

　　尽管多年冻土面积在整个研究期间显著减少,但在不同时期存在情景差异。SSP1-2.6 情景下,2016～2050 年多年冻土面积损失率(相对于 2006～2015 年)为 5.4%/10a,大于 2016～2100 年的 3.1%/10a,表明在低强迫情景下,2016～2050 年的多年冻土面积损失比 2016～2100 年更显著。SSP2-4.5 情景下,2016～2050 年和 2016～2100 年的面积损失百分比趋势接近,表明在中等强迫情景下多年冻土面积将以近乎恒定的速率减少。然而,在 SSP3-7.0 和 SSP5-8.5 情景下,2016～2100 年的面积亏损百分比趋势(6.6%/10a 和 8.3%/10a)大于 2016～2050 年(5.6/10a 和 6.8%/10a),表明多年冻土面积将随着时间变化加速减少。高强迫情景更有可能产生更严重的面积损失。同时,在高强迫情景下,GCMs 之间的差异也比较明显。

　　图 4-12 显示,到 2100 年,青藏高原大部分地区的多年冻土都呈现出显著、广泛退化,其中青藏高原南部的岛状多年冻土和东部的山地多年冻土几乎都将退化为季节冻土。可以

发现，除 SSP1-2.6 情景下的面积收缩较少外，其他三个情景下都发生了相当大的退化。同时，在所有情景/GCMs 中都可以观察到显著的区域差异。三江源和祁连山地区的多年冻土退化最明显，特别是在 SSP5-8.5 情景下，其次是 SSP3-7.0 和 SSP2-4.5 情景下。从 2100 年冻土空间分布图可以看出，仅喀喇昆仑山、西昆仑山和羌塘高原北部地区留存了少量多年冻土。通过多情景/多 GCMs 的预测和阶段对比发现，SSP2-4.5、SSP3-7.0 和 SSP5-8.5 情景下，青藏高原大部分多年冻土将在 21 世纪后期发生显著退化，其中三江源是一个关键区域，其多年冻土极其脆弱，退化发生最早，也最严重。

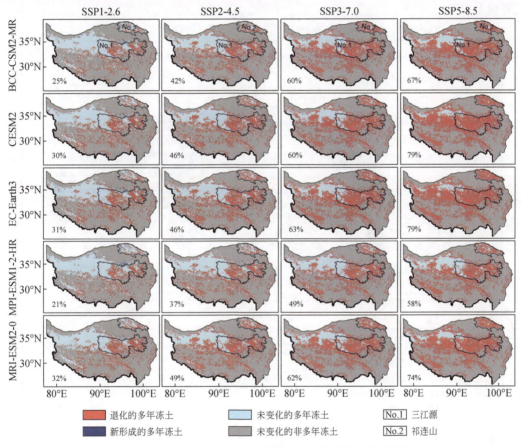

图 4-12　SSPs 情景下 2100 年青藏高原冻土分布及类型转换

4.3.3　多年冻土温度变化预估

1. 北半球多年冻土 MAGT 分布

通过站点观测数据确实能够精确了解站点周边区域的多年冻土温度状况，但站点数据对于在区域及更大尺度上的多年冻土温度评估和预测具有一定的局限性。为此，需要开展以再分析资料和遥感数据为基础的多年冻土温度分布评估研究。再分析资料的气温数据经常作为输入变量进行多年冻土温度模拟，但是输出 MAGT 的精度及空间分辨率在一定程度上受限于再分析资料的精度和分辨率。相较而言，目前较为流行的机器学习算法成为区域多年冻土热状况模拟的一个可行方法。

长期以来，受数据积累和制图方法等方面的限制，北半球一直缺少高精度的 MAGT 数据集。Ran 等（2022）整编了 2000~2016 年北半球 1002 个钻孔的年变化深度地温钻孔观测数据，利用多机器模型集合模拟方法，融合地面观测与遥感数据模拟得到了北半球 2000~2016 年空间分辨率为 1 km 的 MAGT 数据集，如图 4-13 所示。交叉验证表明，该数据集融合了更多的地面观测数据和更精细的遥感观测，达到了更高的精度水平，MAGT 的均方根误差约 1.32℃。

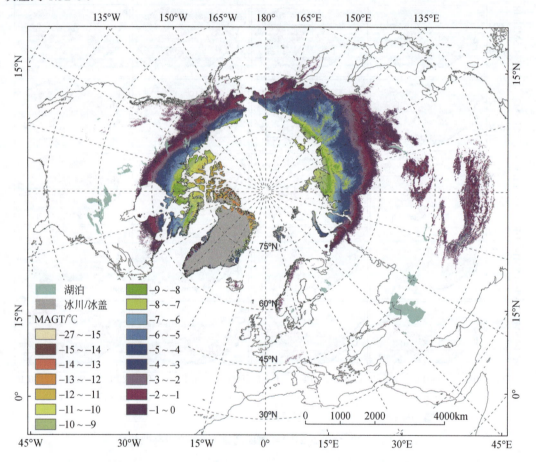

图 4-13　北半球 2000~2016 年多年冻土年平均地温（MAGT）分布图（Ran et al., 2022）

结果显示，北半球 MAGT 分布具有明显的纬度梯度，从高北极极低温多年冻土区（<-10℃）逐渐过渡到中低纬度高山和高原（如青藏高原和蒙古高原）的高温多年冻土区（>-2℃）。在北极山地多年冻土区，MAGT 也显示出显著的空间分布特征，即西伯利亚东部低地、中西伯利亚高原、乌拉尔山脉、斯堪的纳维亚半岛和加拿大西部的育空河流域上游山区的多年冻土相对于同纬度多年冻土具有更低的温度。以青藏高原为核心的多年冻土 MAGT 平均约为（-1.56±1.06）℃，而北极多年冻土 MAGT 约为（-4.70±3.13）℃。在高北极地区，多年冻土 MAGT 可达到-10℃。

2. 青藏高原多年冻土温度变化预估

图 4-14 展示了 21 世纪中期（2041～2050 年）和末期（2091～2100 年）的 MAGT 变化。21 世纪中期，MAGT 的变化并不明显，这是由于年平均气温变化对多年冻土温度的影响随着深度的增加而减弱，可能需要长达数年甚至更长时间才能达到 MAGT 所在深度。到 21 世纪末期（2091～2100 年），与基准期的平均 MAGT（−3.32℃）相比，SSP2-4.5、SSP3-7.0 和 SSP5-8.5 情景下 MAGT 将分别升高（0.8±0.2）℃、（2.0±0.3）℃和（2.6±0.3）℃。

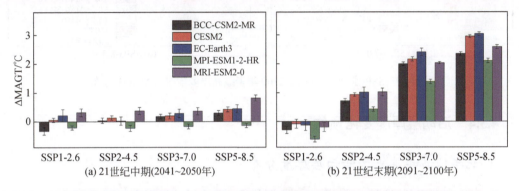

图 4-14　SSPs 情景下 21 世纪中期和末期青藏高原多年冻土 MAGT 的变化

与北极高纬度多年冻土相比，青藏高原多年冻土的温度相对较高（图 4-13）。MAGT 的显著升高将极大地影响多年冻土的热稳定性。根据高海拔多年冻土热稳定性分类体系，以 MAGT 为阈值，将多年冻土分为五种类型，如图 4-15 所示。可以看到，在不同 SSPs 情景下，多年冻土热状况的分布格局发生了根本性的变化。SSP1-2.6、SSP2-4.5、SSP3-7.0 和 SSP5-8.5 情景下，极稳定型、稳定型和亚稳定型多年冻土在基线多年冻土区所占的总比例分别为 33%、17%、6% 和 3%。值得注意的是，在 SSP3-7.0 和 SSP5-8.5 情景下，不稳定型多年冻土在剩余多年冻土区占主导地位。这意味着仅存的多年冻土也将变得极其脆弱，处于完全消失的边缘。

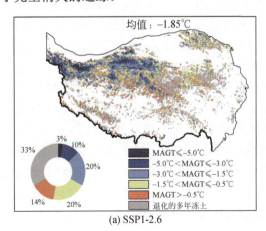

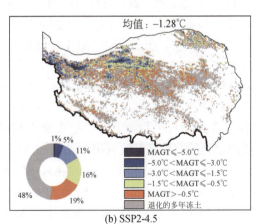

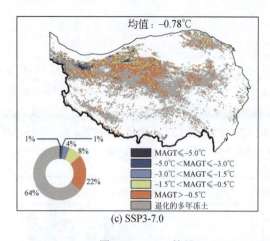
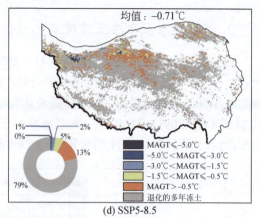

图 4-15　SSPs 情景下 2091～2100 年青藏高原多年冻土 MAGT 分布

4.3.4　活动层厚度变化预估

1. 北半球多年冻土区活动层厚度分布

Ran 等（2022）整编了 2000～2016 年北半球 452 个活动层厚度地面观测数据，利用多机器模型集合模拟方法，模拟得到了北半球 2000～2016 年空间分辨率为 1 km 的 ALT 数据集，如图 4-16 所示。ALT 的分布特征与 MAGT 相似，但空间分布的细节有显著差异。区域平均 ALT 从高北极的（76.95±21.69）cm 到低纬度高山和高原多年冻土区的（232.40±47.95）cm，中国内蒙古高原和东北部有一个狭窄的过渡带。

2. 青藏高原多年冻土活动层厚度变化预估

图 4-17 展示了 21 世纪中期（2041～2050 年）和末期（2091～2100 年）ALT、MAAT 和年降水量（MAP）变化。很明显，ALT 相对于基准期的增加在两个时段有所不同，这与 MAAT 的变化基本一致，表明 ALT 的变化在很大程度上取决于 MAAT 的变化幅度。21 世纪中期，与基准期的平均 ALT（1.24 m）相比，所有情景下 ALT 的增加都很小（<0.5 m）[图 4-17（a）]。在此阶段，ALT 的轻微增加，伴随着 MAAT 和 MAP 的增加，分别增加约 1.49℃和 10.6%[图 4-17（c）和（e）]。由于在干旱半干旱区，MAP 的增加可以部分抵消 MAAT 增加的影响。Zhang 等（2021）研究表明，MAP 增加>10%可以抵消 MAAT 增加~0.5℃的变暖效应。21 世纪后期，除 SSP1-2.6 情景外，其他三个情景下 MAAT 均大幅增加 [图 4-17（d）]，而 21 世纪末期的 MAP 并不比 21 世纪中期高多少 [图 4-17（f）]。作为 MAP 的有限降温效应和 MAAT 上升的更明显的增暖效应，ALT 迅速增加。到 21 世纪末期（2091～2100 年），SSP2-4.5、SSP3-7.0 和 SSP5-8.5 情景下的 ALT 相对于基线分别增加约（0.7±0.1）m、（1.5±0.3）m 和（3.0±1.0）m [图 4-17（b）]。在相同 SSPs 情景下，MAAT 的大幅升高通常会导致 ALT 的较大增大 [图 4-17（b）和（d）]。

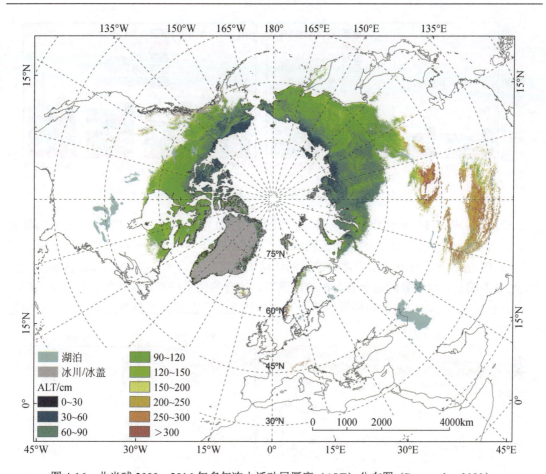

图 4-16　北半球 2000～2016 年多年冻土活动层厚度（ALT）分布图（Ran et al.，2022）

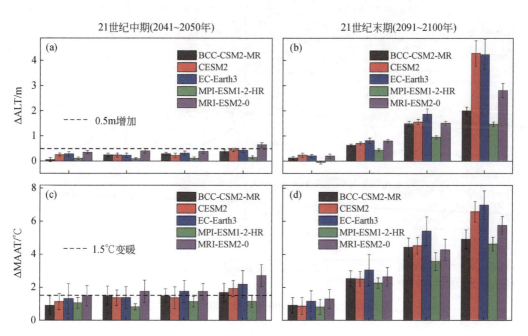

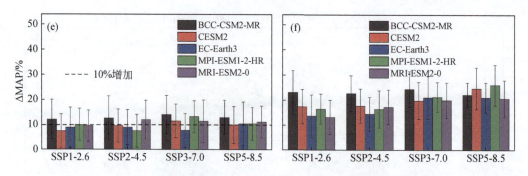

图4-17　21世纪中期和末期青藏高原 ALT、MAAT 和 MAP 的变化

空间上，图4-18 展示了 21 世纪末期（2091～2100 年）四种 SSPs 情景下 ALT 的显著差异。对于每个情景，ALT 的空间范围仅限于其 2100 年模拟为多年冻土的网格区域。在所有 SSPs 情景下，青藏高原大部分地区的活动层厚度均在增大。在 SSP1-2.6 情景下，空间上 ALT 的正、负差异同时分布。在该情景下，综合的结果仍然是积极的，在五个 GCMs 中，只有 MPI-ESM1-2-HR 为轻微的负差异。相比之下，在其他三种情景下，由于气候急

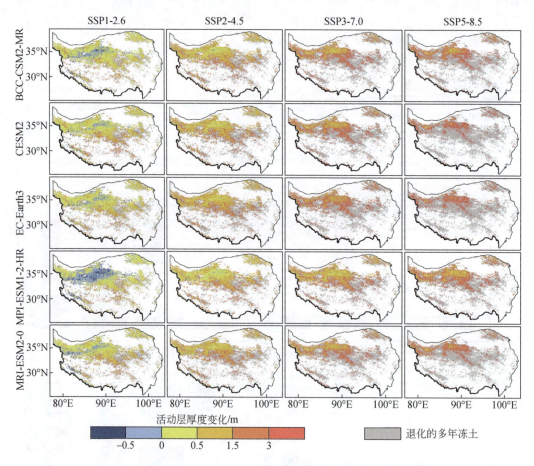

图4-18　SSPs 情景下 2091～2100 年青藏高原多年冻土 ALT 空间变化

剧变暖，整个多年冻土区都出现了相当大的 ALT 增加，其中 SSP3-7.0 和 SSP5-8.5 情景下
ALT 的增加幅度最显著（深红色所示）。同时，ALT 变化存在强烈的区域差异。ALT 增加
最显著的区域为青藏高原南部和东部，而羌塘高原北部的增加相对较小。这种空间模式在
所有情景中都存在。就 GCMs 之间的差异而言，每个情景中最小的增加出现在
MPI-ESM1-2-HR 中，而在 CESM2 和 EC-Earth3 中的 ALT 增加最大。ALT 时间和空间变化
表明，随着多年冻土的融化，整个高原的 ALT 将显著增加。

4.4　多年冻土变化的驱动因素

IPCC AR5 将冻土升温归因于气温升高和积雪变化。SROCC 指出，全球、大陆和区域
尺度上年代际的多年冻土变暖和退化是由气温升高引起的。同时，在局域到景观尺度上也
受积雪、植被和土壤水分等的影响。图 4-19 示意了影响多年冻土热状况的驱动因素和条件
（Smith et al.，2022），地温对大气条件变化的响应受到植被、积雪、有机层厚度和地球材料
热特性相互作用的调节。

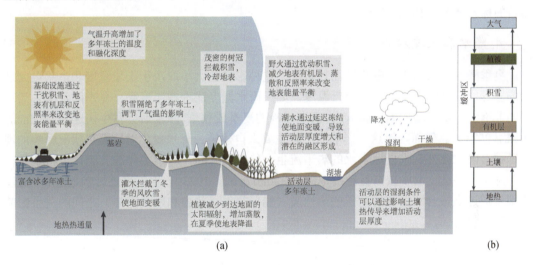

图 4-19　影响多年冻土热状况的驱动因素和条件

（a）影响活动层厚度的过程示意图；（b）控制地面热状况的关键因素

1. 气温

在极地和高海拔地区，观测到的多年冻土热状况变化通常与气温变化一致（图 4-2 和
图 4-3）。例如，自 2000 年以来，加拿大高纬度多年冻土的快速升温与 20 世纪末 90 年代气
温的快速升高相对应 [图 4-3（a）]。相比之下，加拿大西北部麦肯齐山谷多年冻土的变暖
速度较慢，与气温的小幅度升高有关 [图 4-3（b）]。尽管气温和地温变化的模式一致，但
局地条件（如地表类型、土壤质地、含冰量）会影响二者之间的显著相关性。季节性气温
的升高也是控制多年冻土热状态变化的重要因素。在阿拉斯加和加拿大北部等极地以及青
藏高原等山区，多年冻土的变暖主要与冬季气温升高有关。有证据表明，冬季变暖对 ALT

年际变化的影响也较大，尽管 ALT 受控于夏季气温（Zhang et al.，2019）。

2. 积雪

积雪变化是多年冻土热状态变化的另一个驱动因素，因为其保温效应限制了冬季地面的热量损失，并调节气温变化对地面热状况的影响。积雪增加会导致地表温度升高。例如，在阿拉斯加监测点，积雪增加期间，即使气温有所下降，冻土温度依然升高。在 20 世纪 80 年代末至 90 年代初，阿拉斯加腹地的冻土变暖归因于积雪增厚和气温升高。积雪保温效应的大小取决于雪厚、积雪期以及雪密度，还与下层土壤的热性质和含水量有关。

3. 植被

植被冠层可减少到达地表的太阳辐射，从而降低夏季地面温度。然而，地面遮阴在空间和时间上是可变的，因此很难确定其对冻土温度的整体影响。对于北方森林中有密集树冠的地区，遮阴效应和积雪拦截有助于整体降温，影响不连续多年冻土区的冻土分布。在中纬度山区，多年冻土通常存在于树线以上的地区。因此，植被通常被视为多年冻土存在与否的标志（图 4-19）。

4. 降水和土壤水分

夏季降水的入渗也会影响地面热状况。这种影响的大小取决于土壤温度和雨水温度之间的差异，雨水温度通常接近空气温度。如果雨水温度比土壤温度高，夏季降水渗入活动层的非饱和土壤会增加地温和 ALT，而在较冷的夏季或秋季，降水后会发生快速降温（Zhang et al.，2021）。然而，对这一影响的了解主要来自建模，降水变化对地面热状况影响的现场证据有限。此外，来自地表水的热平流也会使地面升温，导致多年冻土退化，特别是在多年冻土不连续、温度较高且薄的地区（Hamm et al.，2023）。地下水还影响地温和 ALT，特别是通过土壤含水量和活动层的热性质（如导热率、热容和融化潜热）之间的关系影响地温和 ALT。

5. 环境扰动

环境扰动，包括野火、热喀斯特和人类活动都会影响多年冻土热状况。野火是高纬度多年冻土区最常见的现象，尤其是在北方森林。根据卫星影像，全球每年约有 80000 km^2 的北方地区遭受野火扰动。火灾通常会快速移除土壤有机保温层，导致地面升温和 ALT 增大，在燃烧更严重且地表有机层减少更明显的地区，其影响更大。富含冰多年冻土融化导致的景观变化（如热喀斯特）也会影响地面热状况。快速热融滑塌可以在短时间内融化数米厚的多年冻土。地面沉降和热融湖塘的形成也会导致多年冻土升温和融化。此外，与人类活动相关的局部扰动（如修筑道路、铁路和路堤）也会通过改变地表条件来影响地面热状况。

此外，IPCC AR6 指出，尽管目前尚无确切证据表明多年冻土变化是由人为因素引起的，但观测到的北极变暖与人类活动有关，且地面温度和空气温度之间存在着明显的物理联系。因此，人为强迫是泛北极多年冻土变化的主要原因。

4.5　多年冻土变化的影响

1. 多年冻土-碳气候反馈

多年冻土融化将加速有机碳释放，形成正反馈效应。IPCC AR6 明确指出，北半球多年冻土区表层土壤和深层沉积物的有机碳储量为 1460～1600 Pg C（1 Pg=10^{15}g）（USGCRP，2018），约为大气碳库的两倍，其中 0～3 m 土壤和沉积物的碳储量约为（1035±150）Pg C。在全球变暖的气候背景下，多年冻土区升温速率是全球平均水平的两倍多，多年冻土融化将向大气中释放数百至数千亿吨的碳（以 CO_2 和 CH_4 的形式），并可能会加剧气候变化。SROCC 指出，多年冻土融化后的碳排放在百年尺度上是不可逆转的。然而，由于现有研究的估算范围较大，以及模型中驱动因素和重要过程的表述不完整，导致多年冻土气候反馈的时间、量级以及是否呈线性的可信度较低。预测到 2100 年，全球气温每升高 1℃，北半球多年冻土区 CO_2 和 CH_4 的排放量分别为 18（3.1～41）Pg C 和 2.8（0.7～7.3）Pg C（Miner et al.，2022）。

2. 对自然灾害的影响

山地多年冻土退化改变了相关自然灾害发生的频率和强度。多年冻土融化降低了斜坡的稳定性。多年冻土融化和地下冰消融会增加冻结碎屑体的移动速度，导致泥（石）流事件发生的频率和规模增加。过去半个世纪，在多年冻土退化地区，岩石滑落或发生崩塌的频率和概率都有所增加。同时，多年冻土融化也增加了山区冻结沉积物发生滑坡的频率和数量。多年冻土退化和埋藏在湖泊大坝中地下冰的融化会降低大坝的稳定性，并导致许多高山地区暴发洪水。

3. 对水文水资源的影响

多年冻土融化将影响北极和高山区的水文和水安全。多年冻土融化可能会通过从地下冰融化而释放水资源来影响径流及其季节分配，并随着多年冻土退化而间接改变水文路径或地下水补给。在一些高山区，多年冻土融化会释放含毒污染物，尤其是汞，使得水质受到影响，给人类健康带来潜在危害。

4. 对生态系统的影响

多年冻土退化会影响北极和高山区的生态系统、植被和野生动物。多年冻土退化通过改变土壤水文、土壤生物地球化学过程和微生物群落来影响植被物种和植被演替。多年冻土退化可能会导致土壤变干，对生态系统生产力造成影响和扰动，但部分排水不畅的低地可能出现新湖泊，而排水较好的坡地或高地湖泊萎缩。北方多年冻土大约有 20%（3.6×10^6 km²）易受多年冻土突然融化的影响；在 RCP8.5 下，预估到 2100 年会使小型湖泊面积增加 50% 以上。预估在 21 世纪，大部分苔原和北方地区以及一些山区的野火会增多，而气候和植被变化之间的相互作用将影响未来火灾强度和频率。

5. 对基础设施的影响

多年冻土融化对基础设施的完整性产生了负面影响，特别是位于富冰多年冻土之上的基础设施。多年冻土融化引发的地面沉降将影响北极和高山区上覆的城乡通信和交通基础设施。北极约 70% 的基础设施（如住宅、交通、工业设施和居民点）位于预估到 2050 年多年冻土会加剧融化的地区（Hjort et al.，2022）。到 2100 年，如果积极采取行动，通过基础设施改造和重新设计，有可能使多年冻土融化及相关气候变化影响所带来的经济成本减半。

4.6　本　章　小　结

本章在解读 IPCC AR5、IPCC AR6 及 SROCC 报告基础上，结合最新的多年冻土观测和模拟研究，从多年冻土变化观测事实、变化原因、未来变化及变化的影响等方面进行了系统阐述，为冻土研究领域提供最新的科学认知。结果表明，在过去 30～40 年，多年冻土温度普遍升高。2007～2016 年，全球多年冻土温度升高了（0.29±0.12）℃，与不连续多年冻土区的冻土变暖相比，连续多年冻土区观测到了更强的变暖，多年冻土温度升高（0.39 ± 0.15）℃。活动层厚度在整个泛北极地区都普遍增加。随着未来全球气候变暖，多年冻土将广泛退化（面积缩小、温度升高和活动层增厚）。然而，由于地球系统模型中对与多年冻土相关物理过程的表征不完整，多年冻土的面积变化和体积变化可能存在较大不确定性。多年冻土退化对全球冻土-碳气候反馈、生态系统及基础设施等方面造成了显著影响，在气候模式及风险评估中应予以考虑。

思　考　题

（1）气温升高是导致多年冻土退化的主要原因，降水在多年冻土变化中起到了什么作用？

（2）多年冻土退化会加速冻土有机碳释放，形成多年冻土-碳正反馈效应，多年冻土区是碳源还是碳汇？有区域差异吗？

（3）在全球变暖趋势下，是否存在引发多年冻土加速退化的临界温升阈值？

参　考　文　献

牟翠翠，张国飞，效存德，等. 2023. IPCC 第六次评估报告解读：多年冻土变化及其影响. 冰川冻土，45（2）：306-317.

赵林，盛煜，南卓铜，等. 2015. 多年冻土调查手册. 北京：科学出版社.

Cao Z，Nan Z，Hu J，et al. 2023. A new 2010 permafrost distribution map over the Qinghai-Tibet Plateau based on subregion survey maps: A benchmark for regional permafrost modeling. Earth System Science Data，15（9）：3905-3930.

Gruber S. 2012. Derivation and analysis of a high-resolution estimate of global permafrost zonation. The Cryosphere，6（1）：221-233.

Hamm A，Magnússon R Í，Khattak A J，et al. 2023. Continentality determines warming or cooling impact of heavy rainfall events on permafrost. Nature Communications，14（1）：3578.

Hjort J，Streletskiy D，Doré G，et al. 2022. Impacts of permafrost degradation on infrastructure. Nature Reviews Earth & Environment，3（1）：24-38.

IPCC. 2013. Climate Change 2013：The Physical Science Basis. Contribution of Working Group I to the Fifth Assessment Report of the Intergovernmental Panel on Climate Change. Cambridge：Cambridge University Press.

IPCC. 2019. IPCC Special Report on the Ocean and Cryosphere in a Changing Climate. Cambridge：Cambridge University Press.

IPCC. 2021. Climate Change 2021：The Physical Science Basis. Contribution of Working Group I to the Sixth Assessment Report of the Intergovernmental Panel on Climate Change. Cambridge：Cambridge University Press.

Miner K R，Turetsky M R，Malina E，et al. 2022. Permafrost carbon emissions in a changing Arctic. Nature Reviews Earth & Environment，3（1）：55-67.

Obu J，Westermann S，Bartsch A，et al. 2019. Northern Hemisphere permafrost map based on TTOP modelling for 2000-2016 at 1 km^2 scale. Earth-Science Reviews，193：299-316.

Ran Y，Li X，Cheng G. 2018. Climate warming over the past half century has led to thermal degradation of permafrost on the Qinghai-Tibet Plateau. The Cryosphere，12（2）：595-608.

Ran Y，Li X，Cheng G，et al. 2022. New high-resolution estimates of the permafrost thermal state and hydrothermal conditions over the Northern Hemisphere. Earth System Science Data，14（2）：865-884.

Slater A G，Lawrence D M. 2013. Diagnosing present and future permafrost from climate models. Journal of Climate，26（15）：5608-5623.

Smith S L，O Neill H B，Isaksen K，et al. 2022. The changing thermal state of permafrost. Nature Reviews Earth & Environment，3（1）：10-23.

Streletskiy D，Noetzli J，Smith S L，et al. 2021. Measurement Standards and Monitoring Guidelines for the Global Terrestrial Network for Permafrost（GTN-P）.Ottawa：International Permafrost Association.

USGCRP. 2018. Second State of the Carbon Cycle Report（SOCCR2）：A Sustained Assessment Report. Washington DC：U.S. Global Change Research Program.

Zhang G，Nan Z，Hu N，et al. 2022. Qinghai-Tibet Plateau permafrost at risk in the late 21st century. Earth's Future，10（6）：e2022EF002652.

Zhang G，Nan Z，Wu X，et al. 2019. The role of winter warming in permafrost change over the Qinghai-Tibet Plateau. Geophysical Research Letters，46（20）：11261-11269.

Zhang G，Nan Z，Zhao L，et al. 2021. Qinghai-Tibet Plateau wetting reduces permafrost thermal responses to climate warming. Earth and Planetary Science Letters，562：116858.

Zhao L，Zou D，Hu G，et al. 2020. Changing climate and the permafrost environment on the Qinghai-Tibet（Xizang）Plateau. Permafrost and Periglacial Processes，31（3）：396-405.

第5章 热喀斯特地貌演变及影响

多年冻土退化过程中地下冰的消融会引发地表沉降。在高含冰量冻土区，这种地表沉降伴随着大量冰体的融化，形成的地貌与石灰岩地区的岩溶作用（也称为喀斯特作用）地貌相似，因此被称为热喀斯特作用。热喀斯特过程在山区和丘陵地带通常会形成热喀斯特侵蚀，如热融滑塌、热融冲沟、热融泥流等，在平原或盆地则会形成热喀斯特湖、热融沉陷、热融洼地等。在全球变暖的背景下，热喀斯特地貌的形成和演变深刻影响多年冻土区的生态环境及人类的生产活动，是国际冰冻圈科学研究的热点内容。本章主要阐述了以热喀斯特湖、热融滑塌为主的热喀斯特地貌的形成及发育过程，梳理了全球范围内热喀斯特地貌的空间分布特征，揭示了典型发育区域热喀斯特地貌的时间演化规律，最后总结了热喀斯特地貌对多年冻土区生态、环境和工程的影响。

5.1 热喀斯特湖

5.1.1 热喀斯特湖的形成及发育过程

热喀斯特湖是指由自然或人为因素引起的活动层增厚，导致地下冰或富冰多年冻土层发生局部融化，地表土层随之沉陷而形成热融洼地并积水形成的湖塘（图5-1）。热喀斯特湖是热喀斯特现象中最丰富和最容易识别的形式，广泛分布于极地高纬度及青藏高原高海拔多年冻土区。热喀斯特湖的形成必须具备三个主要条件：第一是高含冰量多年冻土的存在；第二是能够使高含冰量多年冻土融化的热交换条件；第三是具备融水能够聚集的地形条件。气温、地表条件（包括植被盖度、腐殖质层厚度等）、地表水、降雪、降雨、工程建设及运行是诱发热喀斯特湖形成的主要因素。在我国青藏高原多年冻土区，青藏公路、铁路、输电线路塔基等重大工程建设铲除或扰动了植被覆盖层，引起地温升高和地下冰的融化。阿拉斯加北部地区的野外采矿、费尔班克斯北部及俄罗斯西伯利亚地区的森林火灾都有可能成为下伏多年冻土融化的热源。这些诱发热喀斯特湖形成的扰动因素常常耦合在一起，例如在我国青藏工程走廊沿线，气候变暖和人类活动的双重效应叠加导致地温升高、高含冰量多年冻土融化；在西伯利亚及阿拉斯加的森林区，森林火灾烧毁树木的同时，也烧毁了地表的腐殖层，一方面地表丧失了"遮阳棚"，另一方面减少了由蒸腾作用引起的热量损失。此外，腐殖层的烧毁形成的黑色地面降低了地表的反照率，增加了地表吸热。

热喀斯特湖通常发育于厚层地下冰存在的地方，特别是在地下冰含量大于30%的区域。在连续多年冻土区，热喀斯特湖的形成通常始于覆盖在融化的冰楔网上的多边形或冰楔槽池的合并；而在不连续多年冻土区，最初湖塘通常是由富含冰的低温土丘（有机土丘或矿

图 5-1　典型热喀斯特湖

其中（a）（b）源自 Grosse et al., 2013；（c）（d）源自 Vonk et al., 2015

物土丘）融化而形成的（图 5-2）。气候变化（如气温升高或极端降水事件）、火灾和人类活动等均可触发热喀斯特湖的形成。热喀斯特湖形成以后会在垂直和水平两个方向上扩张。在垂直方向上，一些较深的湖塘在冬季其底部未发生冻结，这对湖泊沉积物中累积的热量储存有直接的影响，湖底温度增加导致湖底多年冻土融化形成融区，当融化深度超过冬季冰层覆盖的最大厚度时，每年 0℃以上的湖底温度会进一步加剧湖塘底部冻土的融化和下沉，并在湖底形成融区。有研究发现，在西伯利亚地区发育的湖塘，其底部以每年 5～10 cm 的速率在向下扩张。在水平方向上，热喀斯特湖通过对周围富冰多年冻土进行热侵蚀和机械侵蚀也会导致湖塘发生横向扩张。湖岸侵蚀过程是热喀斯特湖的典型特征，包括：①夏季湖水波动导致热−机械侵蚀；②湖泊破冰时期对湖岸的机械侵蚀；③湖泊边缘形成漂浮的植被或泥炭垫；④湖岸形成大规模的溯源热融滑塌导致地下冰的暴露并将泥沙输入湖泊中；⑤树木、其他植被、土壤泥炭层和沉积物沿着侵蚀的海岸线颠覆或滑入湖泊；⑥周围存在低的岸边和低中心冰楔多边形，湖泊的生长可以通过将多边形池塘合并到湖泊中来实现。局地景观和土壤类型、植被覆盖、地形与区域气候相互作用，从而对热喀斯特湖演化过程产生影响。但是，当发生以下情况时，热喀斯特湖会走向消亡：①降水高于平均水平后，湖岸线决口导致湖塘快速排水；②蒸散发增加导致湖泊水位下降；③热喀斯特湖底部融化贯通，湖水通过地下排水；④泥炭快速堆积和湖泊被堆积物填充（图 5-2）。

· 89 ·

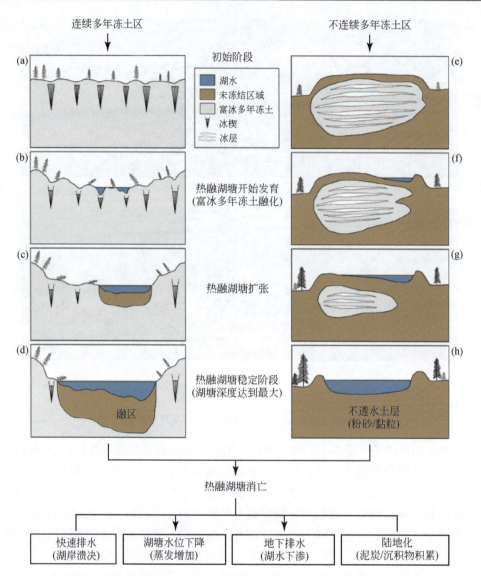

图 5-2　连续多年冻土区和不连续多年冻土区热喀斯特湖形成和演化过程示意图（Bouchard et al.，2016）

（a）在连续多年冻土区，冰楔地形；（b）冰楔融化导致地表出现积水或水坑；（c）小的湖塘逐渐扩张最终合并形成较浅的湖塘；（d）在热侵蚀作用下湖塘进一步加深和横向发展，湖塘下方形成融区；（e）在不连续多年冻土区，广泛分布着低温冰丘；（f）和（g）偏析冰透镜体的融化导致地表沉降和地形凹陷形成积水；（h）多年冻土层完全融化，热喀斯特湖形成。成熟的热喀斯特湖会通过快速排水、水位下降、地下排水或陆地化等过程走向消亡

5.1.2　热喀斯特湖的空间分布特征

受地形、多年冻土分布、地下冰含量、冰川作用历史及沉积物覆盖等的影响，全球范围内的热喀斯特湖主要分布于阿拉斯加、西伯利亚、加拿大等环极地地区及青藏高原地区。全球湖泊和湿地数据库（GLWD）显示，地球上约有 25% 的湖泊位于北半球高纬度地区，其中北纬 45.5° 以北地区近 75% 的湖泊（约 1.5×10^5 个）位于多年冻土区，总面积达 4×10^5 km²，且大部分湖泊形成于热喀斯特过程。通过将环北极多年冻土分布图、冰川历史分

布图及全球湖泊和湿地数据库进行叠加分析发现，热喀斯特湖分布可能与高-中度地下冰含量和厚层沉积物覆盖的多年冻土为主的低地地区相吻合。叠加结果表明，多年冻土区地下冰含量高至中地区，面积大于 $1×10^5 \ m^2$ 的热喀斯特湖有 $6.1×10^4$ 个，面积约为 $2.07×10^5 \ km^2$。然而，这些估计仅包括表面积大于 $1×10^5 \ m^2$ 的水体，由于大部分热喀斯特湖面积较小，这一数字可能被严重低估。通过高分辨率影像对北极苔原典型湿地地区湖塘分布进行评估，发现面积小于 $10000 \ m^2$ 的湖塘在北极低地占主导地位，其分布面积约占整个北极地表水面积的 30%。最新发布的环北极多年冻土区池塘和湖泊数据集对面积为 $100～1000000 \ m^2$ 的湖塘进行了清点，发现环北极地区湖塘总面积为 $1.4×10^6 \ km^2$，约占北极低地面积的 17%。这一高分辨率数据集为认识北极地区热喀斯特湖空间分布、评估整个环北极地区热喀斯特湖碳排放量提供了数据支撑。随着地下冰含量和分布、湖塘年龄、水文气候条件和局部地形差异，热喀斯特湖的面积变化很大，可能从几平方米到几十万平方米不等，而且大多数热喀斯特湖深度均很浅，水深不超过 10 m。然而，一些位于更新世时期的湖泊，如西伯利亚、阿拉斯加和加拿大西部地区富冰黄土区发育的热喀斯特湖，由于地下冰储量丰富，深度能达到几十米。

青藏高原地区也广泛发育着热喀斯特湖，主要分布在青藏高原腹地，包括可可西里地区及阿里地区的北部区域，最新数据表明青藏高原共分布着约 161300 个热喀斯特湖，总面积为 $(2825.45±5.75) \ km^2$。小于 $10000 \ m^2$ 小湖占总数的 78.9%，但其面积仅占约 12.7%（图 5-3）。青藏高原热喀斯特湖分布区的多年冻土活动层厚度主体为 0.5～2.0 m，该分布区的热喀斯特湖占据了全部数量的 92%，而其中活动层厚度 1.0～1.5 m 的区域发育的热喀斯特湖具有数量上的突出优势，占据了全部数量的 67%。青藏高原热喀斯特湖发育的海拔主要处于 4000～5500 m，占据了总量的 99%，而其中处于 4500～5000 m 海拔的占据了上述范围内的 68%。从地形坡度的角度，热喀斯特湖主要发育在坡度小于 15°的区域，数量占据了总数的 99%，而小于 6°的区域数量占据了总数的 86%，2°～6°区域发育的热喀斯特湖数量占据了全部的 57%。热喀斯特湖分布的区域地表植被主要为高寒草甸和高寒草原，其中约 48%的热喀斯特湖发育在高寒草甸区，约 32%发育在高寒草原区，约 6%发育在荒漠化区域，约 9%发育在高山植被区。总之，热喀斯特湖是多年冻土退化的产物，其空间分布与相关环境因素之间的关系，最终还是受控于气候特征与多年冻土本身的发育状况。

5.1.3　热喀斯特湖的时间演化规律

区域性热喀斯特湖的发育是一个动态过程，其时间演化规律具有很强的空间异质性。在北极和亚北极高纬度多年冻土区，热喀斯特湖的变化以面积和数量的减少为主，如西伯利亚地区面积大于 40 hm^2 的热喀斯特湖的数量在 1973～1998 年减小了 11%，面积减小了 6%（Smith et al.，2005）；加拿大北极和西部地区的热喀斯特湖的面积在 2000～2009 年减小了 6700 km^2（Carroll et al.，2011）。高纬度多年冻土区也有少量关于热喀斯特湖扩张的报道，如 Jones 等（2011）基于高分辨率遥感影像发现阿拉斯加苏厄德半岛的北部大于 0.1 hm^2 的水体的数量从 1950～1951 年到 2006～2007 年增加了 10.7%。在同一区域的不同类型冻土分布区，热喀斯特湖的变化也表现出一定的差异，例如在西伯利亚多年冻土区的南部边

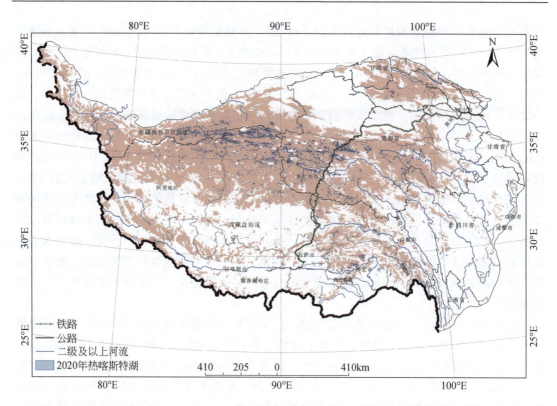

图 5-3　青藏高原多年冻土区 2020 年热喀斯特湖分布图（热喀斯特湖数据引自 Wei et al.，2021）

缘地区，1962～2007 年连续多年冻土区热喀斯特湖数量和面积分别增加了 21% 和 7%，而岛状多年冻土区数量减少了 42%、面积减少了 12%；通过对北半球多年冻土区 57 个热喀斯特湖追踪发现，位于不连续多年冻土区的湖泊面积正在大幅减少，而在连续多年冻土区的湖泊面积保持平衡（Webb and Liljedahl，2023）。热喀斯特湖面积减少和消失，主要是由部分湖塘的排水引起的。热喀斯特湖的排水在连续多年冻土区主要由冰楔融化、排泄通道的形成、冲沟对湖塘的侵蚀、河流和相邻湖塘形成的开孔排泄以及海岸侵蚀（Kokelj and Jorgenson，2013）引起；在不连续多年冻土区，湖塘的排水主要是湖水融穿下部的多年冻土层，与下部及附近的融区形成排水通道引起的。

在青藏高原多年冻土区，受气候暖湿化的影响，热喀斯特湖的数量和面积呈明显增加的趋势。基于 Landsat 系列影像的提取和分析，青藏高原多年冻土区热喀斯特湖的面积和数量自 20 世纪 80 年代至 2020 年都呈增加趋势，数量由 20 世纪 80 年代的 60834 个增加到 2020 年的 161300 个，尤其是 2000 年相比于 20 世纪 80 年代，数量增加了近 1 倍。湖泊面积由 20 世纪 80 年代的 932.5 km^2 增长至 2020 年的 2825.45 km^2，显示出显著的增加趋势。面积变化较为复杂，并不是持续的增加，而是呈先减后增的趋势，如 1980～1990 年，湖泊面积呈降低趋势，之后开始显著增加（图 5-4）。

虽然整个青藏高原区域的热喀斯特湖表现出明显的扩张趋势，但在区域上也存在一定的差异。通过航片资料及 SPOT-5 遥感资料发现，北麓河地区热融湖塘的数量和面积在过去 40 年中均呈显著增加的趋势，1969～2010 年，湖塘数量增加了 534 个，总面积增加了

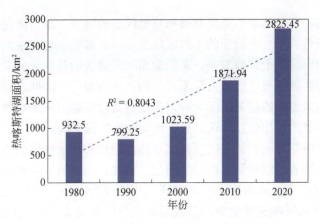

图 5-4 1980～2020 年青藏高原多年冻土区热喀斯特湖面积变化（李兰，2021）

$4.10×10^6 \text{ m}^2$（图 5-5）。然而，黄河源多年冻土区则呈现相反的趋势，在 1986～2015 年，热融湖塘面积大于 3600 m^2 的水体数量减少了 40%，总表面积减少了 25%（$5.42×10^6$～$4.06×10^6 \text{ m}^2$），小于 10000 m^2 的湖塘变化最为显著，其数量和面积分别减少了 44% 和 41%，且在 2000～2015 年呈加速下降趋势。此外，通过对青藏公路沿线热喀斯特湖分布密度较高的四个地区（楚玛尔河高平原、北麓河盆地、乌里-沱沱河盆地和通天河盆地）热喀斯特湖数量和面积的变化过程进行分析发现，区域内热喀斯特湖整体上以扩张为主，但仍然存在区域差异。在四个研究区中，新形成的湖塘主要分布在楚玛尔河高平原，面积增加较大的湖塘主要分布在北麓河盆地和通天河盆地，在乌里-沱沱河盆地，尽管大多数热喀斯特湖的面积和数量都有所增加，但面积减小甚至消失的湖塘数量明显高于其他三个地区。

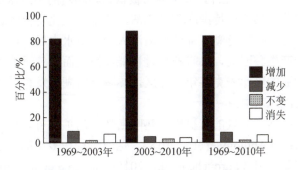

图 5-5 北麓河盆地热喀斯特湖 1969～2003 年、2003～2010 年以及 1969～2010 年的面积变化情况

为了量化热喀斯特湖的扩张速率，对青藏工程走廊内随机选取的 100 个湖塘进行了线扩张率测定，得到两个时间段（1969～2010 年和 2010～2019 年）整个区域热喀斯特湖湖岸的扩张速率：1969～2010 年所有湖塘的平均扩张速率为 0.13 m/a；2010～2019 年为 0.14 m/a，其中第一和第二阶段的最大扩张速率分别为 1.86 m/a 和 1.91 m/a，说明随着时间的推移，湖塘的扩张速率有增加的趋势。对于小型湖塘，两个阶段的扩张速率从 0.09 m/a 增加到 0.13 m/a，并且大型湖塘的扩张速率大于中型和小型湖塘。除了受到湖塘面积大小的影响外，热喀斯特湖扩张速率还与植被类型、湖岸高度及方位高度相关，高湖岸可能增加地面冰暴露的机会，从而加强横向湖岸侵蚀的概率。此外，分布在沼泽和高寒草甸的湖塘的平均扩张

速率显著高于分布在高寒草原、荒漠草原和裸地区域的湖塘，这可能是不同植被类型间地下冰含量的差异所致。同一个湖塘的不同区域其湖岸扩张速率也有很大差异，平均湖岸扩张速率在东北方向明显大于其他方向，表明湖岸扩张最快的是东北方向。根据青藏工程走廊内两个气象站的监测结果，区域内夏季盛行的风向为西南。因此，湖岸在东北方向的快速扩张可能是夏季风盛行的结果，因为波浪作用通常会带走滑塌的物质，并使得垂直于夏季风的湖岸地面冰暴露更加明显，这导致下风向湖岸扩张更快。

总体而言，热喀斯特湖的扩张主要是多年冻土退化和降水量逐渐增加的结果。在青藏高原多年冻土区，随着气温和降水的持续增加，热喀斯特湖的数量和面积也会持续增加。同时在较长时间尺度下，地表形态和区域环境也会成为湖泊变化的驱动因素。在高平原地区，平坦的地形和低渗透性的湖泊基底阻止了热喀斯特湖的侧向或排水，从而有助于未来湖泊数量和面积的持续增加。在盆地地区，一些分布在盆地周围缓坡地区的热喀斯特湖可能会随着湖泊的扩张而流失，导致这些区域内的湖泊面积缓慢增加。然而，在低山丘陵和山区发育的湖泊随着面积的扩大可能会干涸，在未来几十年可能导致湖泊总面积的减少。

5.1.4 热喀斯特湖的生态、环境及工程影响

热喀斯特湖的形成对区域冻土环境产生较大影响，尤其是融区的形成和发展通常会引起冻土地温及热交换过程的变化。此外，热喀斯特湖的形成还会对湖塘周围及下部土层的化学、物理性质产生重要影响（Johnston and Brown，1966；Lunardini，1996），而且热喀斯特湖周围的高含冰量沉积物的融化也会反过来影响湖水的化学性质（Moiseenko et al.，2006；Bouchard et al.，2011）。此外，冻土通常被认为是相对的不透水层，因此其退化将会对区域地下水产生影响。热喀斯特湖底部多年冻土的全部融化将提供连接地表水和地下水的通道，当地表水通过热喀斯特湖下部的通道汇入到地下水中后，近地表的水位将会减小并可能导致沙漠化的产生。因此，热喀斯特过程能够快速而且广泛地改变寒区陆地景观格局。在俄罗斯西伯利亚的雅库茨克多年冻土区，热喀斯特湖的发育导致湖岸坍塌后退，使得大量的森林树木被浸入水中。

由于多年冻土区积累了大量的有机碳，热喀斯特湖的扩张可以迅速使其下方和周围的碳进入大气碳循环系统（Anthony et al.，2018）。这一过程在多年冻土生态系统的垂直和侧向碳通量中发挥着重要作用（Larouche et al.，2015；Shogren et al.，2019）。热喀斯特湖贡献了北半球湖泊排放的 CH_4 总量的近 1/4，预计这种排放在 22 世纪将显著增加（Anthony et al.，2018；von Deimling et al.，2015；Wik et al.，2016）。尽管青藏高原多年冻土区的碳储量明显低于加拿大和阿拉斯加等北极多年冻土区（Mu et al.，2020），但热喀斯特湖中的沉积有机碳储量在顶部 3 m 处高达约 52.62 Tg（$1Tg=10^{12}g$），其中 53%储存在顶部 1 m 处（Wei et al.，2022）。此外，根据野外监测，由于甲烷的大量蒸散释放，青藏高原上热喀斯特湖的累积碳释放仍然显著（Wang et al.，2021；Wu et al.，2014）。随着青藏高原上热喀斯特湖的不断扩张，这些湖泊的温室气体排放量预计将在未来增加。

热喀斯特湖的发育还会对工程存在潜在、甚至直接危害，其存在主要是为下部和周围多年冻土提供热源。热喀斯特湖对工程的影响主要表现在三个方面：①通过侧向热侵

蚀作用导致路基下部及周围多年冻土温度升高、强度降低、承载力下降（Johnston and Brown，1966； Lunardini，1996；林战举等，2009；林战举，2011）。轻微的情况可导致路基沉陷、变形、裂缝，严重的情况可导致路基翻浆，甚至影响运营（罗京等，2012；牛富俊等，2013）。②对青藏公路的调查研究表明，工程建设和运营必然会改变地表与大气之间的热量交换状态，导致路基下部多年冻土升温、冻土上限下移，甚至形成融化夹层。过去数十年的观测结果表明，青藏公路沿线拥有融化夹层的路段长度占整个青藏公路多年冻土段总长度的 56%（刘永智等，2012）。融化夹层的形成意味着路基下已形成"融化通道"（王绍令，1993；Jin et al.，2008），如果在这样的路段两侧存在热喀斯特湖，湖水必然渗入"融化通道"内导致融化夹层内常年蓄水，从而也加剧了热融沉陷的形成，最终导致路面破坏（图 5-6），尤其在夏季当重车经过时破坏更加严重。③调查结果表明，在诸如楚玛尔河高平原及五道梁盆地一带，热喀斯特湖距离路基很近，甚至有的湖或积水坑距离路基不足 5 m，长期浸泡在水中的路基坡脚极易软化或融化，导致坡脚失稳，产生边坡开裂等后果（牛富俊等，2018）。此外，青藏铁路部分桥墩也长期浸泡在水中，循环冻融可能会造成桥墩破坏、基础土体软化，桥墩下沉等。因此，热喀斯特湖对冻土路基的影响主要是其热稳定性的破坏（胡晓莹等，2014；罗京等，2014；高泽永等，2014）。

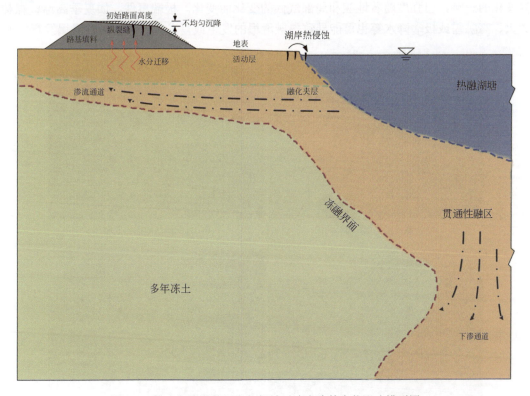

图 5-6　热喀斯特湖的侧向热侵蚀对冻土路基水热影响模型图

5.2 热融滑塌

5.2.1 热融滑塌的形成及发育特征

热融滑塌是发育在多年冻土区的另一种重要的热喀斯特地貌类型。热融滑塌一般指在厚层地下冰发育的斜坡区域，由人为活动或自然因素而造成地下冰暴露，在融化季节地下冰融化使其上覆的融土失去支撑，在自重作用下发生塌落并随地下冰融水形成的泥流而滑移的现象（图5-7）。热融滑塌是分布面积最广泛的坡地热喀斯特景观类型，其形成需要满足两个条件：一是存在富冰多年冻土或厚层地下冰，且埋藏较浅易受外界气候变化的影响，这是热融滑塌形成的内在因素；二是厚层地下冰暴露、融化，从而使坡体形成临空面产生滑塌，这是热融滑塌形成的外在因素，即诱发因素。其中暴露厚层地下冰的方式，主要包括：①河流或大海波浪的机械侵蚀，主要发生在极地地区海边或河边；②沿着湖岸的热融沉陷，主要发生在湖边，也是热融湖塘扩张的一种方式；③由极度融化或超级降水引发的物质坡移，是斜坡失稳的一种形式，主要发生在山区坡地。这些暴露地下冰方式主要受气候变化的影响，但强度随着地貌和局部气候的变化而变化。极端事件，如夏季高温、森林大火、高融雪或极端降水等也可能导致热融滑塌的发生或复发。但大的热融滑塌发育发展

(a) 青藏公路里程K3035西侧

(b) 北麓河盆地孤山北坡

(c) 兴海县温泉镇

(d) 风火山

图 5-7 发生在青藏高原多年冻土区的热融滑塌现象

会持续很多年，极端事件和热融滑塌发展建立联系比较困难。工程扰动也是诱发热融滑塌的一个重要因素，特别是随着经济社会的发展，在多年冻土区因施工不当，开挖暴露地下冰导致热融滑塌现象时有发生。例如，在青藏高原风火山地区，由于施工不当，破坏地表植被，开挖造成地下冰大面积暴露融化，发生热融滑塌，造成超过 $4 \times 10^4 \mathrm{m}^3$ 的滑塌体。此外，地震也是诱发热融滑塌的一个因素，但目前对于这方面的研究几乎是空白的。

热融滑塌通常由三部分组成，上部为较宽敞的融化区，夏季可在后缘坎壁看到有地下冰融水和活动层水沿滑动面流渗，坍塌下来的土体呈流塑状向下滑动，同时后缘陡坎不断地向山顶溯源侵蚀；中部为较窄流通区，在流水作用下，中间可见泥流沟槽，来自上方的土体继续向下移动；下部为扇形堆积区，随着土体移动，细颗粒土体慢慢沉淀堆积形成泥流扇。堆积在斜坡底部的坡积和泥流堆积物，也可以保护底层的地下冰在侵蚀过程中不被暴露，从而延缓热融滑塌发展或停止发展。在以下三种情况下，热融滑塌将会走向消亡：①热融滑塌已溯源发展到坡顶，到达"终点"无法继续前进；②厚层地下冰全部融化或多年冻土含冰量显著降低，丧失热融滑塌发展的基本条件；③上部坍塌的沉积物堆积覆盖在地下冰上，使地下冰受到保护不被暴露融化。地下冰上覆物被破坏或其他一些内部因素也可能重新启动热融滑塌。例如融雪、地下冰融化或降雨在稳定滑塌体表面形成地表径流或小溪，长期冲刷使地下冰暴露，导致热融滑塌复发。

国内外研究普遍认为各种自然和人为因素导致的多年冻土斜坡区域地下冰暴露和融化是热融滑塌形成的主要诱因。在高纬度多年冻土区，热融滑塌一般是由河流或波浪的冲刷侵蚀（Burn and Lewkowicz，1990）、湖岸的坍塌（Kokelj et al.，2009）、地表径流导致的冰楔融化（Osterkamp and Jorgenson，2006）以及森林大火燃烧腐殖质层（Lacelle et al.，2010）等过程引起地下冰的暴露而诱发的。近年来的野外调查发现，青藏高原多年冻土区热融滑塌主要由工程扰动、湖水侵蚀以及冻土活动层滑脱的发生而诱发（图 5-8）。工程扰动型热融滑塌以发育在青藏公路里程 K3035 路基西南侧的一处热融滑塌为主要代表，该热融滑塌是 20 世纪 90 年代初青藏公路二次整治过程中，由于路基坡脚开挖导致地下冰暴露而引起的。该类型的热融滑塌主要发生在青藏工程走廊范围内，且目前基本上处于稳定状态，对工程和环境的影响较小。湖水侵蚀型热融滑塌主要发生在有厚层地下冰发育的湖岸斜坡区域，该类型的热融滑塌目前仅在可可西里地区错达日玛湖东南侧湖岸有大量分布，别的区域几乎没有发现。活动层滑脱型热融滑塌是由冻土活动层滑脱发生以后其滑壁位

(a) 工程扰动诱发的热融滑塌　　(b) 湖水侵蚀诱发的热融滑塌　　(c) 冻土活动层滑脱诱发的热融滑塌
　　 (青藏公路里程K3035)　　　　　 (错达日玛湖，可可西里)　　　　　　 (红梁河附近)

图 5-8　青藏高原多年冻土区热融滑塌

置地下冰的暴露和融化而形成的。在富冰多年冻土分布的斜坡下部，渗透性差的细颗粒土壤含量较多时，极易发生活动层滑脱型热融滑塌，尤其是在地表径流汇合区域（Kokelj and Jorgenson，2013）。该类型的热融滑塌大量分布在青藏高原多年冻土区有厚层地下冰发育的丘陵山地区域。

通过对目前青藏高原多年冻土区已调查和标记的热融滑塌进行统计发现，95%以上的热融滑塌是由冻土活动层滑脱的发生而诱发的。冻土活动层滑脱是指在多年冻土区地下冰发育的斜坡区域，活动层土体连同其上覆的植被作为一个整体与其下部多年冻土发生分离并滑移的现象（French，2017）。冻土活动层滑脱的形成主要是地下冰融化而形成的融水不能及时排出，最终导致活动层与冰面之间的抗剪强度减小而引起的（French，2017）。国外大量的研究表明冻土活动层滑脱的发育与土质类型、冻土含冰量（Lewkowicz，2007）以及一些特定的外部诱发因素（包括极端的夏季高温、森林大火，以及极端的降水事件）密切相关（Gooseff et al.，2009；Lewkowicz and Harris，2005）。在青藏高原多年冻土区，罗京等（2012，2014）通过典型冻土活动层滑脱的现场水热监测、冰-土界面现场直剪试验以及考虑降水和地震影响下冻土斜坡的稳定性分析，明确了极端高温和降水事件引起的厚层地下冰过度融化和冰-土界面抗剪强度减小是诱发青藏高原多年冻土活动层滑脱发生的主要原因（罗京，2015）。在冻土活动层滑脱发生以后，滑壁位置地下冰的暴露和融化将导致滑壁处的活动层土体变得不稳定，在张力作用下形成大量的裂缝，随着地下冰的继续消融，裂缝会继续增大并最终导致滑塌壁的坍塌和后退，滑塌的土体随着地下冰的融水形成泥流状物质沿坡面向下流动。因此，青藏高原多年冻土区大部分热融滑塌的发育可以简单概括为"活动层滑脱—热融滑塌—泥流"三个阶段。

5.2.2 热融滑塌的时间演化规律及影响因素

国外学者针对热融滑塌的研究主要集中于加拿大、美国、俄罗斯等北极-亚北极地区。其中，加拿大班克斯岛在 70000 km² 范围内 1984～2015 年的热融滑塌数量记录超过了 4000 个（Belshe et al.，2013），数量增长近 60 倍，尤其在出现极端高温和强降水的年份增加显著（Lewkowicz and Way，2019）。自 20 世纪 50 年代起，加拿大北极地区赫舍尔岛由多年冻土退化引起沿海岸侵蚀而形成的热融滑塌发育速率逐渐增加，至 20 世纪初，热融滑塌的数量和总面积在 50 年内分别增加了 125%和 160%（Lantuit and Pollard，2008）。加拿大西北部麦肯齐河三角洲地区的热融滑塌在 1950～1973 年、1973～2004 年两个时期的面积增加了 1.4 倍，溯源侵蚀速率增加了 2 倍（Lantz and Kokelj，2008）。在美国阿拉斯加北部山区，不连续多年冻土区热融滑塌等坡地热喀斯特现象已经影响了整体景观的 12%（Belshe et al.，2013）。俄罗斯西伯利亚中部的雅库特地区，热融滑塌在 1966～2010 年发展迅速，溯源侵蚀强烈的地方甚至形成了巨大的天坑（Séjourné et al.，2015）。尤为壮观的是，在雅库特北部的亚纳高地发现了截至目前地球上已知规模最大的热融滑塌——巴塔盖卡巨型滑塌。该热融滑塌自 20 世纪 80 年代形成至今发育总面积超过了 0.8 km²，滑塌壁高达 50 余米，目前滑塌后缘仍以 15 m/a 的速率向后发展（Kizyakov et al.，2023）。

青藏高原多年冻土区的热融滑塌也呈逐年增多的趋势，借助卫星影像并结合野外调查，Luo 等（2022）在青藏高原多年冻土区共解译出 2669 个热融滑塌，面积从 0.02～20hm² 不等，平均为 1.44hm²，主要集中于青藏高原腹地。受地形因素控制，大多数热融滑塌发生在海拔 4600～5100m、坡度 3°～8°、地形位置指数小于 0 的北坡地区。基于历史卫星影像资料，2008～2021 年热融滑塌数量增加显著，在可可西里山、红梁河地区及玛曲乡三个热融滑塌分布密集区，其数量及受影响区域面积增加分别达到 4 倍和 6 倍（Luo et al.，2022）。此外，基于高分辨遥感影像解译，北麓河盆地的热融滑塌在 2008～2018 年发生了剧烈的变化，其总数量从 124 个增加到了 445 个，总面积从 131hm² 增加到了 986 hm²，分别增加了 2.6 倍和 6.5 倍（图 5-9）。并且这些热融滑塌数量和面积的增加主要发生在 2010 年 5～10 月，以及 2015 年 10 月至 2016 年 12 月之间，这两个时期热融滑塌的数量分别增加了 57% 和 67%，由于热融滑塌一般发生在夏季活动层融化达到最深的时期，由此推断北麓河盆地热融滑塌的骤增应该发生在 2010 年和 2016 年的 9 月。因此，2008～2018 年北麓河盆地热融滑塌的增加过程并不是均匀地分布在每一年，而是集中发生在 2010 年和 2016 年这两个特定的年份。

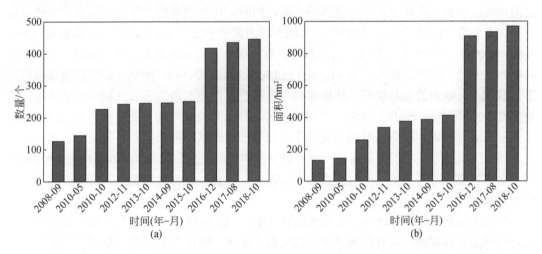

图 5-9 2008～2018 年不同时期北麓河盆地热融滑塌数量和面积变化（罗京等，2012）

北麓河盆地 2008～2018 年气象监测数据表明，在热融滑塌剧烈增加的 2010 年和 2016 年，融化季节（6～9 月）的日平均气温均超出多年平均值 1 个标准差，而累计降水量在对应时期并没有异常变化。因此，融化季节极端的高温天气应该是青藏高原多年冻土区热融滑塌骤增的主要诱发因素。在正常年份，夏季活动层融化的最大深度一般会到达多年冻土的顶板位置或者顶板位置以上，但在夏季气温异常偏高的年份，活动层融化的深度可能会超过多年冻土顶板而导致其下部少量地下冰发生融化。地下冰的融化一方面会导致活动层与多年冻土界面之间的抗剪强度降低；另一方面地下冰的融水还会引起界面位置孔隙水压力的升高，从而诱发冻土活动层滑脱的发生。冻土活动层滑脱发生以后，由于后缘位置地下冰的暴露和融化，进而演化成热融滑塌。

降水不仅会引起坡面水位的升高，而且降水的入渗还能促进活动层的热量向冻土界面传输，因此降水量的增多可能会促进冻土活动层滑脱的发生，但从统计结果来看，降水量的变化对热融滑塌数量的影响并不明显，这可能与北麓河地区冻土活动层的土层结构有关。

在北麓河盆地及青藏高原大部分区域，冻土活动层的上部基本为渗透性极强的砂土，而下部却为渗透性极差的致密黏土，因此绝大部分降水会沿坡面或者上部的砂土层流失，很难入渗到活动层底部而引起坡体水位的升高。此外，在高纬度多年冻土区，冬季积雪厚度及春节融雪的开始时间都会对冻土活动层滑脱的发育产生明显的影响，但在北麓河地区，冬季的降雪量一般在 20 mm 以下，并且持续的大风天气使得有一定厚度的积雪很难存在。因此，积雪也不是引起热融滑塌增多的主要因素。

5.2.3 热融滑塌的生态、环境及工程影响

热融滑塌的发生会对区域生态环境产生重要影响，很多学者认为热融滑塌的形成不仅会导致其下部数米厚的高含冰量冻土融化，还会导致周边数公顷范围内冻土的热状态发生改变（Lantuit et al.，2012；Wang et al.，2009）。青藏公路沿线典型热融滑塌的地温监测数据表明，热融滑塌的形成不仅影响了滑塌区域的地温状况，还对其周边的多年冻土造成一定的热侵蚀作用，尤其浅层冻土受影响显著。同时，在热融滑塌的发生过程中会释放以前保存在冻土层中的化学溶质，使得滑塌区域土壤的离子浓度和 pH 均高于非滑塌区域（Lantz et al.，2009），并将大量沉积物、溶质和潜在有机碳输送到邻近湖泊、溪流及海洋环境，对陆地和水生态系统产生重大影响（Kokelj and Jorgenson，2013）。因此，在热融滑塌的影响下，其邻近区域内的地温状况、植被结构、生物群落以及湖泊的湖底沉积物化学性质都将发生改变（Mesquita et al.，2008）。更重要的是，作为陆地碳汇的重要支撑，青藏高原储存了大量土壤有机碳，而热融滑塌的发育则扮演了土壤碳氮储量和生态系统碳平衡的重要角色，热融滑塌的形成与扩张暴露了土壤和地下冰中的有机质，加速了 CO_2 和 CH_4 的释放过程，对区域及全球气候变化产生巨大影响（Woods et al.，2011；贾麟等，2020；马蕾和金会军，2020）。

热融滑塌的发生还可造成工程设施的直接破坏，如 2018 年 9 月发生在风火山南麓的一处热融滑塌造成铁路防洪及路基热棒设施的直接损坏。同年 8 月发生在国道 G214 温泉乡附近的一处热融滑塌直接掩埋公路，影响车辆的正常通行。热融滑塌发生以后由于滑壁位置地下冰的暴露和融化而产生大量泥流物质沿坡面向下流动，这些泥流物质会进一步掩埋道路和堵塞桥涵，并将加速路基下部多年冻土融化以及路基软化湿陷，严重影响工程构筑物的长期稳定性。

5.3 其他热喀斯特地貌

除热喀斯特湖及热融滑塌这两种典型热喀斯特地貌类型外，多年冻土区的热喀斯特地貌还包括冻土活动层滑脱、热侵蚀冲沟、热融沉陷、冻土海岸侵蚀等。冻土活动层滑脱发生以后，其后缘位置地下冰的暴露会引起热融滑塌的发育。关于冻土活动层滑脱的定义及发育机理前文已有所述及，并且其演化特征和规律与热融滑塌一致，因此这里不做过多阐述。

5.3.1 热侵蚀冲沟

热侵蚀冲沟，又称热融冲沟，指由渠道化的地表流水的热侵蚀作用，导致冻土活动层

加深和富冰冻土融化的现象（Fortier et al.，2007）。在极地地区，热融冲沟的形成往往与网络化的冰楔多边形有关，因为其具备自然形成的地表水流动路径，且下部地下冰含量较高。热融冲沟形成以后，将地表切割成数米甚至数百米的沟壑（Godin and Fortier，2012）。在一些地下冰非常发育的区域，冲沟位置积雪的聚集以及冲沟发育导致附近河流流水的灌入，往往形成网状的热融冲沟（Kokelj and Jorgenson，2013）。在青藏高原多年冻土区，热融冲沟在青藏高原北部的祁连山区域大量发育，并且由冲沟位置地下冰的暴露和融化所引发的热融滑塌正在以每年 1～2m 的速度扩张（Mu et al.，2020）[图 5-10（b）]。此外，在共玉高速公路等多年冻土区线性工程两侧，由于路基阻挡了原来河流的通道，导致路基坡脚位置形成大量热融冲沟 [图 5-10（a）]。虽然没有关于热融冲沟演化的具体统计数据，但随着气温升高和多年冻土的退化，这种热喀斯特地貌类型也将呈逐年增多的趋势。

(a)共玉高速公路沿线　　　　　　　　　　(b)祁连山峨堡镇

图 5-10　青藏高原多年冻土区发育的典型热融冲沟现象

5.3.2　热融沉陷

　　热融沉陷是指在多年冻土区由于自然因素或人为因素破坏了地面原有保温层，其下部多年冻土层局部融化，地表随之发生沉陷的现象。热融沉陷形成的洼地由于积水的汇集和热侵蚀作用，往往形成热喀斯特湖。虽然热融沉陷是一种比较常见的热喀斯特地貌类型，但由于其对地表景观的改造作用有限且发育的规模较小，国内外关于热融沉陷的针对性研究工作相对偏少。在青藏高原多年冻土区，关于热融沉陷现象的报道基本上是因工程施工扰动而诱发。例如青藏铁路（昆仑山垭口南坡）发育的一处热融沉陷，是由修建挡水堰时对地表的开挖破坏而引起的，虽然后期对挡水堰进行拆除并对地表进行了整平，但在原挡水堰一带出现了长度达 180 m 的热融沉陷沟槽（林战举等，2011）。类似的热融沉陷现象在青藏工程走廊较为常见，其发育以后的侧向热侵蚀可引起路基下多年冻土升温，承载力下降，稳定性降低，在路基或路面表现出下沉或翻浆。在全球气候变暖及人类活动的影响下，天然或人为因素对地表的扰动或破坏越来越严重，这意味着多年冻土区热融沉陷灾害的发生频率将越来越高。

5.3.3 北极海岸侵蚀

北极的海岸侵蚀不同于温带地区，因为开放水域季节较短（3~4 个月，从 6 月到 10 月中旬），而且海洋和陆地环境中均存在冰。风暴通常是侵蚀的主要驱动因素，其在全年都会发生，但由于在秋季、冬季和春季存在海冰覆盖，它们的影响有限。即使在夏季，不同数量和大小的大块海冰也会阻碍海岸地区海浪的发展。海岸的后退速度具有较大的时空异质性，这与海岸悬崖的岩性、低温和地貌的变化有关。海岸侵蚀与沿海地区的风暴、热条件和海冰条件有关。此外，在多年冻土海岸系统的陆地部分，冰以地下冰的形式出现，存在于海岸剖面的陆上部分，但也存在于水柱之下，成为水下地下冰。地下冰层的存在使得磨损进行得更快，因此北极海岸侵蚀是由热动力和机械动力共同作用的结果（图 5-11）。

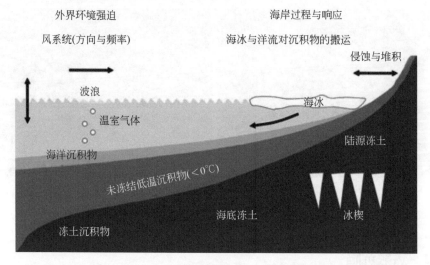

图 5-11 北极多年冻土海岸的地理环境和过程（Lantuit et al.，2012）

在全球变暖背景下，多年冻土和地下冰融化导致土壤失稳和滑塌加剧，气温也会升高导致海冰融化，延长开放水域的季节使得海浪的机械侵蚀作用加强，从而进一步增加了北极海岸遭受侵蚀的脆弱性（图 5-12）。在过去的几十年里，整个北极地区海岸后退速率都在增加，是原来的两倍多。北极地表气温预计在未来几十年内将超过其自然变化范围。北极海冰的减少已经超过了自然变率，预计到 21 世纪中期将出现夏季无冰状况。因此，北极海岸侵蚀率预计将在未来几十年呈增加趋势。环北极多年冻土区域分布着漫长的海岸线，由几个不同但紧密相连的自然要素，包括河流、河口、潮汐湿地和大陆架等组成。连接陆地和海洋系统的沿海水域发生的碳循环被认为是全球碳循环的一个主要组成部分。全球冻土融化释放出大量的有机碳，增加了大气和海洋温室气体的浓度，反过来导致气候进一步变暖。仅北极海岸侵蚀就释放出相当于北极所有河流释放的二氧化碳。虽然多年冻土动力学的表示方法不断改进，但当前的地球系统模型没有考虑多年冻土的突然融化，这可能导致土壤有机碳损失的预测被大大低估。北极海岸侵蚀是冻土突变融化的一种形式，是北极碳循环的相关组成部分。到目前为止，它还没有被考虑到气候预测中。

图 5-12　北极海岸侵蚀野外现场照片（Fuchs et al.，2020）

5.4　本 章 小 结

　　本章以热喀斯特湖和热融滑塌两种典型热喀斯特地貌为主阐述了热喀斯特地貌的形成及发育过程、热喀斯特地貌的空间分布特征、热喀斯特地貌的时间演化规律及影响因素以及热喀斯特地貌的发育对区域生态、环境和工程的影响。此外，还对其他热喀斯特地貌，如热侵蚀冲沟、热融沉陷及北极海岸侵蚀等的发育机理及过程进行了总结。

　　在全球气候变暖和多年冻土普遍退化的背景下，热喀斯特地貌的演化整体上呈现出趋于增多的趋势，但不同的热喀斯特地貌类型及不同的区域具有很强的异质性。在北极和亚北极的高纬度多年冻土区，热喀斯特湖以面积和数量减少为主，而青藏高原多年冻土区的热喀斯特湖整体上呈扩张趋势。热融滑塌在不同多年冻土区均呈现出逐年增多的趋势，并且这种增多主要发生在有极端气温和降雨出现的特定年份。

思 考 题

（1）诱发热融滑塌形成的方式主要有哪些？热融滑塌形成以后其发育过程主要受哪些因素控制？

（2）热喀斯特湖的时间演化过程呈现出空间异质性，尤其在极地高纬度多年冻土区和青藏高原高海拔多年冻土区表现出不同的演化模式，其原因是什么？

（3）热喀斯特地貌的形成和演变对区域生态、环境和工程活动带来哪些影响？未来如何应对？

参 考 文 献

高泽永，王一博，刘国华，等.2014.多年冻土区活动层土壤水分对不同高寒生态系统的响应.冰川冻土，36（4）：1002-1010.

胡晓莹，盛煜，李静，等.2014.路基坡脚积水对多年冻土路基稳定性的影响研究进展.冰川冻土，36（4）：876-885.

贾麟，范成彦，母梅，等.2020.从第三极到北极：热喀斯特及其对碳循环影响研究进展.冰川冻土，42（1）：157-169.

李兰.2021.青藏高原湖泊演化及生态环境效应研究.西安：长安大学.

林战举.2011.多年冻土区热喀斯特湖特征及其对冻土环境与工程的影响研究.北京：中国科学院大学.

林战举，牛富俊，许健，等.2009.路基施工对青藏高原多年冻土的影响.冰川冻土（6）：1127-1136.

林战举，牛富俊，徐志英，等.2011.青藏铁路沿线热融沟发展特征及其对路基热稳定性的影响.岩土工程学报，33（4）：566-573.

刘永智，吴青柏，张建明，等.2012.青藏高原多年冻土地区公路路基变形.冰川冻土，24（1）：10-15.

罗京.2015.青藏工程走廊冻土斜坡失稳及易发性评价研究.北京：中国科学院大学.

罗京，牛富俊，林战举，等.2012.青藏高原北麓河地区典型热融湖塘周边多年冻土特征研究.冰川冻土，34（5）：1110-1117.

罗京，牛富俊，林战举，等.2014.青藏工程走廊典型热融灾害现象及其热影响研究.工程地质学报，22（2）：326-333.

马蕾，金会军.2020.气候变暖对多年冻土区土壤有机碳库的影响.冰川冻土，42（1）：91-103.

牛富俊，董晟，林战举，等.2013.青藏公路沿线热喀斯特湖分布特征及其热效应研究.地球科学进展，28（6）：695.

牛富俊，王玮，林战举，等.2018.青藏高原多年冻土区热喀斯特湖环境及水文学效应研究.地球科学进展，33（4）：335.

秦大河.2018.冰冻圈科学概论（修订版）.北京：科学出版社.

王绍令.1993.近数十年来青藏公路沿线多年冻土变化.干旱区地理，16（1）：1-8.

周幼吾，郭东信，程国栋，等.2000.中国冻土.北京：科学出版社.

Anthony K W, von Deimling T S, Nitze I, et al. 2018. 21st-century modeled permafrost carbon emissions accelerated by abrupt thaw beneath lakes. Nature Communications, 9（1）：3262.

Belshe E F, Schuur E A G, Grosse G. 2013. Quantification of upland thermokarst features with high resolution remote sensing. Environmental Research Letters, 8 (3): 035016.

Bouchard F, Francus P, Pienitz R, et al. 2011. Sedimentology and geochemistry of thermokarst ponds in discontinuous permafrost, subarctic Quebec, Canada. Journal of Geophysical Research: Biogeosciences, 116 (G2): G00M05.

Bouchard F, MacDonald L A, Turner K W, et al. 2016. Paleolimnology of thermokarst lakes: A window into permafrost landscape evolution. Arctic Science, 3 (2): 91-117.

Burn C R, Lewkowicz A G. 1990. Canadian landform examples-17 retrogressive thaw slumps. Canadian Geographer/Le Géographe Canadien, 34 (3): 273-276.

Carroll M L, Townshend J R G, DiMiceli C M, et al. 2011. Shrinking lakes of the Arctic: Spatial relationships and trajectory of change. Geophysical Research Letters, 38 (20): L20406.

Fortier D, Allard M, Shur Y. 2007. Observation of rapid drainage system development by thermal erosion of ice wedges on Bylot Island, Canadian Arctic Archipelago. Permafrost and Periglacial Processes, 18: 229-243.

French H M. 2017. The Periglacial Environment. New York: John Wiley & Sons.

Godin E, Fortier D. 2012. Geomorphology of a thermo-erosion gully, Bylot Island, Nunavut, Canada. Canadian Journal of Earth Sciences 49: 979-986.

Gooseff M N, Balser A, Bowden W B, et al. 2009. Effects of hillslope thermokarst in northern Alaska. Eos, Transactions American Geophysical Union, 90 (4): 29-30.

Grosse G, Jones B M, Arp C D. 2013. Thermokarst Lakes, Drainage, and Drained Basins. Amsterdam: Elsevier.

Jin H, Yu Q, Wang S, et al. 2008. Changes in permafrost environments along the Qinghai-Tibet engineering corridor induced by anthropogenic activities and climate warming. Cold Regions Science and Technology, 53 (3): 317-333.

Johnston G H, Brown R J E. 1966. Occurrence of permafrost at an Arctic lake. Nature, 211 (5052): 952-953.

Jones B M, Grosse G, Arp C D, et al. 2011. Modern thermokarst lake dynamics in the continuous permafrost zone, northern Seward Peninsula, Alaska. Journal of Geophysical Research: Biogeosciences, 116 (G2): G00M03.

Kizyakov A I, Wetterich S, Günther F, et al. 2023. Landforms and degradation pattern of the Batagay thaw slump, Northeastern Siberia. Geomorphology, 420: 108501.

Kokelj S V, Jorgenson M T. 2013. Advances in thermokarst research. Permafrost and Periglacial Processes, 24 (2): 108-119.

Kokelj S V, Lantz T C, Kanigan J, et al. 2009. Origin and polycyclic behaviour of tundra thaw slumps, Mackenzie Delta region, Northwest Territories, Canada. Permafrost and Periglacial Processes, 20(2): 173-184.

Lacelle D, Bjornson J, Lauriol B. 2010. Climatic and geomorphic factors affecting contemporary (1950-2004) activity of retrogressive thaw slumps on the Aklavik Plateau, Richardson Mountains, NWT, Canada. Permafrost and Periglacial Processes, 21 (1): 1-15.

Lantuit H, Pollard W H. 2008. Fifty years of coastal erosion and retrogressive thaw slump activity on Herschel Island, southern Beaufort Sea, Yukon Territory, Canada. Geomorphology, 95 (1-2): 84-102.

Lantuit H, Pollard W H, Couture N, et al. 2012. Modern and late Holocene retrogressive thaw slump activity on the Yukon coastal plain and Herschel Island, Yukon territory, Canada. Permafrost and Periglacial Processes,

23（1）：39-51.

Lantz T C, Kokelj S V. 2008. Increasing rates of retrogressive thaw slump activity in the Mackenzie Delta region, NWT, Canada. Geophysical Research Letters, 35（6）：L06502.

Lantz T C, Kokelj S V, Gergel S E, et al. 2009. Relative impacts of disturbance and temperature: Persistent changes in microenvironment and vegetation in retrogressive thaw slumps. Global Change Biology, 15（7）：1664-1675.

Larouche J R, Abbott B W, Bowden W B, et al. 2015. The role of watershed characteristics, permafrost thaw, and wildfire on dissolved organic carbon biodegradability and water chemistry in Arctic headwater streams. Biogeosciences, 12（14）：4221-4233.

Lenton T M, Armstrong McKay D I, et al. 2023. The Global Tipping Points Report 2023. Exeter: University of Exeter.

Lewkowicz A G. 2007. Dynamics of active-layer detachment failures, Fosheim Peninsula, Ellesmere Island, Nunavut, Canada. Permafrost and Periglacial Processes, 18（1）：89-103.

Lewkowicz A G, Harris C. 2005. Morphology and geotechnique of active-layer detachment failures in discontinuous and continuous permafrost, northern Canada. Geomorphology, 69（1-4）：275-297.

Lewkowicz A G, Way R G. 2019. Extremes of summer climate trigger thousands of thermokarst landslides in a High Arctic environment. Nature Communications, 10（1）：1329.

Lunardini V J. 1996. Climatic warming and the degradation of warm permafrost. Permafrost and Periglacial Processes, 7（4）：311-320.

Luo J, Niu F, Lin Z, et al. 2022. Inventory and frequency of retrogressive thaw slumps in permafrost region of the Qinghai-Tibet Plateau. Geophysical Research Letters, 49（23）：e2022GL099829.

Mesquita P S, Wrona F J, Prowse T D. 2008. Effects of retrogressive thaw slumps on sediment chemistry, submerged macrophyte biomass, an invertebrate abundance of upland tundra lakes. Hydrological Processes, 22：146-158.

Moiseenko T I, Gashkina N A, Kudryavtseva L P, et al. 2006. Zonal features of the formation of water chemistry in small lakes in European Russia. Water Resources, 33：144-162.

Mu C, Abbott B W, Norris A J, et al. 2020a. The status and stability of permafrost carbon on the Tibetan Plateau. Earth-Science Reviews, 211：103433.

Mu C, Shang J, Zhang T, et al. 2020b. Acceleration of thaw slump during 1997-2017 in the Qilian Mountains of the northern Qinghai-Tibetan Plateau. Landslides, 17（5）：1051-1062.

Osterkamp T E, Jorgenson J C. 2006. Warming of permafrost in the Arctic National Wildlife Refuge, Alaska. Permafrost and Periglacial Processes, 17（1）：65-69.

Séjourné A, Costard F, Fedorov A, et al. 2015. Evolution of the banks of thermokarst lakes in Central Yakutia （Central Siberia） due to retrogressive thaw slump activity controlled by insolation. Geomorphology, 241：31-40.

Shogren A J, Zarnetske J P, Abbott B W, et al. 2019. Revealing biogeochemical signatures of Arctic landscapes with river chemistry. Scientific Reports, 9（1）：12894.

Smith L C, Sheng Y, MacDonald G M, et al. 2005. Disappearing Arctic lakes. Science, 308（5727）：1429.

von Deimling J S，Linke P，Schmidt M，et al. 2015. Ongoing methane discharge at well site 22/4b （North Sea） and discovery of a spiral vortex bubble plume motion. Marine and Petroleum Geology，68：718-730.

Vonk J E，Tank S E，Bowden W B，et al. 2015. Reviews and syntheses：Effects of permafrost thaw on Arctic aquatic ecosystems. Biogeosciences，12（23）：7129-7167.

Wang B L，Paudel B，Li H Q. 2009. Retrogression characteristics of landslides in fine-grained permafrost soils，Mackenzie Valley，Canada. Landslides，6（2）：121-127.

Wang L，Du Z，Wei Z，et al. 2021. High methane emissions from thermokarst lakes on the Tibetan Plateau are largely attributed to ebullition fluxes. Science of the Total Environment，801：149692.

Webb E E，Liljedahl A K. 2023. Diminishing lake area across the northern permafrost zone. Nature Geoscience，16（3）：202-209.

Wei Z，Du Z，Wang L，et al. 2021. Sentinel-based inventory of thermokarst lakes and ponds across permafrost landscapes on the Qinghai-Tibet Plateau. Earth and Space Science，8（11）：e2021EA001950.

Wei Z，Du Z，Wang L，et al. 2022. Sedimentary organic carbon storage of thermokarst lakes and ponds across Tibetan permafrost region. Science of the Total Environment，831：154761.

Wik M，Varner R K，Anthony K W，et al. 2016. Climate-sensitive northern lakes and ponds are critical components of methane release. Nature Geoscience，9（2）：99-105.

Woods G C，Simpson M J，Pautler B G，et al. 2011. Evidence for the enhanced lability of dissolved organic matter following permafrost slope disturbance in the Canadian High Arctic. Geochimica et Cosmochimica Acta，75（22）：7226-7241.

Wu Q，Zhang P，Jiang G，et al. 2014. Bubble emissions from thermokarst lakes in the Qinghai-Xizang Plateau. Quaternary International，321：65-70.

第6章　冻土变化的水文过程

冻土水文的主要研究对象是冻结土壤中的水分及热量变化迁移传输，冻土区流域水文过程的物理机理，以及冻土变化的水资源效应。在反复冻融过程中，多年冻土活动层和季节冻土的水热耦合作用改变了冻融过程中土壤液态水分的运移方向、运移量，从而改变了流域的产流、入渗和蒸散发过程。多年冻土退化使得多年冻土的隔水底板作用减弱，多年冻土中的地下冰发生融化，对冻土区流域产汇流、区域水循环和河流物质输移有着重要影响。本章重点从冻土水文的基本特点、冻土冻融与产汇流过程，以及多年冻土区河流物质输移三方面进行阐述。

6.1　冻土水文的基本特点

6.1.1　冻土的水热特征

冻土是由固、液、气三相物质组成的复杂非均匀体系。冻土的含水量、土水势、导水系数是影响冻土水热传输的主要水力学参数，主要与冻土颗粒表面性质和孔隙结构有关。冻土的热容量及热导率是影响冻土水热传输的主要热力学参数，其主要与冻土内矿物质、液态水和冰等物质的含量、组成、结构、密度和分布等有关，同时受到冻土中液相和气相对流过程的影响。

土壤在冻结过程中，会发生从水到冰的相变，冰的存在极大地改变了土壤的水力学参数和热力学参数。具体来说，冰的热导率高于水，比热低于水，能够增加冻土层的热量传导。同时，冰的形成会降低土体的液态水含量，减少土壤的孔隙度，导致毛细效应和下渗率降低，总体上降低冻结土壤的导水系数，这是冻土与融土水热特征有所不同的主要原因。

土壤发生冻结时，由于毛细作用和土壤颗粒的表面吸附作用，部分水保持未冻结状态，与固态的冰共存，这部分液态水被称为未冻水。冻土中未冻水的含量、成分和性质不是固定不变的，而是随着温度等外界条件的变化处于动态平衡之中。

徐学祖等（2001）曾提出，冻土中未冻水含量与负温保持动态平衡的关系。如果有观测资料，可以根据以下的经验公式计算一定温度下土壤中的未冻水含量：

$$\theta_1 = a \times (T - T_f)^b \tag{6-1}$$

式中，θ_1 为未冻水的体积含水量（%）；T 为土壤温度（K）；T_f 为土壤冻结温度（K），取 273.15 K；a 和 b 为依据土壤性质确定的经验常数。a、b 值受土壤质地等环境因素的影响较大，因此该公式适用范围有限。

根据平衡态相变的热力学关系，对于任何类型的土质，土壤未冻水含量与土壤温度具有以下关系：

$$\theta_{l} = \left(\phi - \theta_{i}\right)\left(\frac{L_{f}}{g\psi_{s}} \cdot \frac{T - 273.15}{T_{f}}\right)^{-1/B} \tag{6-2}$$

式中，ϕ 为土壤孔隙度（m³/m³）；θ_{i} 为土壤体积含冰量（m³/m³）；T 为土壤温度（K）；T_{f} 为土壤冻结温度（K）；L_{f} 为冰的潜热通量（3.35×10^{5} J/kg）；g 为地球重力加速度（9.8m/s²）；ψ_{s} 和 B 为与土壤质地有关的参数。

冻土导水系数的计算方法与未饱和土壤导水系数的计算方法相同，当根据式（6-2）求出冻土中的未冻水含量时，可根据式（6-3）求出冻土的导水系数：

$$K = K_{s}\left(\frac{\theta_{l}}{\phi - \theta_{i}}\right)^{(2b+3)} \tag{6-3}$$

式中，K 为冻土的导水系数（m/s）；K_{s} 为饱和导水系数（m/s）；b 为土壤孔隙度分布指数。

冻土的特殊性在于冰的存在，冰改变了土壤的水力学和热力学性质。由于冻土中冰阻碍液体的水分流动，式（6-3）被修正为

$$K = 10^{-E_{i}\theta_{i}} K_{s}\left(\frac{\theta_{l}}{\phi - \theta_{i}}\right)^{(2b+3)} \tag{6-4}$$

式中，E_{i} 依赖于土壤质地，为冰对水流动阻抗的无量纲经验系数。土壤导水系数随温度变化的曲线如图 6-1 所示。

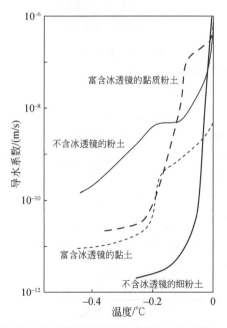

图 6-1　不同类型土壤冻结过程中导水系数发生的变化（Woo，2012）

从图 6-1 可以看出，冰晶的存在会降低土壤的导水系数。不同性质的土壤，由于土壤孔隙度分布指数、饱和导水系数及含冰量的不同，在冻结过程中，其导水系数的变化趋势不同。一般而言，土壤颗粒较粗的粉土，其导水系数大于土壤颗粒较细的黏土，在冻结过

程中，粉土导水系数的下降速率也大于黏土。

冻土土壤是由土壤基质、水和冰等不同介质构成的混合物。一般地，土壤的热容量（C_V）根据土壤成分线性计算：

$$C_V = C_s\left(1-\phi\right) + C_w\theta_l + C_i\theta_i \tag{6-5}$$

式中，C_s、C_w、C_i 分别为土壤基质、水、冰的热容量。

冻土的热导率（λ）可通过式（6-6）计算：

$$\lambda = K_e\left(\lambda_{sat} - \lambda_{dry}\right) + \lambda_{dry} \tag{6-6}$$

式中，K_e 为克斯藤（Kersten）数；λ_{sat}、λ_{dry} 分别为土壤在饱和、干燥时的热导率［W/（m·K）］。

克斯藤数（K_e）是土壤饱和度（S_r）的函数。

对于未冻结土壤，K_e 表示为

$$K_e = \begin{cases} 0.7\lg S_r + 1.0 & S_r > 0.05 \quad \text{粗质土壤} \\ \lg S_r + 1.0 & S_r > 0.1 \quad \text{细质土壤} \end{cases} \tag{6-7}$$

$$S_r = \frac{\theta_l}{\phi} \tag{6-8}$$

对于冻结土壤，K_e 表示为

$$K_e = S_r = \frac{\theta_i + \theta_l}{\phi} \tag{6-9}$$

干燥土壤的热导率（λ_{dry}）为

$$\lambda_{dry} = \frac{0.135\gamma_d + 64.7}{2700 - 0.947\gamma_d} \tag{6-10}$$

$$\gamma_d = \left(1-\phi\right) \times 2700 \tag{6-11}$$

式中，γ_d 为干土壤的体积密度（kg/m³）。

饱和土壤的热导率（λ_{sat}）为

$$\lambda_{sat} = \lambda_s^{1-\phi}\,\lambda_i^{\phi-x_u}\,\lambda_l^{x_u} \tag{6-12}$$

式中，λ_s、λ_i、λ_l 分别为土壤基质、冰、水的热导率［W/（m·K）］；x_u 与未冻水占总含水量的百分比有关，由式（6-15）确定；λ_i=2.2 W/（m·K）；λ_l=0.57 W/（m·K）；土壤基质的热导率（λ_s）为

$$\lambda_s = \lambda_q^{\,q}\,\lambda_0^{\,1-q} \tag{6-13}$$

式中，λ_q 为石英砂的热导率，λ_q=7.7 W/（m·K）；λ_0 为其他物质的热导率，λ_0=2.0 W/（m·K）；q 为土壤中石英砂的含量，无数据时，可取土壤中砂土含量为 50%；或采用 Farouki（1981）计算土壤基质热导率的方法：

$$\lambda_s = \frac{8.80R_{sand} + 2.92R_{clay}}{R_{sand} + R_{clay}} \tag{6-14}$$

式中，R_{sand} 和 R_{clay} 分别为土壤中砂土和黏土的百分比含量。

x_u 定义为

$$x_u = \frac{\theta_l}{\theta_i + \theta_l}\phi \tag{6-15}$$

6.1.2　冻土的冻融过程

在多年冻土区，年内的冻结融化过程主要发生在活动层内，根据活动层的温度变化过程和水热传输特征，将活动层的年变化过程划分为四个阶段（图6-2），即夏季融化过程（ST）、秋季冻结过程（AF）、冬季降温过程（WC）和春季升温过程（SW）。经过以上四个阶段，活动层完成了一个冻融周期（赵林等，2000）。在冻结过程中，通常把土壤水开始发生结冰相变的界面称为冻结锋面，冻结锋面是冻结层和未冻结层的分界面。在融化过程中，把土壤中的冰晶开始发生融化相变的界面称为融化锋面，融化锋面是融化层和未融化层的分界面。随着冻融过程的进行，活动层内会发生不同形式的热量传导，水分会发生有规律的迁移。下面以青藏高原多年冻土区西大滩综合观测场活动层水热梯度观测为例，分析各阶段的水热特征（图6-2）。

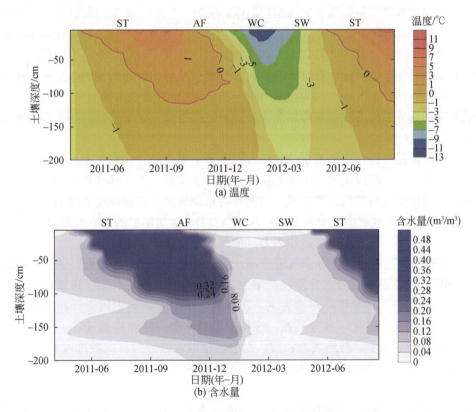

图 6-2　多年冻土活动层水热过程示意图（赵林等，2019）

（1）夏季融化过程：活动层的夏季融化过程是指活动层由地表向下融化开始至融化到最大深度结束的整个过程。在该阶段，活动层温度从地面开始向下随深度增加逐渐降低，热量传输由上向下，活动层处于吸热过程，融化锋面逐渐向下迁移。水分运移以由上向下为主，随着融化锋面的下移，位于其附近的自由水在重力作用下向融化锋面渗透和迁移。此时，由于融化锋面附近的温度为0℃左右，这些水分的重力输运所引起的热量传输较小。地表到融化锋面间的水分迁移过程较为复杂，在有降水过程发生时，地表得到的水分在重力作用下逐渐由地表向融化锋面渗透。其他时期，随着地面水分蒸发，在毛细管力的作用下，土壤中的水分向地表迁移。在夏季融化过程中，活动层中热量的传输过程极为复杂，融化锋面之上的热量传输方式有传导性热传输、非传导性热传输，而且两种热量传输过程均非常活跃；而在融化锋面之下，传导性热传输占绝对优势。

（2）秋季冻结过程：活动层融化到最大深度后开始由底部向上冻结，一直到活动层全部冻结为止。秋季冻结过程可以划分为两个阶段，即由活动层底部向上的单向冻结阶段，以及底部和地表发生双向冻结的"零幕层"阶段。单向冻结阶段自活动层底部发生向上冻结的时刻开始，到地表开始形成稳定冻结的时刻为止；而"零幕层"阶段从地表形成稳定冻结开始，到冻结过程全部结束为止。在单向冻结阶段，随着冻结锋面向上移动，活动层底部的水分在温度梯度的驱动下从融化层向冻结锋面迁移、冻结，水分整体呈向下迁移趋势，热量从融化层向冻结层传输。在"零幕层"阶段，活动层中进行着双向冻结过程，活动层与大气间的水汽交换被地表的冻结层阻隔，成为一个封闭体系，活动层的温度中部高、两端低，而两个冻结锋面之间的融化层温度为0℃或略高于0℃，传导性热传导不能通过这一层向上或向下传输。根据"零幕层"的发展特征，其又可以划分为两个阶段，即快速冻结阶段和相对稳定冻结阶段。在这一阶段，水分继续从融化层向两侧的冻结锋面迁移，并在冻结锋面处冻结、放热，此时融化层中的热量传输完全是通过水热同步耦合传输实现的，活动层的冻结部分以传导性热量传输为主。这种状况持续约半个月后，融化层的冻结过程结束。

（3）冬季降温过程：在活动层的冻结过程全部结束之后，随着气温进一步下降，开始冬季降温过程。这一阶段活动层中的温度上部低、下部高，温度梯度逐渐增大，传导性热传输为这一阶段热量传输的主要方式，同时伴有极少量由于温度梯度驱动的未冻水迁移引起的耦合热传输。除地表附近少量的土壤水分蒸发外，活动层中的未冻水趋向于向上迁移，但极低的地温限制了未冻水的含量和活力，使得其迁移量较少。

（4）春季升温过程：随着春季气温升高，活动层进入春季升温过程，活动层中的温度梯度逐渐减小，地表附近的水分蒸发量增大，而活动层内部的水分迁移量也逐步减小，此时的热量传输仍以传导性热传输为主。在升温阶段后期，地表附近开始出现了日冻融过程，白天土壤表层融化，水分蒸发，夜间冻结时水分向冻结锋面迁移，周而复始，土壤表层的水分明显减少。若地表有积雪，则会阻止地表附近的日冻融过程的发生。同时，加之地表融雪水分的补给，土壤表层的含水量明显增大，此时活动层内的水分不会向表层迁移。

经过上述四个过程，活动层完成了一个冻融周期。在一个冻融周期内，活动层中的水分在秋季冻结过程和夏季融化过程中向下迁移量较大；而在冬季降温过程和春季升温过程中，水分的迁移量较小。在土壤的冻融过程中，水分向冻结锋面的迁移量与冻结速率有关，土壤冻结得越慢，锋面处水分的增加量就越大。在多年冻土活动层底部附近，由于温度波动幅度小、速率慢，其冻结过程进行得比较缓慢。因此，活动层中的水分在经历了一个冻融周期后，总体上有向活动层底部，也就是多年冻土上限附近聚集的趋势，从而导致多年冻土上限附近逐渐成为富冰区。这也是在多年冻土上限附近由于不等量水分迁移形成重复分凝冰的物理机制，是自然界内不同地区的多年冻土上限附近易形成厚层地下冰的主要原因。关于不等量水分迁移形成重复分凝冰的物理机制的具体理论可参考程国栋（1982）。

不同区域活动层的冻融过程也存在空间差异。对比青藏高原多年冻土区西大滩、五道梁和唐古拉综合观测场不同下垫面类型的多年冻土活动层年冻融循环的四个阶段发现，三个综合观测场的活动层夏季融化过程一般都从 4 月中下旬开始，在 10 月达到年最大融化深度；秋季冻结过程从 10 月开始，于 11～12 月完全冻结，可能由于融化期土壤水分集中在活动层底部，所以五道梁秋季冻结过程较其他两个综合观测场长；冬季降温过程从 11 月开始到次年 2 月下旬结束，唐古拉由于活动层比其他两个综合观测场厚，所以该过程到 3 月下旬才结束；春季升温过程从 2 月下旬开始到 4 月结束（表 6-1）。三个综合观测场的表层土壤温度都在 1 月末最低，随后逐渐升高，并于 8 月达到最高值。活动层中土壤未冻水含量与冻融过程密切相关。由于这三个综合观测场植被类型和土壤质地有着显著差异，所以土壤温度和水分变化的差异性大，各阶段的起始和结束时间存在一定差别（表 6-1）。

表 6-1　多年冻土观测站点的冻融过程划分（赵林等，2019）

站点	夏季融化过程	秋季冻结过程	冬季降温过程	春季升温过程
西大滩	4 月中旬至 10 月上旬	10 月上旬至 11 月上旬	11 月上旬至次年 2 月下旬	2 月下旬至 4 月中旬
五道梁	4 月下旬至 10 月上旬	10 月上旬至 11 月下旬	11 月下旬至 2 月下旬	2 月下旬至 4 月下旬
唐古拉	4 月中旬至 10 月中旬	10 月中旬至 12 月中旬	12 月中旬至次年 3 月中旬	3 月下旬至 4 月中旬

季节冻土的年内冻融过程具有明显的季节性规律，一般根据土壤是否有冻融现象分为冻融期和无冻期。冻融期又可以分为不稳定冻结期、稳定冻结期、不稳定融化期和稳定融化期四个时期。在稳定融化期结束和不稳定冻结期开始之间的时期是无冻期。在不稳定融化期，气温在 0℃附近波动，并不总是发生融化过程，有时也会因为气温低于 0℃而发生日内的融化冻结循环。在不稳定冻结期，也并不总是发生冻结过程，也会因为气温高于 0℃而发生融化现象。季节冻土在冻融期间也会发生水分迁移。在冬季冻结期，土层向下冻结，水分向冻结锋面迁移和凝结，增加了冻结深度内的总含水量。夏季升温之后，土层由地表和冻结深度底部发生双向融化，水分向冻土内部迁移，冻结深度内的液态水处于饱和或者近饱和状态，而地表浅层由于蒸发又处于非饱和状态。

6.1.3　冻土区地表水入渗特征

冻土层是一个相对隔水层，冻土的入渗率远小于融土。液态水能够在非饱和冻土层中入渗，在有外界的降水或者地表积雪融化的过程中，冻土地表的水分入渗率和时间满足一条霍顿曲线（图 6-3）。

从图 6-3 中可以看出，入渗在约 5 h 内走完过渡状态，入渗率急剧下降，然后进入半稳定状态，入渗率变化不大。入渗曲线满足霍顿公式（6-16）：

$$f = f_c + \left(f_0 - f_c\right)\exp^{-kt} \tag{6-16}$$

式中，f 为入渗率（m/s）；f_0 和 f_c 分别为初始入渗率和饱和入渗率（m/s）；k 为与土壤类型和水分条件相关的常数；t 为时间（s）。

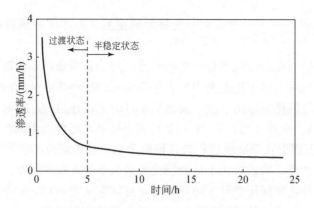

图 6-3　冻土地表水分的入渗过程（Woo，2012）

在地表水入渗时，由于地表水在冻土层中被冻结成冰会放热，因此会使得冻土层升温，同时冻土层的含冰量增加，入渗率下降。入渗率下降会减少地表水的入渗量，但同时多年冻土活动层底部不断发生的重复分凝现象，又会将活动层顶层的水分迁移到活动层底部，从而引起地表水的入渗量加大，最终地表水下渗引起的活动层及多年冻土上限附近含冰量的变化和分布是地表水下渗-凝结与活动层水分迁移过程综合作用的结果。如果在冻土区存在冻土层上水，那么地表水的入渗过程还会与冻土层上水的水文过程发生联系，引起冻土融化期间的产流过程发生变化。

冻土区地表水的入渗过程按照入渗量可以分为有限型、无限型和受限型三种。如果入渗过程受到一个靠近地表的冰体、冻土层或者基岩的阻挡，其入渗量十分有限，称为有限型入渗。如果入渗在粗颗粒土层或者有巨大裂隙的土体和基岩中发生，则入渗过程能够全部完成而基本不产流，称为无限型入渗。如果入渗过程在细颗粒土体中发生，经过一段时间即达到土壤的饱和，则入渗过程停止，土体通过"蓄满产流"过程产生径流，则这种入渗过程称为受限型入渗。

地表水在冻土区的入渗过程会受到多种环境因素的影响，首先是温度的变化会带来冻土弱透水性的变化。其次，外界水分的补给量及补给方式，包括降水和冰川、湖泊等各种水体的补给，都会影响入渗的效率。最后，土壤本身的性质和结构，如土壤颗粒与分层、孔隙大小和数量、裂隙大小以及黏土含量等因素均对入渗有较大影响。干燥而黏土含量高的土壤通常有较强的蓄水能力和毛细作用，而黏土吸湿膨胀的现象比较明显；植被根系的存在会改变土壤的孔隙度等性质，植被的蓄水能力则直接影响地表土层的水分含量和排水性能，有利于水分的下渗。此外，人为工程等方面的干扰，自然因素包括动物的刨坑和洞穴等，也会影响入渗效率。

6.2　冻土冻融与产汇流过程

多年冻土的冻融过程主要发生在活动层，活动层底部具有隔水底板作用，季节冻土的冻结主要发生在冬季，多年冻土和季节冻土的冻融过程均对冻土区的产汇流有重要影响。图 6-4 示意了多年冻土区水文过程。产流是指雨水降落到流域后，通过植物截留过程、下渗过程、蒸散发过程、土壤水的增减过程等，产生能经由地面和地下汇集至流域出口断面的水量。汇流是指产流水量在某一范围内的集中过程。本节主要分析冻土冻融与产汇流过程。

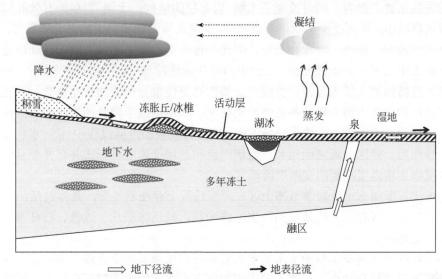

图 6-4　多年冻土区水文过程示意图（Woo，2012）

6.2.1　冻土冻融与产流

产流的先决条件是要有降雨，而相同的降雨条件之所以会有不同的产流特点，与下垫面条件的复杂性有关。多年冻土层的透水性能较差，作为一种大范围的区域性隔水层或弱透水层，多年冻土层在一定时空尺度上阻隔或显著减弱了大气降水、地表水同地下水之间的水力联系。多年冻土的隔水作用可以提高流域融雪和降雨径流的产流量，而多年冻土退化会直接影响寒区地下水补给源和补给量、径流路径和排泄过程，以及地下水与地表水的交换等。多年冻土的不均匀融化可导致多年冻土区冻土层的区域性稳定隔水作用不断减弱，冻结层上水位随之下降，补给路径延长、加深，甚至可通过新形成局部融化的融区直接补给冻结层下水或冻结层间水，影响地下水补给、径流、排泄过程（赵林等，2019）。此外，多年冻土退化及活动层增厚必将导致多年冻土中大量赋存的地下冰转化为液态水；被释放的液态水部分参与活动层的冻融过程，而其余部分将参与区域乃至全球的水循环过程。以下主要分析冻土冻融及产流过程。

冻土分布区由于冻结和融化过程的存在，其产流过程是热力场和重力场耦合作用的结果，冻土区径流形成的过程中需要考虑土壤水相变的影响：

$$R = P - E + R_s + W(t) \qquad (6\text{-}17)$$

式中，R 为径流量；P 为降水量；E 为蒸散发量；R_s 为融雪径流量；$W(t)$ 为春季融化时土壤水分容量变化的温度临界函数，秋季冻结时为冻结层上地下水径流-温度函数。式（6-17）前三项实际上为常规的水量平衡方程，第四项为冻土区融化和冻结过程活动层内水分变化项。

在夏季融化和秋季冻结过程中，活动层和季节冻土中经历了复杂的水热耦合过程，同时对壤中流的变化产生重要影响。此外，冰-水相变的时空差异加剧了冻土区土壤水力学参数的空间分异。在土壤冻结过程中，冻结和半冻结土壤及岩层中水的相变，改变了土壤-岩石层的导热系数、热容，同时改变了土壤-岩石层的结构，土壤-岩层的有效孔隙度和土壤田间持水量减小，从而改变了土壤液态水分-土壤水势关系和层中的水力传导率，最终改变了未冻水的流向、流速、流程和流量。因此，传统重力势主导的孔隙水运动理论和方法不适用于冻土中土壤水分运移过程。冻土中的潜热输送随冰-水相变产生节变化，从而形成了多年冻土区特殊的土壤水分特征曲线。土壤冻结促使水分向冻结锋面聚集，并在适当条件下使产流过程由重力势主导向基质势控制转变，从而形成了独特的产流和入渗过程。与非冻土流域坡面产流受控于土壤水分场不同，冻土流域坡面产流过程中，冰-水相变温度场起到了主导作用。寒区流域坡面饱和、蓄满产流和超渗产流多种形式并存并相互转化，形成了寒区流域土壤温度控制的变源产流模式。

同为冻土，多年冻土区与季节冻土区在产流过程上存在着差异，具体包括：

（1）多年冻土区存在一些特殊的冷生冰缘地貌，包括冻胀丘、冰锥、石环等，对局地产流具有一定影响。

（2）多年冻土区地表水与地下水的水力联系通常比季节冻土区弱；多年冻土区冻土层下水上升到地表的机会较少，与冻土层中水和层上水之间的水力联系也较弱。同样，冻土层上水一般只入渗到活动层底部，很难补给冻土层下水，而季节冻土仅仅在冬季冻结期间使地表水与地下水的联系受到限制。

（3）多年冻土区与季节冻土区的植被类型有一定差别，通常情况下，多年冻土区的植被根系较浅，持水能力较弱。二者生态水文过程的差异较大，从而对流域产流的影响也不同。

在自然界中，存在两种不同机制的产流方式，即蓄满产流和超渗产流。当非饱和土壤由于入渗而使整个或部分土层饱和，从而使土层不能获得更多的水时，多余的水便在饱和界面或饱和表面产生径流，这通常称为蓄满产流（邓恩产流）。当降雨强度超过下渗率时，未渗入土壤的水分便形成地表径流，称为超渗产流（霍顿产流）。这里分别介绍如下：

蓄满产流一般发生在两种情况下：一种是非饱和的土壤层（也称包气带）较薄，一般不到几米，多出现在湿润地区，那里雨水充沛，地下水位较浅，而包气带含水量往往很易接近田间持水量；另一种是湿润地区的土质比较疏松，所以表面入渗速度较大（一般为40～60 mm/h），在一般情况下雨强很难超过这样的入渗率。因此，蓄满产流的定义为：当非饱和区的土壤含水量或其内的某一层含水量达到田间持水量以前，其土壤表面和内部水分不产流（不产生地表径流或下渗）；当达到田间持水量时，土壤即开始下渗，且以稳定的下渗能力下渗，成为地下径流，而超渗部分的雨水则成为地表径流，其所说的蓄满是指土壤含水量达到田间持水量。按这样的概念，单元土柱计算产流模型十分简单：

蓄满前，

$$\begin{cases} R = 0 \\ \omega(t+\Delta t) = \omega(t) + (P-E)\Delta t \end{cases} \quad (6\text{-}18)$$

蓄满后，

$$\begin{cases} R = (P - E)\Delta t \\ R = R_{\text{sf}} + R_{\text{gd}} \\ \omega(t + \Delta t) = \omega(t) = \omega_{\text{fc}} \end{cases} \qquad (6\text{-}19)$$

式中，R 为总产流；$\omega(t)$ 为包气带内土壤含水量；ω_{fc} 为土壤田间持水量；R_{sf} 为地表径流量；R_{gd} 为地下径流量。以上公式是针对一个单一均匀的土柱而言的，对于流域内或在一个网格内，降水、土层性质及含水量都可能水平非均匀。

蓄满产流的应用局限于非饱和区土层较薄、土壤下渗能力很大，因而降雨强度一般小于入渗能力的情况，所以降雨强度对其不起决定性作用。但当产流要由降雨强度和入渗能力共同确定时，蓄满产流是不能用的。例如，我国西部干旱地区雨量少，地下水埋深达几十米乃至上百米，一般降雨要使整个深厚的非饱和区都饱和是不可能的，而且这些区域一般土质紧密，表层透水能力很小，降雨强度很易超过下渗能力，这时超渗产流就等于降雨强度减去表层入渗率。地表入渗能力的确定对于决定产流和地表径流是十分关键的。

为了描述入渗过程，以下引入几个基本概念。

（1）入渗率（f）：单位时间内通过单位表面渗入到土壤内的水量（cm/s）。

（2）累计入渗量（F）：在某一时段内，通过单位土壤表面所渗入的总水量（cm 或 mm）。显然，入渗率与累计入渗量之间有以下关系：

$$F = \int_0^t f(t)\mathrm{d}t \qquad (6\text{-}20)$$

（3）入渗潜力：土壤表面供水充足的情况下，水渗入土壤的通量（cm/s）。

在实际入渗过程中，单位时间内渗入土壤的水量，可以根据达西定律求得

$$f = -K(\theta)\frac{\mathrm{d}\varphi_t}{\mathrm{d}z}\bigg|_{z=0} \qquad (6\text{-}21)$$

霍顿模型是水文中著名的下渗模型。霍顿模型认为，入渗能力随时间减少，直到近似为一常数值，如图 6-3 所示。该模型表述了如下观点：土壤表面因素对下渗能力减少的影响超过水流在土壤内运动过程的影响。引起入渗能力减少的因素可能为土壤胶体板结、土壤裂隙闭合、土壤表面团粒状结构破损、细小颗粒引起的土壤表面板结和雨滴引起的表面密实。

霍顿模型假定下渗过程类似于衰竭过程，即入渗率 f 的变化 $\dfrac{\mathrm{d}f}{\mathrm{d}t}$ 与当前的入渗率 f 和达到最终的入渗能力稳定值 f_{c} 之差（$f\text{-}f_{\text{c}}$）成正比，由于 f 随 t 减少，即 $\dfrac{\mathrm{d}f}{\mathrm{d}t}$ 可由下式表达：

$$\frac{\mathrm{d}f}{\mathrm{d}t} = -k(f - f_{\text{c}}) \qquad (6\text{-}22)$$

式中，k 为比例因子，取决于土壤类型和起始土壤含水量。初始条件为

$$\begin{cases} t = 0 \\ f = f_{\text{c}} \end{cases} \qquad (6\text{-}23)$$

对方程（6-22）积分，得到式（6-16）。

将式（6-16）代入式（6-20），得

$$\frac{\mathrm{d}F}{\mathrm{d}t} = f_c + (f_o - f_c)\exp(-kt) \tag{6-24}$$

初始条件为

$$\begin{cases} t = 0 \\ F = 0 \end{cases} \tag{6-25}$$

则

$$F = f_c t + \frac{1}{k}(f_o - f_c)\left[1 - \exp(-kt)\right] \tag{6-26}$$

图 6-3 给出了式（6-26）表达的霍顿模型。

霍顿模型既简单又与实验资料拟合较好；其基本缺陷在于参数 f_o、f_c 和 k 的确定。这些参数必须由观测资料确定。

6.2.2 冻土区汇流过程

传统的单一线性汇水理论不适用于寒区流域汇流过程，而需要应用冻融循环控制的非线性理论与方法。在冰冻圈诸要素中，对流域汇流过程影响最大的是冻土，这是因为冻结层的存在阻隔或抑制了土壤水下渗，从而增大了地表径流。在冻土流域，冻土层的弱透水性使得流域大部分融雪和降雨很难下渗到深层土壤，增加径流的同时，缩短了汇流时间。从空间上看，多年冻土覆盖率较高的地区通常具有产流率高、直接径流系数高、径流对降水的响应时间短和退水时间短等水文特性。

多年冻土区的径流峰值通常出现在春夏之交，此时降水和融雪产流量较大，冻结层的隔水作用较强，下渗率低。随着时间推移进入夏季，活动层逐渐融化，冻结面下降，隔水作用逐渐减弱，地表径流量开始减弱。在冬季，由于冻结层抑制了地下水对径流的补给，因此冬季径流量小，如果区域冻土覆盖率为 100%，则冬季径流量甚至可能接近于零。

季节冻土同样具有隔水层的作用，这种水文效应随着季节冻土的融化而消失，从而对汇流过程产生影响（丁永建等，2020）。季节冻土在冻融过程中对土壤含水量的时空分布产生直接影响。在不稳定冻结期，雨雪入渗增加了土壤的含水量；稳定冻结期内，因为深层土壤水和冻结层上水（即潜水）发生水分迁移和冻结增加了锋面的含水量；融化期融雪和降雨增加了入渗水量，同时冻土融化释放的水分会改变冻土层中水量。以上作用造成季节冻土区在冻融期比无冻期的径流系数高，增强了流域的产流能力。季节冻土的隔水作用，不仅体现在冻结期隔断冻土层上及层下的水分交换，水分调蓄作用也是其隔水效应的一种表现。封冻期冻结在河道和土壤中的水量将在融化期释放补给地下水。同时，冻结层上水在冻土融化后能够以重力水的形式补给地下水，因此降水补给地下水的时间明显滞后。只有当冻土全部融化之后，降水与地下水位的变化才建立直接的关系。与多年冻土近似，季节冻土隔水层的存在也有一定的生态水文效应。

冻土冻融过程对汇流过程的影响主要表现为对土壤壤中流的影响。由于冻土导水率远低于融土，所以壤中流主要发生在融土中。冻土冻融过程会改变融土在冻土区的分布位置及其范围，影响壤中流在土壤中的流通范围，进而影响土壤壤中流汇流过程。下面简单介绍 CRHM 模型和 Kuchment 模型中冻土对壤中流的影响。

1. CRHM 模型

CRHM 模型的冻土入渗模型主要为概念模型，认为冻土表层中的土壤入渗为表层含水量和融雪融水的函数。该模型假设冻土为不透水层，壤中流主要集中发生在地表融化层中，因此，如何计算冻土融化深度成为该模型壤中流计算的重点。在计算冻土融化深度时，认为深度的变化与地表热量和融化锋面的土壤水热过程有关：

$$\sum \mathrm{hdt} = \sum Q_i / \rho_i h_f f_i \tag{6-27}$$

式中，Q_i 为融化锋面的热量（$\mathrm{J/m}^2$），是地表热量的函数；ρ_i 为冰的密度；h_f 为融化潜热（333.55kJ/kg）；f_i 为融化锋面冰的体积含水量。该模型在确定融化深度后，下层按照不透水层处理，汇流过程仅在融化层中进行。

2. Kuchment 模型

Kuchment 模型利用水热耦合过程计算冻土冻融深度，并假设融土深度通过改变横向水力传导系数影响汇流过程。

$$G = (\theta_m - \theta_f)\frac{\partial h}{\partial t} + \frac{\partial q}{\partial x} \tag{6-28}$$

$$q = K(H)i_0 h \tag{6-29}$$

式中，θ_m 为孔隙度；θ_f 为田间持水量；h 为壤中流深度（m）；q 为壤中流量（m/s）；i_0 为壤中流坡度；G 为水文单元内的总输入水量（包含降水和积雪融水）；$K(H)$ 为水平水力传导率；H 为冻土融化深度（m）。水平水力传导率可假定随深度指数衰减：

$$K = K_0 \exp(-\varphi H) \tag{6-30}$$

式中，K_0 为近地表水平饱和水力传导率（m/s）；φ 为衰减系数（$3.1\ \mathrm{m}^{-1}$）。

6.2.3 冻土退化对水文过程的影响

冻土水文的调节作用主要表现在多年冻土消融可使活动层厚度增加（图 6-5），土壤储水空间增大，延长了夏季降水在活动层中的产流时间，导致多年冻土区冬季径流增加。多年冻土的存在主要影响地表产汇流过程。多年冻土覆盖率不同的流域，其年内径流过程（即年内径流分配）有显著差异；冻土年代际变化对径流的影响主要出现在多年冻土覆盖率高的流域，多年冻土退化导致下垫面和储水条件的变化，进而导致冬季径流增加。俄罗斯境内径流变化的分析和模拟表明，由于冻土冻结锋面下降及融化过程的改变，俄罗斯欧洲部分地表冬季径流显著增加，径流增加量高达 50%～120%。例如，流入北极地区的四条主要河流（勒拿河、叶尼塞河、鄂毕河、麦肯齐河），冬春季径流增加显著，而夏季径流减少，这与冻土融化和春季积雪消融提前有密切关系。

冻土冻融过程对水文的影响是多方面的。土壤冻结可以增加径流，阻滞土壤水补给，增加积雪春季径流，以及延滞溶质向土壤深层输移。由于水的相变，融雪下渗过程受到许多因素影响，包括土壤温度、冻结深度、前期土壤含水量、积雪厚度，以及这些因素之间复杂的相互作用。小尺度的过程研究表明，土壤中孔隙冰的存在，通常会降低土壤的下渗能力，形成较大的地表融雪径流并减少地下水的补给。

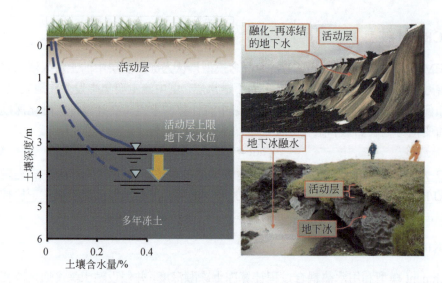

图 6-5　多年冻土变化对径流的影响示意图（丁永建等，2020）

多年冻土退化对流域水文过程的影响表现在以下方面。

（1）多年冻土退化导致冬季退水过程发生变化：在多年冻土退化影响下，河流冬季退水过程明显减缓，流域退水系数在多年冻土覆盖率高的流域表现出增加趋势。但在多年冻土覆盖率低的流域，则没有这种影响。这是因为多年冻土的隔水作用减小后，流域内有更多的地表水入渗变成地下水，使得流域地下水水库的储水量加大；活动层的加厚和入渗区域的扩张也使得流域地下水库库容增加，从而导致流域退水过程减缓，冬季径流量增加。

（2）多年冻土退化导致热融湖塘的扩张及消失：多年冻土退化过程中大量地下冰开始融化，冻土层中水被逐步排出，导致表层岩土失稳，地表出现融沉、坡面过程加剧和热喀斯特地貌发育等现象，在一定条件下，融水会在沉陷凹地汇集形成热融湖。由于地表水的热侵蚀作用，热融湖塘会持续扩大，致使地面蒸发增加，从而增加空气湿度，最终导致区域降水量的增加。如果冻土继续退化，当整个冻土层发生融化时，多年冻土的隔水板作用会消失，包括热融湖在内的地表湖泊中的水可能快速排泄，进入地下水循环，进而导致湖泊消失干涸。

（3）多年冻土退化导致区域水循环过程发生变化：在热融湖塘区，如果融蚀贯穿多年冻土层或者侧向上沟通了其他融区，则可能发生湖水的排泄，并通过地表或地下径流补给到河流或内陆湖泊中，形成新的水循环过程。在山区，多年冻土退化带来的地下冰融水会以潜水的形式向低处渗流，进入非冻土区参与水循环。在一些地区，多年冻土作为隔水顶板，封闭着一定量的承压水。当冻土层变薄，甚至某些部位出现贯穿融区时，会形成新生上升泉，补给地表水。在含冰量较少的冻土区，随着冻土的消失，融区扩大，冻结层上水将疏干，含水可容空间增加，在补给量减少的情况下，会发生区域地下水水位下降及区域地表、地下水的动、静储量减少的现象，最终导致部分河流区段的频繁断流。

总之，冻土退化对水文过程的影响是多方面的，且较为复杂，其影响过程和影响机理还需要进一步研究。

6.3　多年冻土区河流物质输移

气候变化正在影响多年冻土区地表水的化学特征及水环境。多年冻土在退化过程中释放出大量的有机质、无机营养物以及化学离子（如 Ca^{2+}、Mg^{2+}、SO_4^{2-}、NO_3^-）等。活动层厚度增加和近地表地下冰融化过程中，无机营养物和化学离子会从多年冻土中释放进入地表水循环。因此，涉及冻土的水化学研究主要聚焦于多年冻土退化对河流、湖泊和海洋水化学的影响。从多年冻土中释放出的化学物质进入下游的河流、湖泊和海洋，会影响区域的生态系统和全球碳循环（图 6-6）。

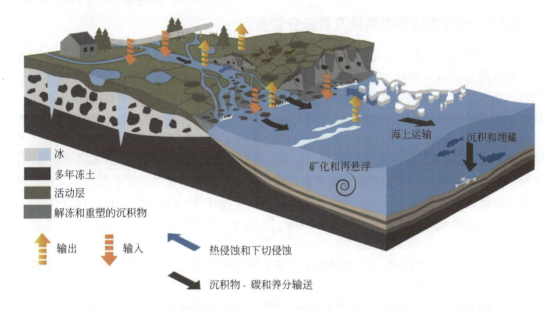

图 6-6　多年冻土退化影响河流及海洋生态系统过程示意图（Mann et al.，2021）

多年冻土退化导致其储存的土壤有机质和矿物质重新释放并进入水生生态系统。持续的多年冻土退化，特别是从连续多年冻土向不连续多年冻土的过渡，将大幅延长生源物质的输移路径。这一变化通常会使更多的地下水进入淡水系统，并影响其生物地球化学过程。水以固、液、气等多种形态串联起山川、湖泊等地表景观，在沉积物、有机质、养分等各类成分的储存、转移与循环进程中，发挥着无可替代的关键作用（Vonk and Gustafsson，2013）。受沉积物、溶解有机质以及营养输送的影响，这些生态系统具有独特的微生物群落，并在呼吸作用、初级生产力和食物网结构方面存在显著差异。多年冻土融化会使溶解有机质和颗粒有机质发生输移，而有机物质的组成成分、接受系统的形态与分层特征是决定有机质是以温室气体（CO_2 和 CH_4）释放、沉积物埋藏还是输移至下游损失的关键因素。随着气候持续变暖，多年冻土融化对水生生态系统的影响日益加剧，受冻土退化影响的河流数量也在不断增加。因此，寒区水文过程在应对多年冻土退化及其影响中起着至关重要的作用，多年冻土融化不仅会改变现有的水生生态景观，还能催生新的水生生态系统。

多年冻土的退化方式及环境条件很大程度上影响着河流碳的输移过程以及碳分解的温

度敏感性（Pokrovsky et al.，2015；Striegl et al.，2007）。河流中碳的生物地球化学过程与碳的输移路径及其在河水中的滞留时间密切相关。河流中输移的碳包括颗粒性有机碳（POC）、溶解性有机碳（DOC）和碳酸盐矿物，以及颗粒性无机碳（PIC）和溶解性无机碳（DIC）。无机碳浓度等于 HCO_3^-、CO_3^{2-}、H_2CO_3 及溶解态 CO_2［$CO_2(aq)$］浓度的总和，它是输移到海洋的水生碳的最大组成部分，其主要来源于现代及多年冻土有机碳的矿化作用、CO_2 与大气的交换，以及碳酸盐矿物的溶解（风化）过程。对于大多数河流而言，碳酸氢盐是普遍存在的成分。多年冻土融化使得冻土中的冷冻碳酸盐能够参与下游运输和（或）风化作用，进而增强了河流中 PIC 的运输能力、下游储存量，以及 DIC（主要作为碳酸氢盐）的生成量和输移量。

6.3.1 河流溶解性有机碳及其养分物质

气候变暖导致大量土壤有机碳（soil organic carbon，SOC）从多年冻土中释放，这一现象在高纬度与高海拔地区的河流以及北极沿海地区的有机碳通量和组成方面得以体现。2001～2020 年北极六大河流年均径流总量高达 2224 km^3/a，输移了约 18400 Pg/a 的 DOC。其中，鄂毕河、叶尼塞河、勒拿河、科雷马河、育空河和麦肯齐河的 DOC 输移量分别为 4393 Pg/a、4596 Pg/a、6156 Pg/a、405 Pg/a、1341 Pg/a 和 1476 Pg/a。从流域角度来看，北极河流 DOC 输移量与径流量密切相关，主要贡献源自西伯利亚地区的叶尼塞河与勒拿河，这两条河流的 DOC（10752 Pg/a）输移量超过北极六大河流总量的一半。假设环北极地区单位面积物质输移量与北极六大河流域单位面积物质输移量一致，那么通过与面积相乘，便能计算环北极地区关键物质输移量。2001～2020 年，环北极地区河流 DOC 年均输移量为 34500 Pg/a。

多年冻土退化导致多年冻土范围缩小、冻土覆盖率降低、活动层厚度增加、水流路径改变，水和有机土层接触增多，以及其他环境因素的变动等，这些都丰富了有机碳的输移途径。从地理梯度层面来看，多年冻土面积变化对 DOC 从土壤向水生生态系统的输移量的影响具有显著的区域差异。多年冻土面积缩小（这可能会增加与深层土壤以及地下水流入的接触）使富含有机物区域的 DOC 通量增加，而在有机物层发育欠佳的区域 DOC 通量减少（Prokushkin et al.，2011；Tank et al.，2012）。持续的多年冻土退化，尤其是从连续多年冻土向不连续多年冻土的过渡，将极大地延长流动路径，让更多的地下水涌入淡水系统，还会影响水在进入水生生态系统途中的处理。局地土壤条件是多年冻土退化景观中土壤-水相互作用的影响因素，有机土壤与矿质土壤的移动或暴露是受冻土融化影响的水生生态系统的重要调节因素。

多年冻土覆盖率对河流中 DOC 浓度有着显著影响。以阿拉斯加部分流域为例，在多年冻土覆盖率达 53.3%的流域，河流水体中 DOC 浓度处于最高水平；而在多年冻土覆盖率仅为 3.5%的水体中，河流水体中 DOC 浓度则最低。这主要是因为当多年冻土覆盖率较高时，土壤潜水位随之升高，融水与浅层有机土壤的相互作用更为强烈，进而使得水体中的 DOC 的浓度显著升高。反之，当冻土覆盖率低时，土壤潜水位低，融水主要与深层矿质土壤相互作用，与浅层土壤的作用微弱，从而导致水体中 DOC 的浓度较低。水体中 DOC 浓度还呈现出明显的季节变化特征。同样在阿拉斯加一些冻土影响的流域，6～7 月期间水体中

DOC 浓度较高，而 8～9 月则较低。这种波动很可能与多年冻土冻融过程以及活动层厚度的季节性变化相关。此外，不同冻土类型覆盖的流域河流中 DOC 也存在差异。通常在多年冻土覆盖的流域，河流水体中 DOC 的浓度较低；而在季节冻土覆盖的流域，河流水体中 DOC 的浓度较高。并且，在季节冻土影响的流域中，河流水体中 DOC 浓度与泥炭地覆盖面积紧密相关。当泥炭地覆盖率高时，DOC 浓度较高；而泥炭地覆盖率较低时，DOC 浓度也随之降低。

在多年冻土区，活动层的浅层土壤具有高水力传导率、低矿物质含量以及较低的 DOC 吸附能力等特性，这使得 DOC 能够快速横向输移至河流。在冬夏季节交替时，活动层季节融化及植被变化都会成为河流 DOC 新的输入来源。在不连续多年冻土区，土壤溶液会在开放融区（talik，完全穿透多年冻土层的未冻结体，能连接上层和下层冻土层的水）进一步渗透，从而延长了地下水通往河流的路径。这一过程增加了深层矿质土壤对 DOC 的吸附频率以及微生物对 DOC 的分解速率，使得更多难降解有机碳留存于更深层的土壤和地下水中。气候变暖促使活动层厚度不断加深，进而导致封闭融区的渗透作用增强，开放融区范围扩大。因此，气候变暖致使连续冻土区持续排放冻土碳，增强了土壤的渗透作用，这或许会减少不连续冻土区的 DOC 排放。

此外，冻土解冻引发的水流路径改变也可能对 DOC 向水生生态系统的输移产生影响。尽管在富含有机质的区域，随着活动层加深，几乎没有水与深层土壤层相互作用的直接证据，这与更多过渡（亚北极）系统存在相似之处。在这些过渡系统中，多年冻土泥炭地高原年均 DOC 输移量较低，仅为 2～3 g C/(m²·a)，且主要受融雪期（约占 70%）影响；相比之下，非多年冻土沼泽地的 DOC 输移量则高得多，可以达到 7 g C/(m²·a)，这主要归因于其更为持续的水文连通性。

多年冻土退化加剧使得水与有机土层接触的区域 DOC 浓度可能会增加。例如，叶叨玛（晚更新世富含冰和有机碳的粉土沉积物）地区所储存的老碳因滑塌直接输移至河流中，导致北极科雷马河流域邻近水域的 DOC 显著增加（Vonk and Gustafsson, 2013）；阿拉斯加地区河流附近发生的滑塌现象，同样致使当地河流的 DOC 显著升高（Abbott et al., 2014）。此外，在富冰多年冻土融化过程中，储存在冰楔和其他地下冰中的 DOC 也会被释放出来（Fritz et al., 2015），部分碳随着冰川融水流入水生生态系统，从而加大了河流的 DOC 通量。

除活动层厚度加深、冻土退化的直接作用外，有机质含量、热喀斯特地貌、大气 CO_2 浓度、风暴、火灾等其他环境因素也会间接加快多年冻土向河流的碳输移过程。C/N 能够反映有机质的丰度，该比值越高，意味着有机质含量越高。热喀斯特地貌可通过改变地表水文过程对 DOC 通量产生影响，在河岸带区域这种影响尤为明显。大气 CO_2 浓度同样是 DOC 通量的调节因素，因为它与植被生长呈正相关关系，在富含有机物的土壤环境中，更易产生 DOC。大气有机酸沉降虽能直接增加河流中的 DOC 浓度，但作用程度相对较低。在多年冻土区，风暴更易引发快速的地表径流，且径流通常发生在 16~20 cm 深的上层土壤中，这会增加顶部有机层和植被的 DOC 输出量，却不会使水流进一步向土壤深层渗透。关于火灾对河流中 DOC 浓度的影响，存在不同观点。有研究表明火灾后河流中 DOC 浓度下降，但也有研究报道称，火灾后进入河流的 DOC 通量增加，这可能是由于火灾促使多年冻土融化，富含有机碳的多年冻土融化后，会向水生生态系统释放一定量的 DOC。

　　多年冻土退化还对全球的氮循环造成影响。随着气候变暖及多年冻土持续退化，封冻在多年冻土内的氮极有可能被释放出来，这部分氮与全球氮循环紧密相连。Frey 等（2007）对西西伯利亚的 96 条河流的氮、磷浓度展开测量，结果显示，在无多年冻土的流域中，溶解性有机氮（DON）、总溶解性氮（TDN）和总溶解性磷（TDP）的浓度显著高于受多年冻土影响的流域。受多年冻土影响的流域与无多年冻土的流域相比，DON 平均值分别为 313 μg/L 和 1103 μg/L，TDN 平均值分别为 355 μg/L 和 1169 μg/L，TDP 平均值分别为 48 μg/L 和 146 μg/L。值得注意的是，这两类流域之间 TDN 浓度的显著差异，仅由 DON 所驱动，而 NH_4^+-N 和 NO_3^--N 浓度在两个流域间并无统计学上的显著差异（图 6-7 和表 6-2）。

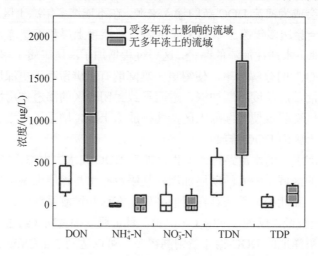

图 6-7　在西西伯利亚取样的 96 个受多年冻土影响和无多年冻土的流域中 DON、NH_4^+-N、NO_3^--N、TDN 和 TDP 的浓度

表 6-2　西西伯利亚地区河流 N、P 浓度及夏季（7~9 月）通量（包括目前值和 2100 年预测值）

	浓度/（μg/L）					夏季通量/10^9g				
	DON	NH_4^+-N	NO_3^--N	TDN	TDP	DON	NH_4^+-N	NO_3^--N	TDN	TDP
所有站点 [a]	765	19.3	36.7	821	104	NA[b]	4.1	8.7	NA	NA
受多年冻土影响 [c]	313	7.6	35.1	355	48	NA	NA	NA	NA	NA
无多年冻土区 [c]	1103	28.0	37.9	1169	146	NA	NA	NA	NA	NA
目前西西伯利亚地区总计 [d]	584	NA	NA	630	81	140	NA	NA	151	20
到 2100 年西西伯利亚地区总计（B2）[d]	770	NA	NA	820	104	185	NA	NA	197	25
到 2100 年西西伯利亚地区总计（A2）[d]	894	NA	NA	946	119	215	NA	NA	227	29

　　a 所有样本站点平均值。NH_4^+-N 和 NO_3^--N 的平均区域通量测量值通过将平均浓度乘以西西伯利亚夏季（7~9 月）的区域总流量值（~240 km³）计算得出。

　　b 不适用。

　　c 受多年冻土影响或无多年冻土流域的平均浓度（两个区域之间只有 DON、TDN 和 TDP 有显著差异）。

　　d B2（A2）计算：对于这项研究中最保守（最不保守）的气候预测。通过对受多年冻土影响的值和无多年冻土的值按各自的区域（2℃ MAAT 等温线以南或以北）进行线性加权，计算出总区域的值。这些区域取决于当前的地表气温和 2100 年的未来气候预测。通过将这些浓度乘以西西伯利亚夏季区域总流量值（~240 km³），计算出区域通量。仅对 DON、TDN 和 TDP 进行了未来估算。

北极六大河流的年均 TDN 输移量为 696.0 Pg/a，其中 NH_4^+-N、NO_3^--N 及 PON 输移量分别为 63.6 Pg/a、164.9Pg/a 和 320.7 Pg/a。北极六大河流的 TDP 输移量为 37.9 Pg/a，其中 PO_4^{3-}-P 的年均输移量为 19.9 Pg/a（表 6-3）。受物质浓度和径流量的共同影响，北极六大河流的关键物质输移呈现明显的季节变化。LOADEST 模型的结果表明，TDN、PON、TDP、PO_4^{3-}-P 的输移主要发生在春夏季，其中春季虽仅持续两个月，径流量却占全年总量的近一半，是影响关键物质输移的重要季节。无机氮（NH_4^+-N、NO_3^--N）的输移主要发生在冬季，春夏季输移量较低，这主要是受植被吸收和径流稀释作用的影响。例如，冬季叶尼塞河大部分时间被冰雪覆盖，初级生产力低下，径流量仅占全年的 24%。尽管如此，NO_3^--N 的冬季输移量占全年输移量的 58.2%，显示出物质输移的季节性差异远大于径流的季节性变化。北极六大河流关键物质输移的季节变化受气候要素和流域内冻土发育程度的影响，不同流域之间存在差异性。例如，科雷马河和勒拿河冬季 NH_4^+-N 输移量占全年总量的 50% 以上，而鄂毕河和育空河冬季输移量仅占全年输移量的约 20%。

表 6-3　2001～2020 年北极河流关键物质年均输移总量

项目	鄂毕河	叶尼塞河	勒拿河	科雷马河	育空河	麦肯齐河	总计
径流量/(m³/s)	425.6	604.5	590.8	91.2	213.8	297.7	2223.6
DOC/(Pg/a)	4393.1	4596.4	6156.3	404.7	1341.4	1475.6	18367.5
NH_4^+-N/(Pg/a)	33.5	12.4	9.0	1.0	4.4	3.3	63.6
NO_3^--N/(Pg/a)	69.8	23.7	23.7	3.3	23.1	21.3	164.9
PO_4^{3-}-P/(Pg/a)	5.5	4.8	6.1	0.3	1.0	2.2	19.9
POC/(Pg/a)	600.5	254.4	661.6	72.4	561.8	639.3	2790.0
PON/(Pg/a)	82.1	32.4	79.9	9.1	54.8	62.4	320.7
TDN/(Pg/a)	196.6	175.9	176.7	13.6	66.7	66.5	696.0
TDP/(Pg/a)	18.2	8.0	6.3	0.8	2.2	2.4	37.9
TSS/(Pg/a)	15939.6	6161.6	27174.7	6073.6	65378.3	47492.7	168220.5

受多年冻土影响的寒冷流域与非多年冻土区温暖流域的氮（DON 和 TDN）、磷（TDP）浓度存在显著差异，DON、TDN（以及 TDP）浓度与 DOC 浓度呈现强烈的正线性相关性。具体而言，DON 和 TDN 浓度约为 DOC 浓度的 3%，而 TDP 浓度约为 DOC 浓度的 0.4%（图 6-8）。因此，DON、TDN 和 TDP 浓度与多年冻土分布、泥炭地覆盖比例以及流域年平均气温之间的关系几乎与 DOC 浓度的关系相同。

鉴于 TDN 输移量的变化主要源于 DON 输移量的波动，所以还需要考虑 TDN 的稳定性以及多年冻土退化对 DON 输移途径的影响。一般来讲，冻土退化越剧烈，水体中 DON 浓度也越高。例如，在阿拉斯加季节冻土区，流域内河流中 DON 浓度较高；而在多年冻土区，流域内河流中 DON 浓度较低。显然，随着冻土的持续退化，流域水体中的有机碳和有机氮浓度可能逐渐上升。随着融水径流量的增加，有机氮的通量也会逐渐增大，从而对区域和全球的氮循环产生影响。此外，冻土退化过程中，富含有机质的泥炭层会显著增加水体中的有机物质。尽管北方土壤通常输出的是来自植物和近地表土壤的近代碳，但放射性碳年代测定结果表明，河流中的溶解有机物（dissolved organic matter，DOM）比以往

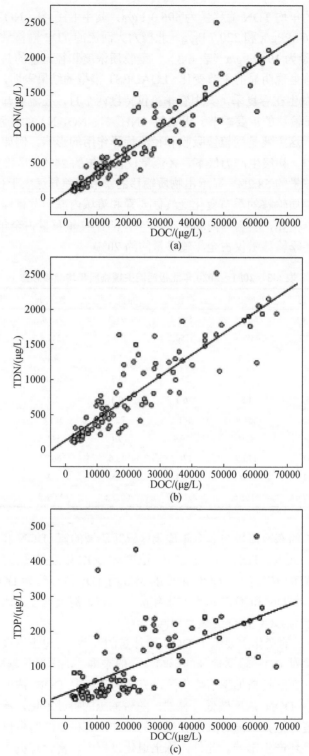

图 6-8 DON（a）、TDN（b）和 TDP（c）与 DOC 的相关性

DON、TDN 和 TDP 浓度均与 DOC 浓度显著相关（DON=0.03DOC+66，$P<0.0001$，$r=0.92$；TDN=0.03DOC+126，$P<0.0001$，$r=0.89$；TDP=0.004DOC+22，$P<0.0001$，$r=0.64$）

认为的要老得多。这表明泥炭地中更老、更深层的基流可能会输送 DOM 到河流中。如果较深的泥炭层是河流 DOM 的来源，那么富含冰的多年冻土可能会成为渗透和地下水流通过泥炭地的物理屏障，从而将 DOM 的产生和水文运输限制在浅层活动层，以减少深层富含有机物的泥炭层（1～5m）中 DOM 的输出。因此，泥炭地多年冻土层的退化可能会扩大 DOM 向溪流的输出，这一过程部分取决于新解冻的浅层土壤的吸附能力。

随着气候变暖和多年冻土退化，河流中 DOM 浓度上升对区域内流域的生产力产生重要影响，从而导致受多年冻土影响的流域与非多年冻土区的流域之间 DON 浓度和 DOP 浓度的差异。首先，DON 浓度和 DOP 浓度的增加可能与气温升高相关，变暖通过促进泥炭分解，从而增强微生物呼吸作用，导致 DOM 浓度增加。其次，变暖可以促进光合作用和地上植物生物量的增加，这为 DOM 提供了更多的有机来源，可进一步增加其产量。然而，在许多情况下，增加的 DOM 可能会被矿物质吸附，沉降并保存在沉积物中，从而减少 DOM 的输移量。

有研究对西西伯利亚地区 21 世纪的气候进行了模拟预测，结果显示，年平均气温（MAAT）上升超过 2℃时，西西伯利亚的陆地面积将增加近一倍，进而导致该地区的 TDN 平均浓度增加 30%～50%，TDP 浓度增加 29%～47%。在夏季（7～9 月），这些浓度的上升将转化为 TDN 通量的增加（$46×10^9$～$76×10^9$ g），TDP 通量将增加 $5×10^9$～$9×10^9$ g。全球升温对于其他高纬度及高海拔地区的放大效应预计将显著提高受多年冻土退化影响的河流中的 TDN 及 TDP 通量。

6.3.2　河流颗粒性有机碳和沉积物

紧邻水生系统或位于水生系统内的热侵蚀特征会显著增加河流的悬浮泥沙浓度，特别是当湍流较强时。与河流直接相邻的热融滑塌已被证明会导致悬浮泥沙的浓度呈数量级增加，且这种影响能持续到下游较远的距离。例如，一条形成于 2003 年的小型热融滑塌沟与阿拉斯加一条 0.9 km² 的小型流域（Toolik 河）的上游相交，向下游输送的沉积物量，超过了正常情况下 18 年内从 132 km² 的 Kuparuk 流域上游输送的沉积物总量。同样，与未受影响的地点相比，受活动层滑脱影响的流域，河流在河口处会呈现出更高的悬浮沉积物浓度。多年冻土退化改变了流域内颗粒物的来源、运输过程和下游组成。在热侵蚀冲沟、热融滑塌和活动层滑脱等景观发育的地方，附近河流中沉积物侵蚀率特别高，这表明悬浮沉积物浓度的增加与滑塌暴露的面积有关。

在热侵蚀冲沟和活动层滑脱的影响下，泥沙输送速率的增加与可侵蚀物质浓度、河道径流的快速增加以及下游水文连接具有密切联系。多年冻土快速退化景观具有不同的活跃期，通常从几年到五年或更长时间不等。在某些情况下，由于存在良好的渠道系统，通过可侵蚀物质以及冰融化或降水形成的径流来源，水文连通性和地貌发生了变化。当热侵蚀冲沟和活动层滑脱限制了水文连通性时，侵蚀效应仅局限于受影响区域或其周边，对下游悬浮沉积物产量的影响较小甚至难以测量。

热融滑塌引起的颗粒物侵蚀在多个方面与其他多年冻土扰动存在显著差异。第一，许多调查的热融滑塌面积可能超过 1 km²。第二，冰层和土壤的破坏会持续多年，有时甚至超过 10 年，从而导致可侵蚀物质和地貌活动的长期暴露。第三，许多已报告的热融滑塌案例表明，融化季由于冰的融化，水的可用性相对较高，这与其他类型的多年冻土扰动形成鲜明对比，前者通常表现为短暂的流动。在北极地区，融雪通常是径流的主要来源，而热融滑塌中冰融水能够在较长的融雪季节维持水流和沉积物输移。

热融滑塌融冰过程有助于持续维持下游颗粒输移所需的通道网络和水文连通性。局部的多年冻土扰动对下游的颗粒物产量影响差异较大。受扰动的斜坡集水区的沉积物产量可能比相邻未受扰动的斜坡高出两个数量级。然而，下游的观察结果并未明确显示出在相同环境下会有更高的产量。这可能与扰动的局部性质以及各斜坡集水区的短期效应和体积比较小有关。此外，下游的沉积物估算表明，河道沉积物储存可能在缓冲额外的沉积物输入方面发挥了重要作用，从而将下游的影响分散到更长的时间尺度。尽管大多数研究未报告沉积物产量，但悬浮物浓度在下游的变化与缓解干扰侵蚀影响的河流过程一致。

虽然大多数调查集中在矿物沉积物的转移上，但一些证据表明，颗粒性有机碳（POC）也表现出类似的下游影响模式，并且 POC 的表征进一步表明颗粒侵蚀可能改变生物地球化学循环。在北极高地，POC（和 PON）与悬浮沉积物浓度（SSC）呈显著的线性相关，表明在两条受活动层滑脱影响的相似河流中，POC 约占 SSC 的 1%（PON 约占 0.1%）。在同一地点，与未受干扰的斜坡（现代碳）相比，活动层滑脱侵蚀的 POC 主要来自较老的碳源（距今 670 年）。下游河流中的 POC 在融雪期时最年轻（距今 4190～680 年），随着季节的推移，POC 的年龄逐渐增大（距今 5830～3660 年）。

2001～2020 年，北极六大河流每年平均输移 2790 Pg POC，其中鄂毕河、叶尼塞河、勒拿河、科雷马河、育空河和麦肯齐河的 POC 输移量分别为 600.5 Pg/a、254.4 Pg/a、661.6 Pg/a、72.4 Pg/a、561.8 Pg/a 和 639.3 Pg/a。北极六大河流 POC 输移量主要来源于径流较大且多年冻土发育较好的勒拿河与麦肯齐河，尽管麦肯齐河的径流贡献占比高达 27%，但由于流域多年冻土覆盖率较低，其 POC 输移量的贡献不足 10%。POC 输移还表现出明显的季节性变化，主要集中在春季，与径流的年内分布一致。

6.4　本章小结

本章从冻土水文特征、冻土冻融与产汇流过程，以及多年冻土区河流物质输移三个方面阐述了多年冻土变化的水文效应。多年冻土退化显著改变了水循环过程。具体而言，多年冻土退化及活动层增厚导致埋藏在多年冻土层中的大量地下冰转化为液态水，这些液态水部分参与活动层的冻融过程，剩余部分则进入区域乃至全球的水循环中。多年冻土退化还会影响湖泊面积和水位变化，地下冰融化增加了活动层底部土壤的含水量，导致地面长期沉降变形，从而影响区域水循环。此外，多年冻土的退化释放了土壤中的有机质、无机营养物和化学离子等物质，这些物质通过参与水文过程被带入河流，进而进入地表水循环，对区域生态系统和全球碳循环产生影响。

思　考　题

（1）冻土的冻结融化过程有何特征，冻土冻融如何影响流域产汇流过程？

（2）多年冻土退化如何影响水循环，对水循环的影响程度有多大？

（3）多年冻土退化如何影响河流有机碳输移，对全球碳平衡有何影响？

参 考 文 献

程国栋. 1982. 厚层地下冰的形成过程. 中国科学（B 辑），3：281-288.

丁永建，张世强，陈仁升，等. 2017. 寒区水文导论. 北京：科学出版社.

丁永建，张世强，陈仁升，等. 2020. 冰冻圈水文学. 北京：科学出版社.

孙淑芬. 2005. 陆面过程的物理、生化机理和参数化模型. 北京：气象出版社.

徐学祖，王家澄，张立新. 2001. 冻土物理学. 北京：科学出版社.

赵林，程国栋，李述训，等. 2000. 青藏高原五道梁附近多年冻土活动层冻结和融化过程. 科学通报，45
（11）：1205-1211.

赵林，胡国杰，邹德富，等. 2019. 青藏高原多年冻土变化对水文过程的影响. 中国科学院院刊，34（11）：
1233-1246.

赵林，盛煜，等. 2019. 青藏高原多年冻土及变化. 北京：科学出版社.

Abbott B W，Larouche J R，Jones J B，et al. 2014. Elevated dissolved organic carbon biodegradability from
thawing and collapsing permafrost. Journal of Geophysical Research：Biogeosciences，119：2049-2063.

Farouki O T. 1981. The thermal properties of soils in cold regions. Cold Regions Science and Technology，5（1）：
67-75.

Frey K E，McClelland J W，Holmes R M，et al. 2007. Impacts of climate warming and permafrost thaw on the
riverine transport of nitrogen and phosphorus to the Kara Sea. Journal of Geophysical Research：
Biogeosciences，112（G4）：G04S58.

Fritz M，Opel T，Tanski G，et al. 2015. Dissolved organic carbon （DOC）in Arctic ground ice. The Cryosphere，
9：77-114.

Horton R E. 1935. Surface Runoff Phenomena. Michigan：Edwards Brothers.

Mann P J，Strauss J，Palmtag J，et al. 2021. Degrading permafrost river catchments and their impact on Arctic
Ocean nearshore processes. Ambio，51：439-455.

Pokrovsky O S，Manasypov R M，Loiko S，et al. 2015. Permafrost coverage，watershed area and season control
of dissolved carbon and major elements in western Siberian rivers. Biogeosciences，12：6301-6320.

Prokushkin A S，Pokrovsky O S，Shirokova L S，et al. 2011. Sources and the flux pattern of dissolved carbon in
rivers of the Yenisey basin draining the Central Siberian Plateau. Environmental Research Letters，6：45212.

Striegl R G，Dornblaser M M，Aiken G R，et al. 2007. Carbon export and cycling by the Yukon，Tanana，and
Porcupine rivers，Alaska，2001-2005. Water Resources Research，43：W02411.

Tank S E，Raymond P A，Striegl R G，et al. 2012. A land-to-ocean perspective on the magnitude，source and
implication of DIC flux from major Arctic rivers to the Arctic Ocean. Global Biogeochemical Cycles，26：
GB4018.

Vonk J E，Gustafsson Ö. 2013. Permafrost-carbon complexities. Nature Geoscience，6：675-676.

Walvoord M A，Kurylyk B L. 2016. Hydrologic impacts of thawing permafrost-A review. Vadose Zone Journal，
15（6）：1-20.

Woo M. 2012. Permafrost Hydrology. Berlin：Springer.

第7章　冻土生态碳循环过程

多年冻土区封存着大量的土壤有机碳,多年冻土退化会导致封存的有机碳分解释放,增加大气中温室气体的浓度,对气候变化具有正反馈效应。因此,冻土生态碳循环一直是地球系统科学研究领域的前沿内容。本章阐释了陆地和海底多年冻土碳储量和分布情况,揭示了冻土微生物群落及其调控的碳循环机制,梳理了多年冻土区土壤碳库组成和分解过程,并概括了多年冻土升温和崩塌过程中土壤碳库损失和生态系统碳源汇过程。

7.1　冻土碳储量和分布

7.1.1　陆地多年冻土区有机碳储量

多年冻土区寒冷、潮湿的环境限制了微生物对土壤有机质的分解,因此储存了大量的有机碳。多年冻土碳是微生物作用所形成的腐殖质、动植物残体和微生物体中碳元素含量的合称,与陆地非多年冻土区生态系统有机碳(由于植物的输入,大多数陆地生态系统的土壤有机质主要发生在土壤的顶部)不同,多年冻土区超过一半的土壤有机碳存储在 3 m 以下的土层。多年冻土区土壤有机碳主要分布在深层,主要原因包括:①冰期风沙沉积和泥炭等有机质的发育可以增加土壤厚度,将植物组织纳入共生多年冻土(多年冻结作用与沉积作用大致同时进行而形成的多年冻土);②活动层的季节性冻融引起低温扰动,将大量土壤有机碳转移至多年冻土层中;③溶解性有机碳和颗粒性有机碳在经北极河流运输过程中,部分有机碳会沉积到河流和河口沉积物中,这种沉积作用可导致有机碳转移至深层。

1. 环北极地区

环北极多年冻土区表层 0～3 m 深度土壤有机碳储量为 1000(830～1186)Pg,其中,0～30 cm、0～1 m、1～2 m 和 2～3 m 深度土壤有机碳储量分别为 232(183～447)Pg、510(432～589)Pg、315(256～377)Pg 和 175(142～220)Pg(图 7-1 和表 7-1)。表层 1 m 深度有机碳储量最丰富,约占整个剖面碳储量的 50%。多年冻土有机碳储量不仅具有明显的垂直分布特征,还具有较大的空间异质性,不同多年冻土区土壤有机碳储量差异较大。连续多年冻土区土壤有机碳储量最高,可达 523(434～614)Pg,其次是不连续多年冻土区,土壤有机碳储量为 167(138～200)Pg。零星多年冻土区和岛状多年冻土区有机碳储量相当,分别为 152(125～184)Pg 和 157(130～189)Pg。环北极多年冻土区深层土壤(>3 m)有机碳储量主要估算了河流三角洲及叶叨玛地区。环北极多年冻土区主要河流三角洲面积约为 75800 km²,冲积层约占 3500 km²,3～60 m 深度共储存着 39～143 Pg C,其中约 84%(54%～92%)的有机碳储存在多年冻土层。麦肯齐河和勒拿河三角洲地区由于有机碳密度较高，碳储量分别为 34 Pg 和 23 Pg，占整个河流三角洲碳储量的 44%。叶叨玛沉积物主要位于环北极西伯利亚和阿拉斯加地区，总面积约为 1.39×10^6 km^2，其中 0.42×10^6 km^2（约 30%）被认为是完整的叶叨玛，0.78×10^6 km^2（约 56%）由先前经过热喀斯特循环的多年冻土沉积物组成。叶叨玛地区 3 m 以下深度的多年冻土碳储量约为 181（130～239）Pg，其中完整的叶叨玛地区储存着约 74（55～94）Pg C，剩余的 107（60～161）Pg C 储存在多年生冷冻的热喀斯特盆地沉积物中。

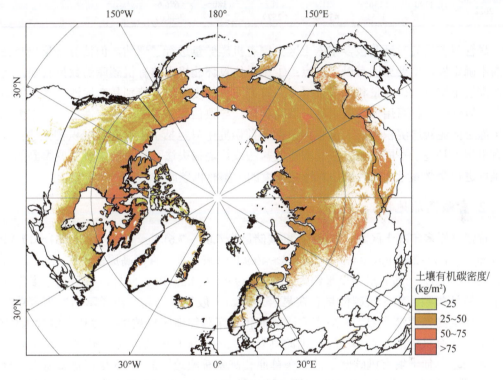

图 7-1　环北极多年冻土区 0～3m 深度土壤有机碳储量的空间分布（Palmtag et al.，2022）

表 7-1　环北极多年冻土区有机碳储量

参考文献	面积 /10^4 km^2	土壤有机碳储量/Pg							
		0～0.3 m	0～1 m	1～2 m	2～3 m	0～3 m	>3 m（三角洲）	>3 m（叶叨玛沉积物）	总计
Zimov et al., 2006	100	—	—	—	—	—	—	450	—
Tarnocai et al., 2009	1878	191.29	495.8	—	—	1024	241	407	1672
Hugelius et al., 2014	1780	217（206～229）	472（446～499）	355（274～436）	207（166～249）	1035（886～1185）	91	181	1307
Mishra et al., 2021	1910	232（183～447）	510（432～589）	315（256～377）	175（142～220）	1000（830～1186）	—	—	—

续表

参考文献	面积 /10⁴ km²	土壤有机碳储量/Pg							
		0~0.3 m	0~1 m	1~2 m	2~3 m	0~3 m	>3 m (三角洲)	>3 m (叶叨玛沉积物)	总计
Wu et al., 2022	1700	216.6 (164.6~ 268.7)	571.9 (494~ 649.8)	290.7 (248.9~ 332.5)	194.2 (146.7~ 241.7)	1056.8 (889.6~ 1224)	—	—	—
Palmtag et al., 2022	1790	160 (136~ 185)	379.7 (321.7~ 437.7)	222 (187~ 257)	211 (180~ 242)	812.6 (676.6~ 948.6)	—	—	—

尽管现有研究对环北极多年冻土区土壤有机碳储量进行了评估,但估算结果仍存在较大的不确定性,主要原因有以下三点:①用于估算环北极土壤有机碳库的数据有限,尤其是在深层土壤有机碳含量和沉积层厚度估算方面可信度较低。特别是在泥沙覆盖层较薄的地区,较低的数据可用性与巨大的自然变异性,导致估算结果的不确定性更大。②大部分多年冻土区泥炭层沉积物在 3 m 以内,而目前研究中只包括了少量泥炭沉积物土体。③土壤有机碳库是基于不同测量方法(重铬酸盐法或灼烧损失法)和不同采样深度得到的,因此难以进行交叉参考、比较或估算特定深度的土壤有机碳库。

2. 青藏高原地区

青藏高原多年冻土区 0~30 cm 有机碳储量为 6.05~7.61 Pg,0~1 m 为 8.51~17.3 Pg,0~2 m 为 11.7~27.9 Pg,0~3 m 为 14.4~40.9 Pg(表 7-2)。青藏高原多年冻土区深层(>3 m,3~25 m)土壤有机碳储量约为 127.2(89.9~164.5)Pg。此外,青藏高原多年冻土区不同植被类型土壤有机碳储量存在显著差异,一般表现为高寒沼泽草甸>高寒草甸>高寒草原>高寒荒漠>裸土。高寒沼泽草甸和高寒草甸地区植被生产力和土壤含水量高,有利于土壤有机碳的积累和保存,因此具有较大的土壤有机碳密度(图 7-2)。高寒沼泽草甸和高寒草甸土壤有机碳储量是高寒草原和高寒荒漠地区的 4~5 倍,是暴露裸土地区的 10 倍。土壤有机碳储量与土壤成因、植被覆盖、水分和冻土条件有关。青藏高原多年冻土区植被覆盖度低,土壤发育程度弱,碳积累速率远低于环北极地区。

表 7-2 青藏高原多年冻土区土壤有机碳储量

参考文献	面积 /10³ km²	评估方法	土壤有机碳储量/Pg						
			0~0.3 m	0~0.5 m	0~1 m	0~2 m	0~3 m	3~25 m	总计
Mu et al., 2015	1249	植被扩展	—	—	17.3 (12.0~ 22.6)	27.9 (21.7~ 34.1)	33.0 (25.4~ 40.6)	127.2 (89.9~ 164.5)	160 (73~247)
Ding et al., 2016	1144	支持向量机	—	6.23 (5.33~ 7.30)	8.51 (7.30~ 9.93)	12.22 (10.41~ 14.31)	15.31 (13.03~ 17.77)	—	—
Zhao et al., 2018	1480	植被扩展	6.05 (5.74~ 6.39)	—	—	17.07 (11.34~ 25.33)	—	—	—

续表

参考文献	面积/10^3 km²	评估方法	土壤有机碳储量/Pg						
			0~0.3 m	0~0.5 m	0~1 m	0~2 m	0~3 m	3~25 m	总计
Jiang et al., 2018	1658	土壤类型	—	—	—	—	40.9 (34.2~47.6)		
Ding et al., 2019	1060	支持向量机	—	—	—	—	36.6 (34.2~38.9)		
Wang et al., 2020	1300	随机森林					15.33	35.1 (20.46~53.68)	50.43 (35.78~69.02)
Wang et al., 2021	1720	随机森林	7.61	10.53	13.41	18.88	21.69	—	—
Mishra et al., 2021	1100	分层回归-克里格	7 (4~10)		9.2 (7~11)	11.7 (7.4~17)	14.4 (8.4~21.3)	—	—
Wu et al., 2022	1700	随机森林	7.6 (6.1~9.1)	—	13.4 (10.1~16.5)	18.9 (14.6~23.2)	21.8 (15.3~28.3)	—	—

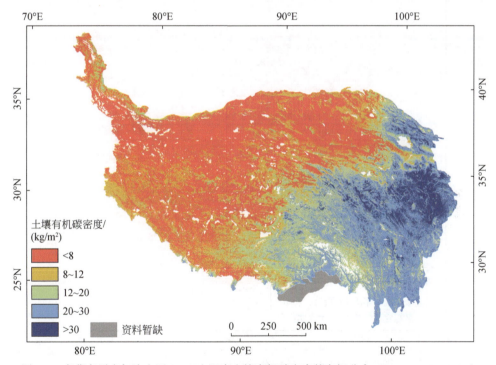

图 7-2 青藏高原多年冻土区 0~3 m 深度土壤有机碳密度的空间分布（Wang et al., 2021）

由于采样点有限、土壤异质性较大及更新的有机碳数据质量的限制，青藏高原多年冻土区的有机碳储量估算结果也存在较大不确定性，主要原因有以下三个：①所使用的多年冻土面积数据不同，范围在 114.4×10⁴~158.8×10⁴ km²；②所利用的植被分布和土壤类型分布数据不同，并忽略了沉积物厚度的影响；③土壤有机碳含量测定及其储量的计算方法不同。

7.1.2　海底多年冻土碳库储量

海底多年冻土是指分布于南极、北极大陆架海床的多年冻土（图7-3）。在最后一个冰期（115000～11700年 BP），极地海洋沿岸地区的大陆架直接暴露在当时的大气环境中，陆源物质的搬运与沉积，发育了陆地多年冻土，沉积物中积累了数十亿吨未分解的有机碳。末次冰期冰盛期（last glacial maximum，LGM；约26500年 BP）以来，随着全球气温上升，极区冰冻圈（两极冰盖、山地冰川、海冰、河湖冰）加速融化导致海平面上升了约134 m，陆地多年冻土被淹没了300多万平方千米。原来分布在极地海洋沿岸地区的多年冻土被海水淹没，位于海床之下，下伏于温暖和含盐度高的海洋，成为海底多年冻土。

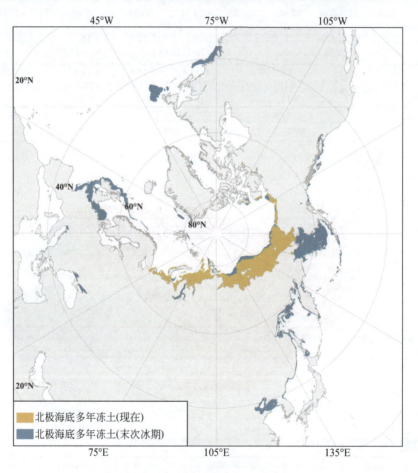

图7-3　海底多年冻土的分布范围（Sayedi et al.，2015）

海底多年冻土与陆地多年冻土有很大区别，其具有残余性、相对温暖的环境，由于被淹没一直处于退化状态以及对气候的响应更加滞后等特点。海底多年冻土的发育、分布和特征很大程度上取决于其所处的海洋环境及过程，主要影响因素有：①地质地貌条件，包括地热通量、大陆架地形、沉积物和岩性、地质构造、冰冻圈发育历史以及海平面变化等；②气候，主要是形成时和后期的气温；③海洋学特征，包括海水温度、盐度、洋流、潮汐、上覆海冰状况等；④水文条件，如入海淡水径流。一般情况下，海底多年冻土以距海岸远近及是否在海冰区而划分为五个区，分别是岸区（陆地区域）、海滨区、上覆海洋常年受海冰影响且海冰冻结至底床的区域、海冰底部洋流受到限制且海水盐度较大的区域以及开阔洋区。

极地地区气候寒冷，有机物分解有限且低温过程造成不同深度土壤有机碳的混合或沉积，从而使得极地海洋沿岸地区的苔原和草原生态系统积累了致密的、较深的有机碳沉积物。在冰川消融期间，由于北极河流及海岸的侵蚀作用，在淹没的多年冻土层顶部沉积了额外的陆地沉积物和相关的有机碳。因此，海底多年冻土碳库分为两种：①厚度小于 2 m 的沉积层中储存的有机碳，其主要来自陆地多年冻土的海岸及河流侵蚀；②目前或之前与海底多年冻土有关的更深的有机碳（即在海底多年冻土区内或下面）。此外，来自生物成因和热成因的甲烷在多年冻土沉积物内部和以下积累，可能以天然气水合物的形式存在（图 7-4）。

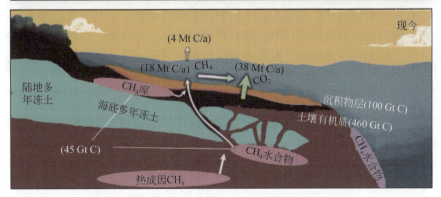

图 7-4　海底冻土区碳存储形式和储量分布概念图（Sayedi et al.，2015）

其中，土壤有机质（soil organic matter，SOM）是指海平面上升前在苔原和草原生态系统暴露的大陆架上积累的有机质。沉积物是指海平面上升期间和之后，海岸带和陆地环境侵蚀形成的沉积在海底多年冻土顶部的沉积物及其有机质。甲烷储量和甲烷水合物是指以自由、溶解或包合状态被困在地下的甲烷。热成因甲烷是指在较深的地质过程中以非生物方式形成的甲烷。海平面上升后，最新估算的海底多年冻土面积为 350（250～440）万 km^2，约是陆地多年冻土面积的 1/5（图 7-3）。目前，海底多年冻土的面积约为 200 万 km^2，自 LGM 以来海底多年冻土的面积减少了 42%。在 LGM 时，大陆架中和大陆架上的土壤有机质中储存着 500（250～750）Gt C，单位面积碳储量为 140 kg。这与连续多年冻土区（70～200 kg C/m^2）的碳密度相似，土壤有机质通常通过冰缘过程沉积在地表以下许多米。然而，LGM 以来土壤有机质被微生物分解为 CH_4 和 CO_2，使其储量下降了约 10%，目前的土壤有机质储量估计值为 460（150～540）Gt（$1Gt=10^9t$）。海水入侵后，新形成的沉积物中有机碳储量约为 100（23～200）Gt（图 7-4）。总的来说，目前有 560（170～740）Gt 的有机碳存储在海底多年冻土区的表层沉积物和古土壤中。此外，甲烷水合物作为地球表层重要的碳库，主要赋存于环北极沿岸近海多年冻土及外大陆架和斜坡海相沉积物中。当多年冻土中冰的饱和度超过 80%时，多年冻土层内的 CH_4 气体可以完全被封存。这意味着，当海底多年冻土内部形成冰系并持续存在时，内部的 CH_4 气体几乎不可能进行大规模的转移。然而，在当前气候变暖的背景下，自下而上的地热和自上而下的海水热流对海底大陆架施加的双重作用，不仅加速了海底多年冻土的升温和融化，同时也增大了 CH_4 气体从海底沉积物中逸出的风险。评估表明，海底多年冻土内部及其下部 CH_4 的储量约为 45（14～110）Gt C，主要以水合物和游离的气体形式被封存在地下。作为甲烷的源，目前每年从沉积物进入水柱中的净 CO_2 和 CH_4 量分别约为 38（13～110）Mt C 和 18（2.3～34）Mt C（图 7-4）。实际上，当气体渗透量很低时，一些小的甲烷气泡可能不会到达水柱表面，溶解在水中的甲烷可能会被氧化。因此，每年释放到大气中的 CH_4 只有约 4（3～16）Mt C，约 75%的 CH_4 在到达大气之前会被氧化。

目前对于海底碳储量的估计仍然存在很大的不确定性，主要表现在以下两个方面：①海底多年冻土分布尚不清楚。关于海底多年冻土的分布范围大多基于热模型模拟所得，北冰洋浅海陆架区是世界上最大的海底多年冻土分布区和主要的碳储存区，但由于下伏于极地大陆架这一特殊位置，缺乏成熟便捷的探测技术，仍没有获得该区域高精度海底多年冻土分布图。②数据分布稀疏且不均匀。已有的探测工作主要集中于环北极沿岸地区，尤其是在欧亚大陆一侧，如在伯朝拉海、喀拉海、拉普捷夫海、白令海、楚科奇海、阿拉斯加—北美麦肯齐河三角洲—波弗特海、麦肯齐河三角洲地带已开展了相关研究，而在海底多年冻土零星分布的斯瓦尔巴群岛以及格陵兰岛地区，并未开展相关研究。

7.2　冻土微生物群落和碳循环过程

7.2.1　微生物群落和适应

冻土是一种独特的微生物栖息地，主要分布在南极、北极和高山等地区（Graham et al.，

2012；Jansson and Taş，2014）。冰冻圈低温等极端的生存条件适合具有独特适应性和多样性的微生物生存。此外，由于冻土结构的不均一性，不同区域微生物的多样性和组成存在显著的差异，以冷适应微生物为主（陈拓等，2020）。在冻土微生物群落中，细菌是主要的组成部分（刘光琇，2016），主要有好氧和厌氧的异养细菌，也有化能自养细菌、硫还原细菌、甲烷营养菌、产甲烷菌及光合细菌等（Gilichinsky et al.，1995；Steven et al.，2006）。相对于细菌而言，冻土中真菌的分布范围较窄，且多以孢子形式存在，数量远远低于原核细胞微生物。在多年冻土中，产甲烷古菌的数量相对较多（Rivkina et al.，1998，2002），主要是甲烷八叠球菌属和甲烷杆菌属的古菌（Rivkina et al.，2007）。此外，北极和南极冻土微生物分属于不同的细菌功能群，其中多数为厌氧菌，包括乙酸产甲烷菌、氢气产甲烷菌、铁还原菌和反硝化细菌。冻土中的细菌多样性普遍高于古菌或真菌，主要涵盖变形菌门、厚壁菌门、绿弯菌门、酸杆菌门、放线菌门等（Jansson and Taş，2014）（图7-5）。在中国，多年冻土主要分布于高海拔地区，由于其独特而"宜居"的生存环境，该地区的多年冻土拥有多样性丰富的微生物群落，且组成呈现地理特异性分布特征（Hu et al.，2015）（图7-6）。对于不同冻土层来说，多年冻土层中微生物的多样性通常与活动层相当。然而，北极地区多年冻土层中的微生物多样性低于表层活动层，这可能是环境选择的作用：低温环境使那些能够在寒冷环境下长期存活的物种保留下来。

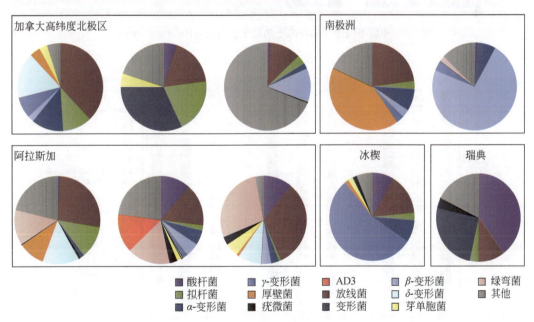

图 7-5　全球部分地区多年冻土的微生物组成（Jansson and Taş，2014）

随着技术的进步，人们利用分子手段识别并揭示了多年冻土中的微生物功能基因及组成（Hultman et al.，2015；Woodcroft et al.，2018），同时借助短期解冻实验发现了微生物功能基因及组成的快速变化（Jansson，2011）。通过运用多组学技术，如 16S rRNA，宏基因组、宏蛋白组，对比分析多年冻土层、活动层及热喀斯特沼泽土壤中的微生物系统发育组成（图7-7），发现不同类型土壤中的微生物具有各自特有的基因、转录子和蛋白质。与已

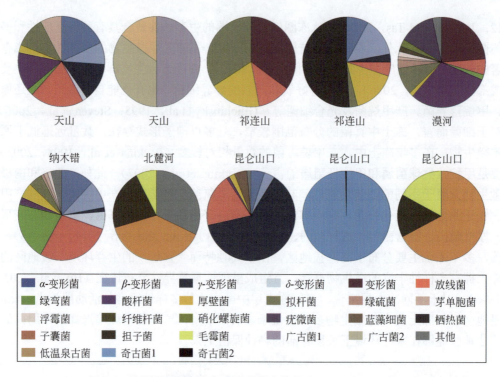

α-变形菌	β-变形菌	γ-变形菌	δ-变形菌	变形菌	放线菌
绿弯菌	酸杆菌	厚壁菌	拟杆菌	绿硫菌	芽单胞菌
浮霉菌	纤维杆菌	硝化螺旋菌	疣微菌	蓝藻细菌	栖热菌
子囊菌	担子菌	毛霉菌	广古菌1	广古菌2	其他
低温泉古菌	奇古菌1	奇古菌2			

图 7-6 中国不同地区多年冻土的微生物组成（Hu et al.，2015）

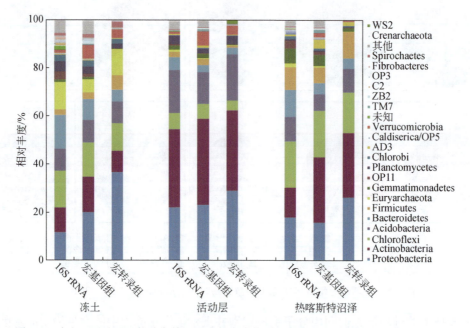

图 7-7 冻土、活动层及热喀斯特沼泽中的微生物系统发育组成（Hultman et al.，2015）

经融化的多年冻土相比，多年冻土微生物群落的功能潜力更低，这为理解冰冻环境中的微生物适应策略提供了新视角。在冰冻圈中，微生物的进化受其环境独特性影响，适应性强的微生物物种和类群逐渐成为各个冰冻圈要素中的优势类群。为了适应低温环境，微生物通常产生以下适应机制：改变细胞膜的脂质组成（如增加不饱和脂肪酸与饱和脂肪酸的比值）以维持流动性；产生特定的蛋白质或其他分子（如适应低温的冷休克蛋白、冷适应蛋白、抗冻和冰结合蛋白质及渗透剂等），使细胞能够在低温下存活；进入休眠状态来降低自身代谢活动（Jansson and Taş，2014；Shu and Huang，2022）。随着全球气候变暖，环北极地区的多年冻土正在经历渐进性的消融或热喀斯特地貌发育，这种冻土退化会改变微生物群落的多样性，从而影响其稳定性。多年冻土退化不仅增加了微生物群落对环境变化的敏感性，还增大了活动层微生物网络的不稳定性，这可能引发对生态系统的级联效应（在一系列连续事件中前面一种事件能激发后面一种事件的反应），尤其是对生态系统的碳储量和反馈的影响（Wu et al.，2021）。除了微生物分类多样性的变化外，全球气候变暖导致的冻土融化过程还将改变微生物的功能潜力。多年冻土融化可以通过改变微生物群落的功能潜力而不是分类多样性来加速碳的释放，突出了微生物功能基因在调节多年冻土碳循环对气候变暖响应中的重要作用（Chen et al.，2021a）。

7.2.2　微生物介导的碳循环过程

微生物驱动了包括碳、氮、磷、硫、氧、氢等元素的各种化合物在生物圈、水圈、大气圈和岩石圈（包括土壤圈）之间的迁移和转化（贺纪正等，2015）。土壤微生物的活动或迭代周转塑造了全球元素循环。其中，活体微生物是陆地生物地球化学循环的引擎，驱动了土壤有机质（SOM，地球上最大的陆地碳库和植物养分的主要来源）的周转（Liang et al.，2019；Sokol et al.，2022）。这些微生物的代谢功能受到其他土壤微生物种群及周围土壤环境的影响（Crowther et al.，2019）。微生物残体可在 SOM 中稳定持续保存，是土壤有机碳库的重要组成部分。因此，微生物主导的生物地球化学过程是当前土壤碳循环过程研究的核心，控制着土壤碳的输入-输出平衡及保存与周转的程度和限度（沈菊培和贺纪正，2011）。通常，微生物主要参与土壤碳循环的分解过程，在适当的环境条件下，微生物以植物残体为底物，不断降解各种有机化合物获取能量，并将植物来源碳转化为微生物自身生物量、二氧化碳和水（Cotrufo et al.，2013）。当前，全球正经历着明显的变暖进程，这种变暖进程将通过加速土壤微生物的分解活动增加全球土壤有机碳（SOC）的损失。土壤呼吸随温度的增加和 SOC 在平均温度较低地区的积累均表明土壤微生物代谢活性的增加会导致全球 SOC 净损失（García-Palacios et al.，2021）。微生物除了参与 SOC 的降解和转化外，其残体也是贡献稳定土壤碳库的重要组成部分（Liang et al.，2017；Ma et al.，2018）。

多年冻土区碳库储量约占全球陆地生态系统土壤碳储量的 50%，是全球陆地生态系统土壤碳库的重要组成部分。青藏高原多年冻土区土壤有机碳储量丰富，全球增温导致多年冻土快速退化，冻土融化会使更多的碳向大气中释放，引发冻土碳-气候的正反馈作用。同时，多年冻土快速退化产生热融滑塌，作为一种剧烈的冻土融化形式，热融滑塌会在较短时间内导致多年冻土微地貌变化，影响植被生长，改变土壤物理化学性质，调节微生物活性、功能及其土壤碳动态的调控作用。在青藏高原祁连山发生热融滑塌的地区，热融滑塌引起了约 61% 的 SOC 损失，其中有 54% 是由微生物残体碳（土壤微生物死后细胞壁经过周转逐渐形成微生物残体）的损失导致的。热融滑塌主要通过改变土壤含水率、土壤 pH 以及当地植被的生长情况，影响微生物残体碳在土壤中的积累（Zhou et al.，2023）（图 7-8）。

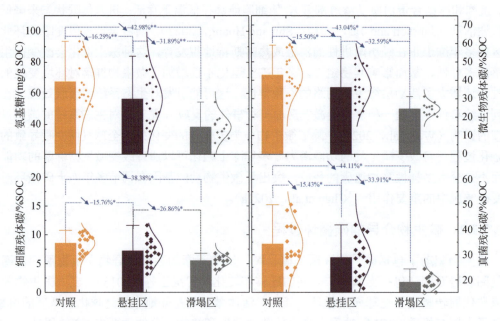

图 7-8　热融滑塌微地貌下氨基糖、微生物残体碳、细菌残体碳和真菌残体碳的变化（Zhou et al.，2023）

　　当植物的枯枝落叶、根系分泌物及凋落物中的易分解物质进入土壤后，会在短时间内促进或者抑制土壤中原有的有机碳的矿化并释放 CO_2，这一现象被称为激发效应。其中，促进土壤原有有机碳矿化并释放 CO_2 的过程叫作"正激发效应"，抑制原有有机碳矿化的过程叫作"负激发效应"。热融滑塌会通过调整激发效应影响 SOC 的周转，在氮限制的北极和高山生态系统多年冻土区，热融滑塌后氮矿化与氮释放量的相对大小决定了激发效应的强度、植被生长状况和微生物活动等。在冻融区，关于氮有效性和激发效应之间的关系存在争议，氮有效性增加可能导致 SOC 的正向激发（Wild et al.，2014），向瑞典北部的土壤中添加含氮化合物，虽然并没有改变微生物生物量或者特征微生物类群的丰度，但增加的氮通过刺激与碳降解相关酶的合成促进激发效应。另外，氮有效性增加也可能导致 SOC 的负激发（Baets et al.，2016）。此外，氮有效性和激发之间也可能不存在必然关联（Hartley et al.，2010）（图 7-9）。这种争议可能是特定生态系统之间微生物碳氮需求不同导致的，而微生物碳氮需求与其生理响应密切相关。因此，无论是哪种关系，以上三种观点均认为由氮可利用性调控的激发效应主要是通过改变微生物胞外酶的合成和活性起作用的。然而，氮有效性的变化也可能不通过改变微生物胞外酶的合成和活性来调控激发效应。依托于青藏高原冻土区建立的热融塌陷研究平台以及冻土融化形成的自然氮梯度，结合室内氮添加实验以及稳定碳同位素标记技术，发现青藏高原冻土区土壤碳激发效应的强度沿冻土融化形成的自然氮梯度呈现下降趋势，且该梯度的变异主要取决于微生物代谢效率，而不受微生物胞外酶活性调控（Chen et al.，2018）（图 7-9）。

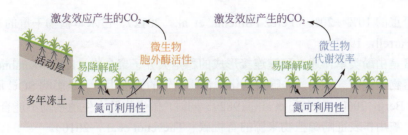

图 7-9　冻土区土壤氮可利用性调控激发效应的微生物机制（Chen et al.，2018）

7.3　土壤碳库组成和周转

7.3.1　土壤碳库组成和来源

土壤中大于 46%的碳库是有机碳库（Lal，2004）。土壤有机质是土壤有机碳库的赋存形态，是由处于不同降解状态的植物、微生物及动物残体组成的（Baldock and Skjemstad，2000）。植物光合作用的产物是 SOC 的根本来源，植物主要以凋落物（包括地上和地下）以及根系分泌物的形式向土壤输入有机碳（Pausch and Kuzyakov，2017）。植物每年通过光合作用固定 450～650 Pg 有机碳，其中约有 60 Pg 进入土壤（Lal，2008）。植物向土壤输入的生物大分子包括纤维素、半纤维素、木质素、脂类、蛋白质及鞣酸等（Kögel-Knabner，2002）。此外，根系分泌物中还包含许多分子量较小的有机酸、酚类、碳水化合物等，这类小分子化合物易于被微生物利用，且周转较快。

纤维素和半纤维素是组成植物细胞壁结构的重要大分子化合物（图 7-10），其中，纤维素是由葡萄糖分子聚合而成的高分子化合物，半纤维素是由几种不同的单糖分子（葡萄糖、木糖、阿拉伯糖、半乳糖等）构成的异质多聚体，分别占植物干重的 40%～60%和 20%～40%（McKendry，2002）。不同植物中纤维素和半纤维素的含量存在差异，共占草本植物干重的 52%～65%（Jung et al.，2015），占木本植物干重的 70%～75%（Pérez et al.，2002）。另外，植物中纤维素和半纤维素的含量在植物不同组织、生长阶段及环境条件下均存在差异（Pérez et al.，2002）。木质素存在于维管束植物的木质素-纤维素复合体中（Hedges and Mann，1979），是含量仅次于纤维素和半纤维素的生物大分子（Kögel-Knabner，2002），占

细胞壁分层	化合物/%		
	纤维素	半纤维素和胶质	木质素
瘤层(W) 三生壁(T)	14	27	59
次生壁2(S2)	35	35	30
次生壁1(S1) 初生壁(P)	60	14	26
胞间层(ML)			

图 7-10　木本植物细胞壁的结构及其化学成分（Kögel-Knabner，2002）

草本植物干重的 10%～20%（Pérez-Pimienta et al.，2012），占木本植物干重的 20%～30%（Kirk and Farrell，1987）。

木质素是由酚类单体通过醚键连接形成的稳定大分子聚合物（Kögel-Knabner，2002）。传统的凋落物降解研究认为，木质素是化学性质稳定的惰性组分，是影响 SOC 周转速率的主要因素（Berg，2000；Melillo et al.，1982）。同时，微生物及水生植物均不能合成木质素，因此木质素被用作表征陆源植物来源的有机碳（Thevenot et al.，2010）。

植物来源的脂肪族化合物可以分成三类：游离态脂质［图 7-11（a）］、生物聚合酯类［图 7-11（b）；角质和软木脂］和不可水解的生物聚合物（如胶质和栓质；Kögel-Knabner and Amelung，2013；Tegelaar et al.，1989）。与基于化学结构定义的其他生物大分子（如多糖、木质素及蛋白质）不同，游离态脂质的定义是基于它们在有机溶剂中的溶解度。游离态脂质也称溶剂可萃取脂质，是一类不溶于水但可被非极性溶剂（如氯仿、正己烷、醚及苯）萃取的有机物，是 SOC 的重要组分（Kögel-Knabner，2002）。游离态脂质主要包括分子结构简单的烷烃、醇、一元酸及分子结构较复杂的萜类和类固醇等（Otto et al.，2005）。土壤中的游离态脂质主要来自植物，微生物及土壤动物中也存在（Dai et al.，2018）。角质和软木脂是维管束植物中的一类生物聚合酯类（Kögel-Knabner，2002），这类大分子化合物通过酯键连接，化学性质更加稳定，在土壤中的保存更好（Kögel-Knabner and Amelung，2013）。植物来源的胶质和栓质被认为是土壤中最难降解的脂肪族组分，因此它们会在土壤有机质的降解过程中不断富集（de Leeuw and Largeau，1993；Tegelaar et al.，1989）。

微生物作为 SOC 周转和形成的重要驱动者和贡献者，向土壤输入的有机碳可以分为微生物活体和残体碳，其中，微生物活体碳仅占 SOC 的 1%～2%（Crowther et al.，2015；Jenkinson and Ladd，1981）。但是由于微生物不断的生长和快速繁衍，其细胞残体及代谢副产物（如胞外聚合物）在土壤中不断累积，是 SOC 的重要组成部分。Liang 等（2011，2017，2019）通过模型估算、观点凝练及整合分析最终提出微生物通过微生物碳泵将土壤中植物来源的有机碳经体内周转和体外循环途径降解及转化，最终以微生物残体碳的形式不断续埋，稳定地保存在土壤中。

(a)

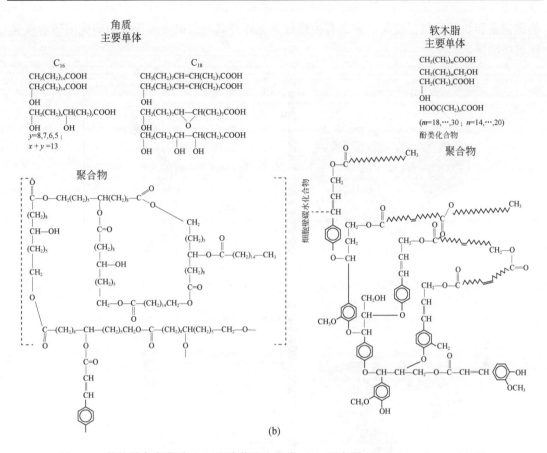

图 7-11 植物游离态脂质（a）和生物聚合酯类（b）示意图（Kögel-Knabner，2002）

7.3.2 土壤碳库分解过程

多年冻土区土壤中储存着大量有机碳，在全球气候变暖的背景下，多年冻土迅速升温及随之而来的冻土融化很可能加速冻土 SOC 的分解释放，这不仅会改变区域陆地生态系统碳源汇功能，还将对大气 CO_2 浓度及全球气温产生重大影响。其中，土壤碳分解的温度敏感性表征土壤碳分解过程对温度的响应程度，通常用 Q_{10} 来表示，即温度每增加 10℃土壤呼吸速率增加的倍数。这一参数的大小在一定程度上决定着陆地生态系统碳循环与气候变暖之间反馈关系的方向与强度，是陆地生态系统碳循环中的关键参数。在北半球冻土分布区，Q_{10} 表现出极大的空间异质性，变化范围为 0.8～7.1，平均值为 2.51±1.13；高纬度和高海拔的多年冻土区土壤碳分解的温度敏感性更高，尤其是多年冻土区的深层土壤碳分解的温度敏感性最高，其均值比非多年冻土区高出近 18%。而影响表层（0～30 cm）Q_{10} 空间格局的关键因素是净初级生产力，影响深层（30～100 cm）Q_{10} 空间格局的关键因素是土壤碳氮比（Ren et al.，2020）。通过机器学习得到北半球地区不同土壤深度 Q_{10} 的空间分布图（图 7-12）。由图看出，Q_{10} 随纬度升高呈现明显的增加趋势，且在不同的区域中，高纬度多年冻土区（2.95）、青藏高原地区（2.25），以及非多年冻土区（2.16）的 Q_{10} 值依次递减，进一步印证了北半球高寒地区土壤碳分解对气候变暖最为敏感。鉴于多年冻土区拥有巨大的碳储量和快速的气候变暖，未来有关陆地碳循环及其与气候变暖反馈的研究应该着重关注这些地区。

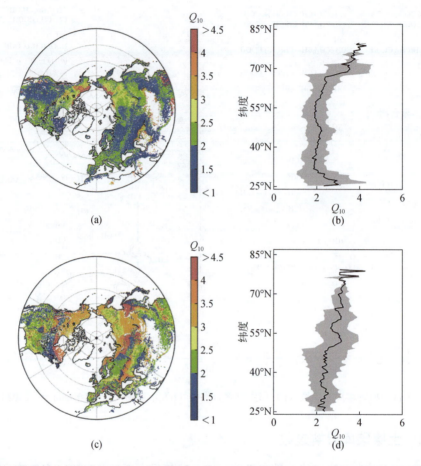

图 7-12　利用模式树估算的北半球冻土表层土 [（a）和（b）] 和深层土 [（c）和（d）] Q_{10} 的空间分布格局及纬度梯度格局（Ren et al.，2020）

　　冻土区土壤碳释放的 Q_{10} 主要受到生物（主要是微生物）和非生物（包括气候、底物质量、土壤理化性质等）因素的调节作用。冻土融化时碳释放的 Q_{10} 是预测气候变暖下冻土碳变化的重要参数。冻土融化后碳释放的模式和驱动因素对预测和调控冻土碳循环与气候变暖之间的反馈至关重要。在青藏高原典型冻土区，冻土融化后碳释放的 Q_{10} 也呈现较大的空间变异，土壤的 Q_{10} 在 1.3～2.6 变化，平均值为 2.1±0.1；而活性与惰性碳库 Q_{10} 的范围分别为 1.3～3.3 和 1.8～2.7（Qin et al.，2021）[图 7-13（a）]。矿物保护与微生物特性是 Q_{10} 变化的重要影响因子。土壤与惰性碳库的 Q_{10} 均受有机碳-钙离子结合水平、铁铝氧化物水平、微生物多样性和水解酶活性的影响。此外，惰性碳库 Q_{10} 还受细菌磷脂脂肪酸含量、氧化酶活性和细菌多样性影响，而细菌多样性指数则呈现负面影响。在这些因素中，有机碳-钙离子结合水平与微生物多样性是影响土壤与惰性碳库 Q_{10} 的关键因素 [图 7-13（b）]。

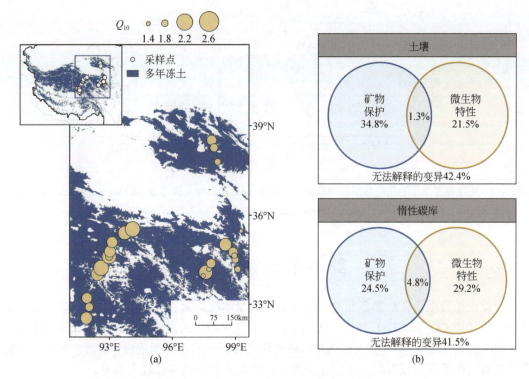

图 7-13　青藏高原冻土融化后 Q_{10} 的空间分布格局（a）和影响因素（b）（Qin et al.，2021）

多年冻土融化可能通过激发微生物分解储存在冻土中的大量碳而导致温室气体释放的增加。因此，冻土融化对微生物群落的影响也将直接调控冻土碳释放。多年冻土融化后，微生物会发生快速响应，融化后的冻土与未融化冻土相比，微生物分类学和功能群落结构均存在差异，具体表现为融化后的冻土土壤中细菌和真菌 α 多样性下降［图 7-14（a）］，但功能基因多样性和碳降解基因的标准化相对丰度增加［图 7-14（b）］（Chen et al.，2021a）。此外，融化后的土壤碳释放速率主要受到微生物功能多样性和碳降解基因丰度的调控。

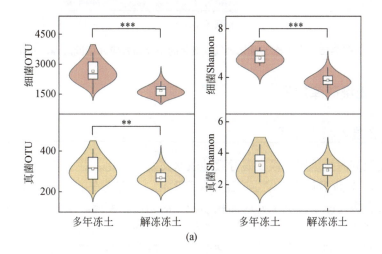

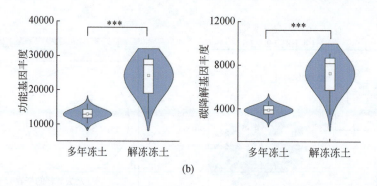

(b)

图 7-14　青藏高原冻土融化前后细菌和真菌的多样性（a）及功能基因丰度（b）（Chen et al.，2021a）

P<0.01；*P<0.001

7.4　多年冻土碳与气候反馈

全球快速升温正在加剧多年冻土退化，导致原本冻结封存的有机碳融化分解，将大量温室气体（如 CO_2 和 CH_4）释放到大气中，而大气中增加的温室气体进一步加速了全球变暖（图 7-15）。因此，多年冻土退化对气候变化具有强烈的正反馈效应。然而，多年冻土的碳源汇效应在不同区域表现出了巨大的差异，对未来的评估存在较大偏差。

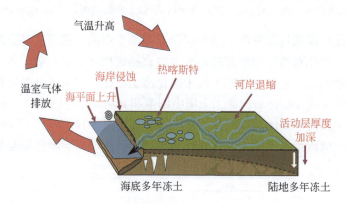

图 7-15　多年冻土退化对气候变化的正反馈效应（康世昌等，2020）

7.4.1　土壤碳库损失

1. 土壤碳库损失方式

高纬度及高海拔地区气候变暖导致地表水文发生变化，并引起一系列干扰（如火灾、热喀斯特等），导致多年冻土发生广泛退化和融化，具有潜在的全球影响。多年冻土退化主要表现形式有多年冻土温度上升、面积缩减、活动层厚度逐渐增加、多年冻土厚度变薄及热喀斯特景观的形成等。多年冻土退化激活了土壤微生物的活性，使得储存在活动层及多年冻土层中的有机碳、氮及营养物质被微生物分解并以温室气体的形式释放到大气中，进一步加剧气候变暖，从而对区域生态系统功能和全球碳循环产生重大影响，此过程也被称为多年冻土碳反馈。温度变化对碳储量的影响可以分为渐变（"压力扰动"，如活动层厚度、土壤湿度和微生物活性的变化）和快速变化（"脉冲扰动"，如火灾和热喀斯特的扰动）。快速变化主要取决于地下冰的分布情况，以及土壤沉降和侵蚀引起的地貌过程。多年冻土退化会造成两种形式的碳损失：一种是多年冻土退化过程中冻结的有机碳被融化释放，经微生物分解以温室气体的形式直接释放到大气中；另一种是部分有机碳以溶解性有机碳和颗粒性有机碳的形式释放进入地表水体，进而在地表运移的过程中被光降解和微生物分解释放。

多年冻土退化过程中土壤有机碳的分解受各种因素的影响，其中土壤碳质量或分解能力是决定冻土碳向大气转移的最重要因素之一。例如，多年冻土的初始碳损失率很高，但随着更多不稳定碳库的耗尽，碳损失率会随着时间的推移而下降（图 7-16）。此外，土壤深度、地理位置、土壤中微生物特性（菌群数量、微生物群落结构和生产力等）、土壤矿物质的物理保护和环境因素（温度、水分、养分有效性、土壤 pH）也控制着有机碳的降解。多

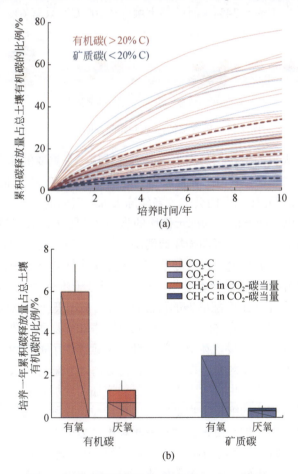

图 7-16　潜在累积碳释放（Schuur et al.，2015）

（a）5℃下恒温有氧培养 10 年后累积碳释放。（b）有氧和厌氧培养（5℃）一年后的累积碳释放。较深的颜色代表以 100 年时间尺度计算的 CO_2-碳当量（针对厌氧土壤）的累积 CH_4-碳当量

年冻土区表层土壤碳库容易受到短期温度变化的影响，而深层土壤（＞1 m）碳的降解则取决于碳氮比和有机碳的稳定性。土壤水分通过限制微生物的生长和供氧情况而控制有机质的微生物分解过程，如在高纬度不同生态系统（苔原、北方森林和北部泥炭地）中，好氧条件下土壤碳释放量是厌氧条件下的 3.4 倍。

土壤矿物保护通过限制底物可及性或抑制微生物活性对冻土碳释放和温度敏感性产生负面影响。一方面，有机矿物组合可将土壤有机质从溶液转移到固相，减少了有机质的扩散及其与降解酶的接触；另一方面，负责土壤有机质分解的土壤胞外酶对矿物表面表现出很强的亲和力，因此在吸附时表现为失活。矿物保护过程可以以不同的形式发生，一般在酸性土壤中活性矿物（如铁铝氧化物）的吸附作用较强，而在碱性和钙质土壤中主要以钙离子通过在带负电荷的层状硅酸盐和土壤有机质之间形成阳离子桥占主导（图 7-17）。因此，钙桥与矿物相关的有机碳比例高于铁铝氧化物，且随土壤 pH 的增加而增加。此外，土壤类型也控制着有机碳的降解潜力。多年冻土解冻后，与缺乏碳的矿质土壤相比，富含有机质的土壤中较高的碳含量导致了较高的分解速率。例如，有机土壤（＞20%C）在 10 年尺度上的平均碳损失量为 17%～34%，而矿物土壤（＜20%C）只有 6%～13%。

团聚体保护　　有机-矿物结合　　有机-金属络合　　● 矿物颗粒　● 阳离子桥　○ 有机碳

图 7-17　矿物保护作用（Opfergelt，2020）

除生物分解外，火灾的干扰也是冻土碳向大气转移一个重要的非生物机制。火灾主要通过将有机碳氧化为二氧化碳，但也会释放少量的甲烷。在针叶林和北极苔原生态系统中，闪电引起的火灾-植被相互作用可能会放大多年冻土-碳-气候的反馈（图 7-18）。北极苔原燃烧面积的增加，可以在两方面增加冻土碳库的脆弱性（图 7-18）。首先，在中度或高度火灾严重的地区，更频繁的火灾有可能损坏或清除有机质的表面绝缘层，使得下面的多年冻土暴露在大幅变暖和退化的环境中，并导致富冰多年冻土区热喀斯特景观的发育。在一些北纬高纬度地区，多年冻土已经开始退化，随着气候进一步变暖，可能会加速多年冻土-碳-气候的反馈，增加多年冻土突然解冻的可能性，并可能改变全球气候变化的轨迹。其次，随着火灾干扰地区灌木和北部森林的扩张，地表反照率在春夏季下降，地表吸收的额外能量可能进一步放大区域气候变暖。春季，常绿针叶树遮挡住了被雪覆盖的表面，由于树叶较暗降低了可见光和近红外反射率，以及黑碳在附近海冰和陆地冰表面的沉积，导致地表反照率会下降。夏季的蒸散率也可能因森林覆盖的增加而增加，从而捕获了发出的长波辐射。与灌木和乔木扩张相关的细根生物量的增加可能通过根际启动促进多年冻土区土壤碳的分解。火灾导致森林向北扩张带来的额外变暖和生产力可能加速未受火灾影响地区的多年冻土融化和分解。例如，在西伯利亚地区，模型模拟发现火灾导致土壤有机碳消耗增加，在极端火灾年可能导致多年冻土区土壤碳释放量增加约 40%。加上干燥的条件或水分入渗增加，在适当条件下，冻土融化和火灾可能共同作用，使冻土碳迅速地暴露并转移到大气中。此外，火灾可以通过创造更温暖的土壤条件，导致更深层的冻土融化、微生物活动增加，促进冻土碳的损失。

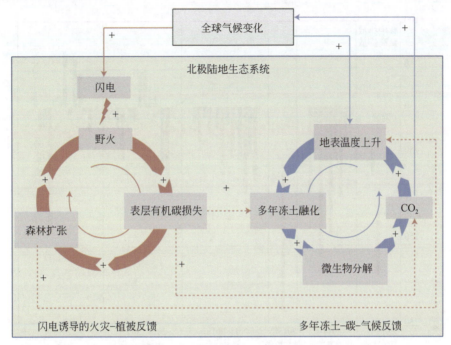

图 7-18　在针叶林和北极苔原生态系统中，闪电引起的火灾-植被相互作用及其对多年冻土-碳-气候反馈的影响（Chen et al.，2021b）

2. 土壤碳库损失模拟

多年冻土的变化过程非常复杂，由于其强烈的气候反馈作用已被纳入反映气候和碳循环相互作用的模型中。冻土土壤碳库对气候敏感，比储存在植物生物质中的碳储量高一个数量级。多年冻土碳损失的过程可分为渐进式和突变式。渐进式过程包括活动层厚度的逐渐加深和活动层融化季的延长，其增加了溶解性有机碳的含量和滞留时间。快速崩塌（突变式）过程（热喀斯特）包括多边形景观中冰楔的融化、坡面崩塌、热融湖塘的扩张和排水等，这些过程主要发生在土壤碳含量非常高的地区。快速崩塌过程可贡献多年冻土退化过程中总净碳排放量的一半，其余的归因于逐渐融化过程。火灾发生的频率和严重程度的增加也会导致地表植被的移除和温室气体的突然排放，从而加速多年冻土的退化。生态反馈可以减轻和放大碳损失，即土壤有机质在分解过程中会增加营养物质的释放，促进植被的生长，从而部分抵消土壤碳损失，但这一过程也会进一步加剧变暖的生物物理反馈。

多年冻土碳模型的模拟结果显示，多年冻土中含碳温室气体的释放将会造成碳与气候的正反馈作用，而且影响范围广泛，其相当于全球气温每上升 1℃多年冻土所释放的 CO_2 和 CH_4 的含量，经换算相当于 14~175 Pg 的 CO_2。相比之下，2019 年人类活动向大气中排放了约 40 Pg 的 CO_2，这表明多年冻土退化对气候变暖的影响非常大。因此，在计算将气候稳定在全球变暖给定水平上所需的剩余碳排放总量时，必须考虑多年冻土碳排放过程。多年冻土碳释放预估的方法很多，在不同的排放情景下，对净土壤碳库变化预估的正负（源汇）和大小上存在较大的差别（图 7-19）。

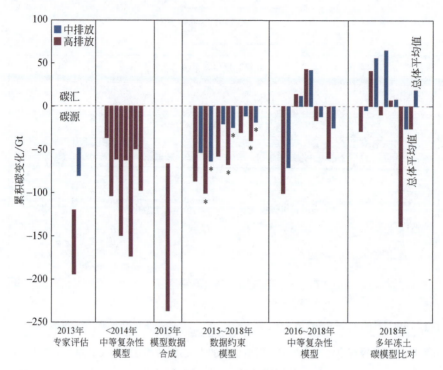

图 7-19　中、高排放情景下到 2100 年环北极多年冻土区累积净土壤碳库变化的预估（IPCC，2019）

带*的分组条形图表示 CO_2 当量

在 CMIP5 中，地球系统模型（earth system model，ESM）均不包括多年冻土碳动力学。而在 CMIP6 中，大多数模型也未考虑多年冻土碳过程，只有少数模型加入了活动层厚度逐渐增加对碳分解的影响。此外，ESM 也没有考虑热喀斯特及火灾与多年冻土碳的相互作用等过程。CMIP6 中大多数不同模式预测的平均值表明多年冻土碳与气候之间是负反馈效应，仅少数包含多年冻土碳分解的模型显示出碳-气候正反馈效应。鉴于目前 ESM 评估多年冻土碳反馈的能力有限，在现有的多年冻土碳模型中没有明确指出多年冻土退化会导致一个特定气候变暖的量，从而使其成为气候系统中的一个"临界点"或阈值，导致全球变暖出现失控的现象。模型预测结果表明多年冻土区 CO_2 和 CH_4 的排放量会随着变暖持续增加，并且这种趋势可能会持续数百年。SROCC 评估指出，在高排放情景（RCP8.5 或类似情况）下，预计到 2100 年，气候变暖将导致北半球多年冻土碳损失较大，其最大值为 240 Pg C，平均值为（92±17）Pg C。到 2100 年，在 RCP2.6 和 RCP4.5 情景下预估的多年冻土碳反馈分别为 20～58 Pg C 和 28～92 Pg C。IPCC AR6 基于 SROCC 中发表的研究，估计全球气温每上升 1℃，多年冻土区 CO_2 平均排放量为 18（3.1～41）Pg C。到 2100 年，在不同气候情景下评估 CH_4 的排放速率，预计全球气温每上升 1℃北半球多年冻土区 CH_4 的平均排放量所产生的温室气体效应相当于 2.8（0.7～7.3）Pg C。IPCC AR6 指出 2100 年以后，在高排放情景下，2100～2300 年多年冻土碳反馈幅度显著增强。然而，多年冻土碳反馈与气候变暖是否大致呈线性关系，还是以更大或更小的速率变化还存在不确定性。目前，在给定的全球变暖水平下，多年冻土碳库是否具有单一的突变阈值尚不清楚。

总而言之，在全球变暖背景下，陆地多年冻土退化将导致碳排放（高信度）。然而，由于已发表的多年冻土相关数据范围较大，其驱动因素和关系模型的知识和表述不完整，因此关于多年冻土气候反馈的时间、幅度和线性度的可信度较低。

7.4.2　生态系统碳源汇

生态系统净碳平衡是对生态系统中碳的输入和输出的完整核算。生态系统净碳平衡包括通过地表-大气边界的垂直碳通量，如初级生产、生态系统呼吸、野火排放和微量气体通量，以及侧向碳通量，如水文流量和生物进出系统的运动。因此，决定一个生态系统是碳汇还是碳源，不取决于输入量或输出量的多少，而取决于输入量与输出量的差值。多年冻土生态系统是全球生产力最低的生态系统之一，北极苔原和北方森林的净初级生产力（指绿色植物通过光合作用的净固碳量，是单位时间单位面积上由光合作用产生的有机物质总量中扣除自养呼吸后的剩余部分）固定速率为 $80\sim230$ g C/（$m^2\cdot a$），是热带森林生产力的十分之一或更少。虽然多年冻土生态系统初级生产速率低，但其低温潮湿的环境使得有机碳分解缓慢，因此，多年冻土区积累了地球表层系统中最大的有机碳库。多年冻土巨大的碳储量及其较活跃的化学属性，其微小变化就会影响大气温室气体浓度的波动。因此，多年冻土碳循环研究在全球气候变化研究中具有重要的地位。

二氧化碳（CO_2）、甲烷（CH_4）和一氧化二氮（N_2O）等温室气体是人类活动导致气候变化的最重要驱动因素，在多年冻土区温室气体的产生和消耗很大程度上决定着多年冻土碳反馈的强度和方向。温室气体的产生或分解的类型、数量和速率通常取决于三个因素：底物的有效性、微生物群落组成及土壤或水环境的氧化还原状态。有机质在解冻后分解的有效性既取决于有机质的来源和分子组成等内在因素，也取决于养分有效性和与矿质土的关系等外在因素。微生物群落与氧化还原条件之间的相互作用调节着气体产生的类型和数量。例如，甲烷是厌氧条件下产甲烷古菌以 CO_2 或低分子量有机物为底物产生的，只有约 50 种古菌可以进行这个过程；相反，N_2O 和 CO_2 可以在有氧或缺氧环境中产生，但 N_2O 通过硝化和反硝化过程产生，而 CO_2 是通过好氧呼吸和发酵产生。因此，在多年冻土区，微生物主导着温室气体的产生和吸收，但 CO_2 的吸收主要由陆地植被完成。虽然变暖可能会增加多年冻土区温室气体的产生，但由于这些气体的全球变暖潜势从 1 到近 300，产生和消耗的比例各不相同。例如，在 20 年的时间里，同样数量的碳转化为 CH_4 对地球气候的影响比同样数量的碳转化为 CO_2 的影响大 86 倍。多年冻土碳反馈的规模取决于排放到大气中的气体数量乘以其全球变暖潜力。了解这些气体的吸收和释放条件将能够更好地预测不同气候情景下和生态系统变化过程中多年冻土碳反馈的强度。

在过去一个世纪，多年冻土区气温上升速度比全球平均温度快得多。通常升温对多年冻土生态系统的碳平衡具有两个相反的反馈机制：①气温升高导致多年冻土融化，加强了微生物的活性及其对有机物的分解作用，这将引起大气 CO_2 浓度的升高，从而对气候变暖产生正反馈。②大气 CO_2 浓度的升高及温度升高又可加速植物生长，延长生长的物候期，改变种群结构以及增加地上生物量，提高植被的初级生产力，加速植物对大气 CO_2 的固定；若初级生产力超过微生物呼吸对有机物的消耗，生态系统将吸收大气中的 CO_2，从而对气候变暖起到负反馈效应，反之则为正反馈。在高海拔或高纬度的苔原带，气温升高 0.3~6℃能显著地提高土壤氮的矿化和植被地上生物量。升温模拟实验使地表温度升高了 2.18℃，土壤温度上升了 0.62℃，从而导致生态系统 CO_2 排放量增加了 17.41%，促进了青藏高原多年冻土区高寒草甸 CO_2 的排放。同时，短期升温导致温度敏感性升高，从而对生态系统呼吸具有正反馈作用，这种反馈可以部分抵消由气候变暖引起的地下-地上生物量的增加。活动层厚度与土壤的温度、水分显著相关，从而影响生态系统碳排放过程。同时，短期增温实验增加了总初级生产力和生态系统呼吸，但是总初级生产力增加幅度要高于生态系统呼吸。从生态系统 CO_2 净交换来说，温度增加会导致多年冻土区沼泽草甸和草甸生态系统吸收更多的 CO_2。此外，与生长季相比，非生长季生态系统呼吸对升温的响应更敏感，这显著增加了非生长季碳排放的贡献。

冻土碳平衡方程（即吸收和释放）的两边都有相当大的复杂性和不确定性。这种不确定性超出了对变暖速度和冻土退化速度的未知。例如，模型预估到 2100 年，14%~70%的冻土将发生退化，最低值与最高值之间相差 5 倍；但冻土退化对冻土碳平衡的影响甚至呈现相反的结果，预计到 2100 年 60 亿~135 亿吨碳被分解释放。限制多年冻土碳反馈速率、规模和类型预测的几个关键不确定性来源已经确定。在碳吸收方面，以下因素被认为是关键的不确定性因素：①野火、热喀斯特、极端天气、病虫害和入侵物种等干扰的潜在影响；②养分有效性的不确定性，特别是氮、磷在多年冻土层和活动层中的储量；③水分有效性在生长季的变化及净初级生产力对 CO_2 施肥的敏感性。在温室气体释放方面，以下动力学因素被认为是主要的不确定性来源：①逐渐解冻和突然解冻（如热喀斯特）的比例；②解冻后氧化还原条件及微生物群落的变化；③表层水体养分和碳通量的横向运输轨迹；④解冻有机质、新有机质输入和速效养分之间的相互作用（图 7-20）。在碳释放不确定性方面，这些控制因素在不同的时空尺度上有不同的响应。例如，热喀斯特景观的形成，最初可以创造一个有机物质释放的脉冲，最终可以为沉积物和泥炭中的碳积累创造条件。同样，北

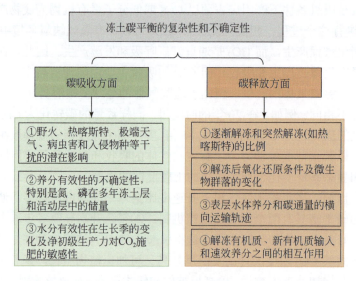

图 7-20 多年冻土碳平衡的复杂性与不确定性的框架示意图

方森林野火释放了大量的生态系统碳，如 CO_2 和 CH_4，但在某些环境中，这些损失可以通过更富碳物种的快速再生得到补偿。相反，野火后养分的垂直和横向损失可能会限制生态系统吸收二氧化碳的能力，这可能是养分分流适应的一部分，有利于适应多年冻土的植被的恢复。养分利用率的提高和高质量的碳输入反过来会加速或减缓有机物的分解。

7.4.3 热喀斯特碳循环

环北极多年冻土区热喀斯特景观分布广泛，其面积可占多年冻土区的 20%，约 50% 的土壤有机碳存储于热喀斯特景观中，在部分区域甚至可以高达 60%。此外，在青藏高原多年冻土区热喀斯特景观也广泛发育，特别是热融滑塌和热融湖塘。目前，青藏高原可能或极可能发育热融滑塌的区域约占整个高原面积的 1.4%，未来气候变化可能进一步促进热融滑塌的发育。热融湖塘是分布最广且最容易识别的一类热喀斯特景观，青藏高原多年冻土区热融湖塘分布面积达 2825.45 km^2，沉积物 0~3 m 深度碳储量为 52.62（12.01~116.22）Tg。热喀斯特景观不仅会导致深层多年冻土的融化，还会引起土壤环境条件特征（如水文、植被、地貌、土壤物理和生物地球化学特征）发生显著变化，进而对土壤有机碳的侵蚀、积累、矿化等过程产生影响。因此，热喀斯特景观对温室气体释放的影响远大于升温和活动层厚度增加的效应。热喀斯特地貌的形成迅速改变了多年冻土景观及其水热条件，对碳循环过程产生了强烈影响，主要包括三个方面：①热喀斯特过程破坏了原有地貌，将原本保存于多年冻土中的有机质直接暴露于空气中；②热喀斯特过程改变了土壤结构、温度、水分以及氧化还原电势等物理条件，影响了土壤有机质的光降解和微生物降解作用；③热喀斯特改变了地表水文过程，导致土壤溶解性有机碳和颗粒性有机碳释放到地表径流，汇入河流、湖泊或海洋，并转化为温室气体而释放。这三个过程最终导致土壤碳及营养物质的流失，加速有机质的淋溶、光降解、微生物分解及横向运输过程，向大气释放更多的温室气体。多年冻土区热喀斯特地貌发育速率加快，使得生态系统从碳汇转变为碳源，模型预测到 2300 年热喀斯特景观累积碳排放量约为 80（61~99）Pg，相当于缓慢退化过程（活动层厚度逐渐加深，累积碳排放量约为 208 Pg）碳排放量的约 40%。

1. 坡地热喀斯特对碳循环的影响

坡地热喀斯特地貌一般发育在排水条件较好的坡地或沟谷中，它的形成会直接破坏大面积的植被，导致深层土壤暴露，从而加剧水土流失。在很多多年冻土塌陷地区，土壤有机层会不断滑落并堆积在坡地、水流通道或坡下的湖泊和河流中，使得表层有机质与深层土壤混合、底层矿物质暴露，与周围未发生滑塌的地区形成强烈的对比。此外，由于多年冻土区植被生长缓慢，发生热融滑塌的地区，有的经过数十年，地表还是裸土，或者仅有稀疏的植被生长，对于生态环境的保护非常不利。多年冻土区土壤有机碳的分解受到很多因素的影响，包括有机质含量与性质、土壤温度和水分条件等。热融滑塌通过破坏地表植被，改变土壤物理结构，并导致其水热条件、pH 和有机质含量等发生一系列的变化，进而也会改变土壤微生物群落结构，从而影响土壤碳氮的循环。

1）环北极地区热融滑塌

热融滑塌景观发育使得地面塌陷，储存在地表以下几米深的土壤有机质突然暴露出来，改变了深层土壤条件，从而影响土壤有机质的分解和输出。在阿拉斯加苔原带，近期形成的热融滑塌（1～33 年）扰动区域，其碳和氮平均损失量约为 0.3 kg/m^2 和 0.2 kg/m^2，分别占未扰动苔原碳和氮储量的 48% 和 52%。在阿拉斯加布鲁克斯山脉地区，山地苔原带坡地热喀斯特地貌的形成造成的土壤碳损失量也较大，土壤表层有机层 SOC 平均损失量为 0.87 kg/m^2。其中，热融滑塌、活动层边坡坍塌及热侵蚀冲沟的损失量分别为 2.7（1.6～4.0）kg C/m^2、0.9（0.09～1.8）kg C/m^2 及 0.5（0.30～0.75）kg C/m^2，分别占未扰动苔原带碳储量的 51%、32% 及 6%（图 7-21）。坡地热喀斯特碳损失量较高主要有两个原因：第一，热融滑塌地貌一般位于坡地，排水条件良好，适宜的氧气有助于微生物分解土壤碳，而且土壤在重新埋藏或向下游河流运输过程中很容易被迅速分解，因此碳损失量较高；第二，热融滑塌扰动破坏了植物根系，甚至移除了有机质层，导致土壤碳氮储量显著降低。然而，热融滑塌发育到一定程度时会趋于稳定，在恢复过程中固氮植物等落叶灌木的生长会改变土壤有机质的输入和周转过程，导致土壤碳氮重新累积。例如，在阿拉斯加多年冻土区，发育年龄为 60 年的热融滑塌，表层土壤碳库迅速重新积累，每年的积累速率约为 32（22～42）g C/m^2。此外，土壤氮库也呈现出再积累的现象，平均再积累速率为 2.2（1.1～3.3）g N/（m^2·a），高于预期的大气氮沉降和生物固氮的速率。土壤碳氮再积累过程中，优势种群也由禾草群落向高大落叶灌木转移，提高了生态系统的初级生产力、生物量积累和养分循环速率。

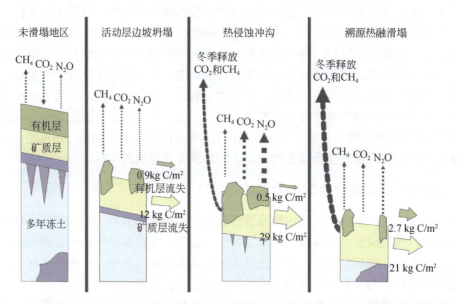

图 7-21　三种常见的坡地热喀斯特地貌对碳氮循环及通量影响的概念模型（Abbott and Jones，2015）

热融滑塌地貌的形成不仅改变了土壤温度及地表水文过程，还导致深层土壤碳直接暴露于空气中，加速了有机质的分解释放，使得生态系统由碳汇向碳源转变。坡地热喀斯特具有良好的排水条件，有助于微生物好氧分解土壤碳，但对生态系统呼吸速率影响在地貌形态上存在差异。例如在美国阿拉斯加地区，溯源热融滑塌和活动层边坡坍塌通过破坏植物根系及造成大量碳输出，导致生态系统呼吸速率与未扰动苔原带相比分别降低了 26% 和

18%；而热侵蚀冲沟对生态系统碳储量的影响较小，表层有机层碳损失量小于 10%，但其生态系统呼吸速率显著提高了 84%。

在加拿大高纬度地区，其中一个热融滑塌的扰动区域 $[(0.05\pm0.04)\ \mu mol\ CO_2/(m^2 \cdot s)]$ 相比未扰动苔原带 $[(0.19\pm0.03)\ \mu mol\ CO_2/(m^2 \cdot s)]$ 碳吸收速率降低了 74%，另一处热融滑塌 $[(0.07\pm0.04)\ \mu mol\ CO_2/(m^2 \cdot s)]$ 甚至表现为碳释放状态。在北极加拿大高纬度地区的半荒漠生态系统，活动层边坡坍塌也显著影响着生态系统碳交换，并且不同扰动区域碳排放速率存在显著差异。总的来说，活动层边坡坍塌导致生态系统从碳汇 $[-1.219\ \mu mol\ CO_2/(m^2 \cdot s)]$ 转变为碳源 $[1.027\mu mol\ CO_2/(m^2 \cdot s)]$。另外，不同发育年龄的热融滑塌（未扰动苔原带、活跃型和稳定型）之间碳排放也存在显著差异。例如活跃型热融滑塌土壤容重高，有机质含量低，然而较高的体积密度阻止气体与表面交换，使得 CO_2 排放量较低，未扰动苔原带和稳定型热融滑塌土壤 CO_2 排放量则相反。此外，与未扰动苔原带或稳定型热融滑塌相比，活跃型热融滑塌造成地表植被移除或破坏，降低了 CO_2 的排放。因此，热融滑塌对碳平衡的整体影响不仅取决于形成过程中输出的土壤有机质的数量和去向，还受控于光合作用和土壤有机质分解的物理条件。此外，热侵蚀冲沟通过改变微地形释放无机氮及溶解性有机碳，促进硝化和反硝化作用，显著提高了 N_2O 的排放。

热融滑塌景观还可以通过将土壤有机质以溶解性有机质或颗粒性有机质的形式输送到下坡或下游的水生生态系统，从而影响生态系统碳排放。例如，在阿拉斯加及西伯利亚地区，受热融滑塌影响的河流比未受热融滑塌影响的河流具有更高的溶解性有机碳（DOC）浓度。此外，受热融滑塌扰动的溪流、河流和湖泊中的溶解性有机物似乎含有更多的低分子量荧光成分，比未受干扰的生态系统显示出更高的生物可利用性和光化学不稳定性。然而，地表径流在输送溶解性有机物的同时还可以将沉积物中的细颗粒物质运输至下游的水生生态系统中，溶解性有机物很容易吸附到细的矿质土壤表面，从而导致河流生态系统中 DOC 浓度降低，继续封存在沉积物中。北极坡地热喀斯特通常形成于湖岸、海岸、河岸或小溪等地带，其会向下游或下坡生态系统输送大量的溶解性和颗粒性物质，是碳和营养物质从陆地生态系统向水生生态系统转移的主要渠道。热喀斯特地貌输出的溶解性有机质较新鲜，低分子量腐殖酸比例相对较高，具有较高的生物降解性，容易在土壤、河流和湖泊中迅速矿化，加速冻土碳向大气的转移。例如，在阿拉斯加北部地区，热融滑塌使水体中 DOC 和 DON 的浓度分别增加了 2.6 倍和 4.0 倍，热侵蚀冲沟使河流中 DOC 和 DON 的浓度平均增加了 2.2 倍和 1.6 倍，而活动层边坡坍塌使水体中 DOC 和 DON 的浓度分别增加了 1.6 倍和 1.4 倍（图 7-22）。坡地热喀斯特 DOC 和 DON 平均输出量分别为 $0.45\ g\ C/(m^2 \cdot d)$ 和 $3.8\ mg\ N/(m^2 \cdot d)$。但热融滑塌形成过程中会导致河流中细颗粒物质大量增加，通过吸附、沉降作用将部分有机碳保存在河流或湖泊沉积物中，使水体中溶解性有机质的浓度降低。对多年冻土退化、滑塌年龄及日输出量进行简单预估，到 2100 年整个环北极流域受坡地热喀斯特直接影响的面积为 3%，但在 2050~2100 年可能导致环北极流域溶解性有机碳和溶解性无机氮年输出通量分别增加 2.7%~23% 和 2.2%~19%。

模型预测在 2000~2300 年，新形成的山坡热喀斯特景观面积仅增加了 0.1%~3.0%，但这些活跃特征使得冻土碳损失量约 24（18~30）Pg，约占整个热喀斯特地貌碳损失量的 30%（图 7-23）。主要原因有以下三点：首先，坡地热喀斯特地貌排水条件良好，氧化条件

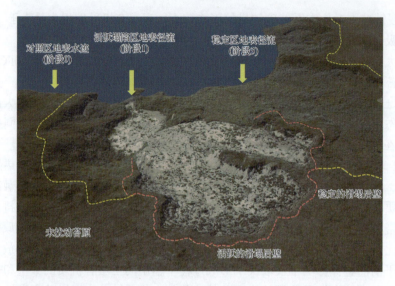

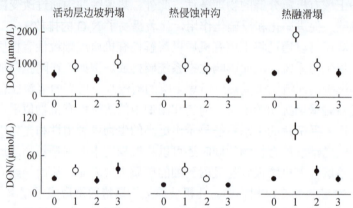

图 7-22 阿拉斯加北部高山苔原带活动层边坡坍塌、热侵蚀冲沟和热融滑塌区域地表径流中 DOC 和 DON 的浓度（Abbott et al.，2015）

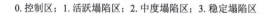

0. 控制区；1. 活跃塌陷区；2. 中度塌陷区；3. 稳定塌陷区

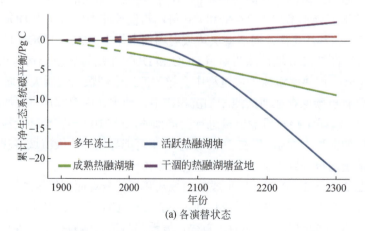

(a) 各演替状态

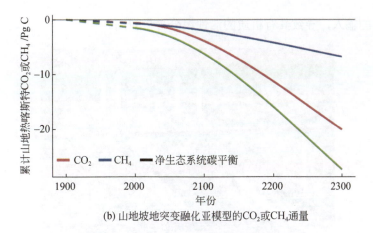

(b) 山地坡地突变融化亚模型的 CO_2 或 CH_4 通量

图 7-23　环北极坡地热喀斯特景观碳排放模拟（Turetsky et al.，2020）
在活跃的突然解冻和随后稳定的山坡地形中模拟的碳释放

刺激了微生物分解有机质产生 CO_2 的过程和冻土碳损失。其次，大量冻土碳在再掩埋或河流输出之前，在侵蚀和向下坡运输过程中容易快速矿化。最后，虽然坡地热喀斯特地貌在演替过程中会逐渐趋于稳定，植物群落优势种会由禾本科植物向高大落叶灌木转移，可以显著提高初级生产力、促进生物量积累和养分循环速率。但表层土壤碳库经 60 年的演替后才会以 $22 \sim 42 \mathrm{g}\ C/(m^2 \cdot a)$ 的速度重新迅速积累，在扰动 $40 \sim 64$ 年后才能达到与未扰动苔原相似的水平。因此，植被恢复速率非常慢，短时间内无法弥补崩塌后土壤碳的损失。

2）青藏高原热融滑塌

青藏高原多年冻土区热融滑塌广泛发育，基于小尺度气候数据和地形数据，青藏高原约 1.4% 的面积具有高至非常高的可能发生滑塌。在未来气候变暖条件下热融滑塌可能会进一步增加，对区域生态系统碳循环产生重要影响。热融滑塌地貌的发育不仅会导致土壤温度轻微上升，土壤水分显著下降，氧化还原条件发生改变，还会导致地表破碎化或表层有机质层和活动层剥离使得矿质土壤暴露，这些环境因素的变化对碳排放具有重要影响。与北极多年冻土区相似，青藏高原热融滑塌发育也导致大量碳氮损失，但相对比北极地区碳损失量低。例如，在青藏高原俄博岭多年冻土区，热融滑塌导致土壤有机碳、总氮发生了大量损失，在表层 $0 \sim 10\ cm$ 深度土壤碳氮损失量最高，分别损失了 29.6%（25.4% $\sim$ 34.8%）和 28.9%（25.8% $\sim$ 32%）。随着土壤深度的增加，碳氮损失呈下降趋势。热融滑塌导致地表破碎化，不同塌陷程度碳损失也存在较大差异。例如，塌陷区暴露裸土相对于塌陷区有植被覆盖的区域碳损失量更高。此外，位于青藏高原刚察地区的热融滑塌也表现出较大的碳损失，损失可达 32%。但不同塌陷序列碳损失表现出较大空间异质性。例如，在塌陷 1 年、4 年和 7 年的区域碳氮未发现损失，然而在滑塌发育中后期（>10 年，10 $\sim$ 16 年）碳氮损失显著。与对照土壤相比，塌陷区高的碳氮损失量主要归因于淋溶、光降解、微生物分解等作用。因为塌陷区底层矿物质暴露，紫外辐射和土壤导热增加，促进了土壤有机质的光降解和微生物降解作用，加速了土壤碳的矿化速率（图 7-24）。热融滑塌不仅导致表层土壤碳氮损失，还改变了其化学组成。例如，在暴露裸土区域碳氢化合物和木质素/苯酚发生积累，显著高于未滑塌和正滑塌的土样。这是由于已滑塌区域地势较低，流域内其他区域水溶性物质的输入，导致其有机质的活性组分含量较高。

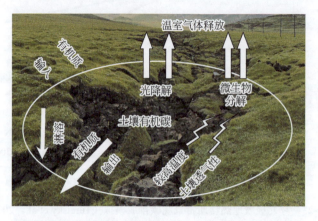

图 7-24　坡地热喀斯特影响生态系统碳循环过程示意图（Mu et al.，2016）

　　热融滑塌过程中土壤温度升高，地下冰加速融化，土壤水分的空间格局发生变化，如高地处土壤水分降低，低凹处则出现积水。这些土壤水热条件变化进而影响多年冻土区生态系统的温室气体排放过程（图 7-25）。从碳循环角度来看，土壤温度升高，会增强微生物活性，增加有机碳的矿化速率。土壤水分含量也是控制有机碳分解和温室气体排放的重要因素。生长季节整个热融滑塌地貌区由碳汇转变为碳源，但总体上减少了 CH_4 排放，加速了 N_2O 排放速率。但由于不同区域土壤水分含量存在差异，CH_4 和 N_2O 的释放规律不同。例如在青藏高原刚察地区，热融滑塌发育加速了 CH_4 的排放，而在青藏高原北部俄博岭地区，热融滑塌虽然在暴露裸土区加速了 CH_4 的排放，但由于其面积较小，整体景观尺度上呈现为 CH_4 排放降低。另外，热融滑塌不同塌陷阶段 CH_4 和 N_2O 的排放速率也具有很大差异。在滑塌早期和中期（塌陷后 3～12 年），CH_4 排放量与未受干扰的草甸相似，而在滑塌

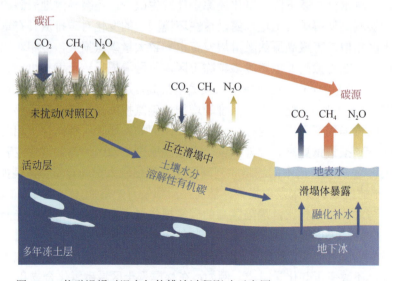

图 7-25　热融滑塌对温室气体排放过程影响示意图（Mu et al.，2017a）

后期（塌陷后 20 年）CH_4 排放量是未受干扰草甸的 3.5 倍。热融滑塌地貌 CH_4 排放的影响因素主要有以下三个：第一是土壤砂含量，因为较粗的土质地有利于 CH_4 的扩散。虽然砂粒含量的增加也有利于氧气的输入，从而促进甲烷氧化菌的生长，但也可能通过其他方式抑制甲烷氧化菌的生长。随着砂土含量的增加，土壤氮含量沿解冻序列的降低，从而增加了产甲烷氧化菌之间对氮资源的竞争，导致产甲烷氧化菌基因丰度降低。第二，砂含量间接影响 CH_4 的释放，通过减少 H^+ 的吸附，提高土壤 pH，从而通过调节酸性土壤 CH_4 的生成促进 CH_4 的通量。第三，砂粒含量通过间接增加土壤孔隙空间进一步调控 CH_4 排放。因此，在研究山地热喀斯特作用下 CH_4 动态时，土壤结构的变化不能被忽视。此外，在热融滑塌初期（塌陷 3 年）N_2O 排放量显著增加，特别是在暴露的裸土斑块。热融滑塌引起的 N_2O 排放增加可以归因于基质供应的增加，以及相关的微生物丰度和活性的变化。

此外，对热融滑塌地貌区小流域流量和 DOC 进行连续监测，同时结合稳定性碳同位素和紫外吸收值进行分析发现，融化季节活动层融化深度加深延长了 DOC 在垂直剖面的停留时间，导致地表径流 DOC 含量和生物可利用性下降（图 7-26）。这是融化深度、流动路径以及 DOC 的季节变化之间相互作用引起的。随着活动层厚度的增加，DOC 通量和生物降解能力将会下降，这主要是由于"自生"衍生的 DOC 是高度可生物降解的。例如，有研究表明 DOC 在产生的前几周有 50%～70%将会损失。这是由于在融化季结束时，由活动层深处释放出的 DOC 从融化层底部释放出来，在到达河流之前或不久之后就会被分解。相反地，热喀斯特地貌的形成有效地缩短了流动路径，将可生物降解的 DOC 和 SOC 直接传送到河流和湖泊。因此，多年冻土区河流生物可利用性 DOC 输出量的变化很大程度上取决于山地热喀斯特形成的范围和位置。然而，不论是目前还是未来山地热喀斯特的研究都受到了限制，因此目前模拟 DOC 通量存在一定的挑战。

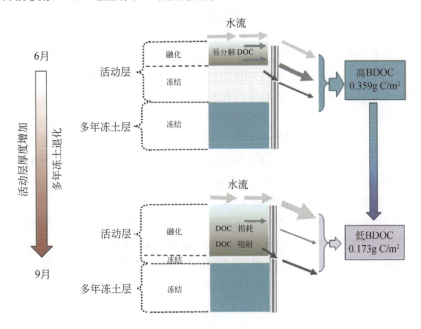

图 7-26　青藏高原多年冻土区热融滑塌发育对溶解性有机碳的影响（Mu et al., 2017a）

总之，青藏高原多年冻土区温度高，热稳定性差，热喀斯特改变了地表景观，对土壤碳氮进行了重新分配，并且导致土壤水分和温度发生改变，从而极大地影响了多年冻土区碳循环过程。此外，坡地热喀斯特景观的发育也破坏了草地，导致牧民的经济损失，加剧水土流失，引发环境保护方面的问题，因此需要予以重视。

2. 热融湖塘对甲烷排放的影响

1）热融湖塘甲烷的产生

热融湖塘主要发育在富冰多年冻土区，土壤有机碳含量较高。热融湖塘在形成过程中，原有的植被和土壤被淹没，同时流域内的溶解性有机碳也会不断汇入。从碳储量的角度来说，热融湖塘沉积物中存储了大量的有机碳，有机质主要是外源碳，具体包括底泥中的碳、溶解性有机碳和热融湖塘底部融化层中的碳。虽然形成很久的热融湖塘会有一定数量的浮游植物，甚至沉水植物，但受低温的影响，大部分热融湖塘的初级生产力很低。热融湖塘含碳温室气体的释放主要是由微生物分解形成的。此外，有机质的光降解和化学分解也会释放部分温室气体。

热融湖塘的形成改变了多年冻土区原有的地表形态，使得陆地生态系统转变成水生生态系统，湖底从最初的有氧环境转变为无氧还原环境后土壤有机碳主要以甲烷的形式释放出来。甲烷生成是指在厌氧条件下产甲烷菌以乙酸、二氧化碳、氢气及甲基化合物等为底物产生甲烷的过程，其中乙酸、二氧化碳和氢气等底物是由复杂的大分子有机物通过胞外酶水解形成的。热融湖塘甲烷的产生途径有三种，分别为乙酸发酵型、氢营养型和甲基营养型，通常以前两种途径为主。以 CO_2 和 H_2 为底物的产甲烷作用是由氢营养型产甲烷菌（自养）进行的，当 CO_2 还原为 CH_4 时进行的反应：$CO_2+4H_2\longrightarrow CH_4+2H_2O$。产甲烷菌以乙酸为底物的产甲烷作用是由乙酸分解产甲烷菌（异养）进行的，当乙酸被还原为 CH_4 时发生反应：$C_2H_3O_2^-+H^+\longrightarrow CH_4+CO_2$。目前，已经证实热融湖塘甲烷的产生途径以乙酸发酵和氢营养型为主（图 7-27）。然而，由于不同热融湖塘之间甚至单个湖塘内物理化学参数和有机质的类型不同，产甲烷底物的可利用性可能存在差异。因此，热融湖塘中产甲烷途径以乙酸发酵为主还是以氢营养型为主仍存在争议。例如，在加拿大东部连续多年冻土区的多边形池塘和湖泊中产甲烷途径以乙酸分解为主导，在北极阿拉斯加地区热融湖塘中乙酸发酵和氢营养型产甲烷途径占比为 2:1，且随着深度的增加，这个比值进一步被放大。与上述研究相反，在西伯利亚北部的一个热融湖塘和邻近的热融洼地中，CH_4 主要通过氢营养产甲烷作用产生。当热融湖塘底部多年冻土完全融化发育为热喀斯特沼泽时，pH 显著降低可能导致产甲烷途径从乙酸发酵型转变为氢营养型。

热融湖塘沉积物的甲烷产生潜力具有高度的变异性。从垂直分布上看，热融湖塘沉积物中富含有机质层由于具有更高的底物可用性（更高的 C 和 N 浓度），以及与外来陆源物质相关的化合物（烷烃、烯烃、木质素，以及酚类和酚类前体），CH_4 的产生潜力较大 [~125.9 μg CH_4-C/（g OC·d）]，占整个岩心甲烷产生总量的 2/3。其次是底部刚刚融化的多年冻土，甲烷产生速率约为 56125.9 μg CH_4-C/（g OC·d）。湖相粉砂层、之前融化的多年冻土层及过渡多年冻土层的甲烷产生潜力较低。另外，不同层位对升温的敏感性不同，总体范围在 0.11~0.42，其中富含有机质层温度敏感性最低，而之前融化的多年冻土层温度敏感性最高。热融湖塘中甲烷的产生主要受盐度、pH、温度、植被类型、微生物群落组成和底物质量等的影响。研究发现甲烷的产生与沉积物中活性有机质的含量存在一定的相关性，产甲烷菌丰度高的区域甲烷的产生潜力也较大。盐度和 pH 主要通过影响微生物群落组成对甲烷生成过程产生影响。

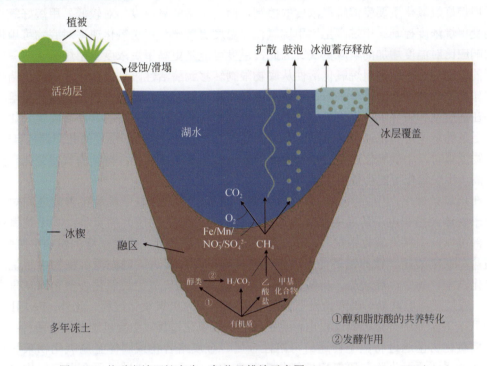

图 7-27　热融湖塘甲烷产生、氧化及排放示意图（in't Zandt et al.，2020）

2）热融湖塘甲烷的氧化

热融湖塘产生的甲烷并不都会被释放到大气中，在向上传输过程中部分甲烷会被氧化成二氧化碳。因此，量化甲烷氧化速率及其控制因素是限制甲烷排放的重要途径。甲烷的氧化分为好氧氧化和厌氧氧化两个过程。其中，好氧氧化过程是指好氧甲烷氧化菌以甲烷为碳源和能量源在氧气作用下将甲烷转化成二氧化碳的过程；而厌氧氧化过程是指在厌氧条件下甲烷营养古菌和细菌之间争夺无机电子受体的过程。

甲烷好氧氧化过程显著降低了水生生态系统甲烷排放，主要取决于湖塘中甲烷和氧气的浓度，而甲烷和氧气的浓度依赖于产甲烷过程、初级生产、大气扩散及与甲烷氧化竞争氧气的有氧代谢过程。据估计，在全球范围内，淡水生态系统产生的甲烷中有 30%～99% 的甲烷在水柱中被微生物氧化。同样地，甲烷好氧氧化在北极高纬度地区发育的热融湖塘中也扮演着重要角色，溶解在水中的甲烷高达 88% 被氧化。多年冻土融化为热融湖塘甲烷生成和碳矿化提供了独特的活性有机碳来源，为湖泊的自源和异地碳输入提供了动力，因此热融湖塘的甲烷好氧氧化直接或间接地与多年冻土类型和景观过程有关。不同多年冻土类型，土壤有机质含量、组成及地下冰含量各不相同。叶叨玛是一种富含有机物的更新世多年冻土，其地下冰含量按体积计为 50%～90%。与叶叨玛相比，非叶叨玛分布更广，有机质层更薄且碳组分多变。因此，叶叮玛地区形成的热融湖塘吸收了大量来自周边景观融化和沉降的陆生有机碳，导致甲烷好氧氧化速率显著高于其他地区的热融湖塘和非热融湖塘。此外，不同季节甲烷的好氧氧化速率也存在较大差异。例如在阿拉斯加地区，无论是叶叮玛地区的热融湖塘还是非叶叮玛地区的湖塘，夏季甲烷好氧氧化速率均显著高于冬季，冬季甲烷好氧氧化主要受溶解氧浓度的控制，而夏季溶解氧浓度相对较低，甲烷好氧氧化主要受甲烷浓度控制。甲烷产生比甲烷氧化对温度更敏感，甲烷氧化速率对底物可用性增加的响应比对温度增加的响应更快。因此，温度可能是更高甲烷浓度下甲烷氧化速率的更重要的驱动因素，因为甲烷氧化活性从底物限制转移到酶活性限制。由于甲烷氧化菌使用甲烷作为其碳和能源的唯一来源，甲烷浓度的增加可能会刺激其增长。长期实验室培养发现，在基质饱和条件下，甲烷氧化菌群落的丰度和结构会随着温度的升高而发生变化。底物充足条件下甲烷氧化速率随温度的升高而显著增加，并受底物和温度的共同调控；相反，当底物受限时，甲烷氧化速率受底物输入的影响而不受温度控制；持续的气候变化导致温度升高，甲烷氧化可能会抵消甲烷产生。

在厌氧条件下，甲烷氧化主要有以下两个途径：①细菌与甲烷氧化古菌之间对于无机电子受体（指在电子传递中接受电子的物质和被还原的物质）的竞争；②甲烷氧化古菌内部可以产生氧气氧化甲烷，氧化过程由好氧甲烷菌执行。热融湖塘沉积物中硫酸盐、硝酸盐、亚硝酸盐、铁和锰等均可以作为终端电子受体促进热融湖塘沉积物中甲烷的厌氧氧化过程。其中，硫酸盐、硝酸盐/亚硝酸盐还原菌与厌氧甲烷氧化古菌之间竞争电子受体，通过还原硫酸盐、硝酸盐及亚硝酸盐完成甲烷的厌氧氧化过程。此外，Fe（Ⅲ）和Mn（Ⅳ）等金属的异化还原过程也影响甲烷的厌氧氧化过程，主要机制有以下两种：①厌氧甲烷氧化古菌通过将电子传递给可溶性金属、金属络合物或固体金属氧化物来氧化甲烷；②金属还原微生物与厌氧甲烷氧化古菌竞争电子受体，通过还原金属氧化物来氧化甲烷（图7-28）。但不同深度沉积物甲烷厌氧氧化速率及驱动的终端电子受体存在差异。对热融湖塘沉积物岩心进行分层培养发现，已经在原位融化了几个世纪的多年冻土沉积物甲烷厌氧氧化速率［平均值为（1.7 ± 0.7）$pmol/（cm^3\cdot d$）］较高，这主要与亚硝酸盐和硫酸盐浓度较高有关。此外，沉积物表层 $0\sim25cm$ 处［（12.27 ± 3.96）$nmol/（cm^3\cdot d$）］由于较高浓度的 Fe 和 Mn 的驱动，导致甲烷的厌氧氧化速率也相对较高。然而，电子受体与甲烷氧化在一些地区未发现显著相关性。因此，热融湖塘甲烷氧化过程的控制因素仍不清楚，有待进一步探究。

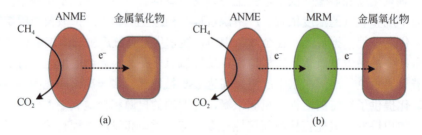

图7-28　金属介导的甲烷氧化过程不同机制（He et al.，2018）

ANME：厌氧甲烷氧化古菌；MRM：金属还原微生物

基质质量和基质有效性对 SOC 在厌氧条件下的分解具有重要影响。铁不仅可以作为终端电子受体参与甲烷的厌氧氧化，还可以对热融湖塘沉积物中 SOC 的稳定性产生影响。随着多年冻土退化，热融湖塘扩张及排水等过程使得一部分与铁氧化物结合的 SOC 可能被释放出来，转化为可自由获得的碳，导致多年冻土碳排放增加。相反地，随着多年冻土融化金属阳离子释放，铁氧化物的形成，通过络合或吸附在矿物表面形成稳定的有机碳，减少了微生物对有机碳的可利用性，从而可能减轻多年冻土碳排放。有机质与矿物之间的相互作用影响了有机质在多年冻土中微生物分解的可及性和有机质的稳定性。在对多年冻土未来碳排放的估计中，如果忽略矿物表面与 SOC 之间的非生物相互作用，可能会高估 SOC 储量对全球变暖的响应。此外，磷是水生环境中植物和藻类的必需营养物质，富营养化导致磷的增加不仅会增加沉积物 CH_4 的生成和鼓泡排放，还可能增强 CH_4 的氧化。尤其是被困在冰下的气泡可能在更大程度上被氧化，从而减少了 CH_4 的冰外排放。

3）热融湖塘甲烷的排放

甲烷在水中的溶解度较低（在 0～20℃时为 23～40 mg/L），热融湖塘沉积物中产生的甲烷会通过扩散、鼓泡和维管束植物运输进入大气。因此，在很大程度上，运输途径的类型控制着甲烷的排放速率。甲烷扩散主要发生在夏季无冰期，当湖水中甲烷过度饱和时会正向扩散到大气，但甲烷的扩散通量对大气的贡献较低，一般为 2%～12%。鼓泡是大多数热融湖塘甲烷排放的主要途径，当高浓度的甲烷积聚在沉积物孔隙空间时，超过水体溶解极限就会形成甲烷气泡，并通过次生孔隙通道（指由于次生作用形成的孔隙，如淋溶作用、溶解作用、重结晶作用等成岩作用所形成的孔隙和孔洞，以及各种构造作用所形成的裂缝）迁移释放到大气中；当流体静压力下降时，鼓泡速率达到最大（图 7-29）。热融湖塘排放的甲烷有 5.4%～100% 是通过鼓泡形式释放的。冬季湖面结冰时甲烷鼓泡会被封存在湖冰中和冰层下积聚，随后在春季融化时集中释放，这部分通量可能占湖塘甲烷总释放量的 7%～11%。但气泡在被冰包裹之前，部分甲烷会溶解到湖水中，约 50% 可能会被氧化。此外，植物是甲烷运移的一个重要因素，通过维管束植物的通气组织甲烷可以从缺氧层直接输送到大气中，从而绕过土壤中甲烷氧化最为突出的有氧/缺氧界面。在湿地多年冻土区通过薹草等莎草植物输送到大气中的甲烷高达 68%。

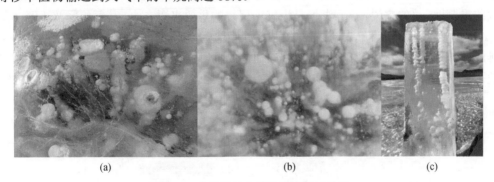

(a)	(b)	(c)

图 7-29　热融湖塘冬季冰封期甲烷鼓泡

北半球多年冻土区热融湖塘中甲烷主要以自然冒泡的形式排放，但不同地区不同运输途径的占比显著不同。在阿拉斯加一个典型的热融湖塘中，每年甲烷总排放量约为 40.9 g

CH_4/m^2，其中约 77%来自鼓泡，11%来自冰泡蓄存通量，12%来自扩散通量。气泡中甲烷的放射性碳年龄比溶解在水柱中的甲烷年龄更古老。多年冻土景观类型、植被类型及受扰动强度等差异导致甲烷的排放速率具有较高的时空异质性。在阿拉斯加、加拿大及西伯利亚等地区分布的叶叨玛，其有机碳储量高，地下冰含量高达 50%～90%。该地区发育的热融湖塘甲烷平均排放速率为 50.2 g $CH_4/(m^2 \cdot a)$，约是非叶叨玛地区甲烷排放量［平均值 6.37 g $CH_4/(m^2 \cdot a)$］的 8 倍。目前，对于热融湖塘甲烷排放的研究主要集中于夏季无冰期和冬季冰封期，对于春季和秋季湖冰消融期的观测有限。这主要是因为北半球大部分热融湖塘的解冻或冰封期都很短，在解冻或冰封期间大量的气体迅速释放出来，很难捕获。热融湖塘甲烷排放的季节性表现为夏季甲烷通量高于冬季。例如，在阿拉斯加一个典型的热融湖塘中，夏季甲烷扩散通量与鼓泡通量之和为 31.4 g $CH_4/(m^2 \cdot a)$，约是冬季甲烷通量［包括鼓泡和冰泡储蓄通量，9.4 g $CH_4/(m^2 \cdot a)$］的 3 倍。湖泊在冬季冰层下含有大量溶解的甲烷，冰下甲烷浓度比大气平衡状态下高出 5 个数量级，冬季冰下气体的聚集会导致春季冰破裂时地表水的排放比夏季开放水域的排放高出 10～100 倍。此外，湖面冰均含有甲烷气泡，但其含量小于相应湖水中甲烷溶解总量的 5%。然而，对水温和氧气的连续原位测量表明，面积与深度比较小的湖泊可能会部分保留整个冬季在其底部水域积聚的温室气体，从而限制了春季甲烷的损失；在秋季的冷却和循环过程中发生更彻底的混合，冬季和夏季积累在水底的气体可能会在这个时候释放出来。因此，为了更好地评估北方湖泊对全球碳循环的贡献及其对气候变化的敏感性，需要开展更多覆盖全年的监测，并考虑解冻和秋季混合期的甲烷排放。

在单个的热融湖塘中，甲烷排放在空间和时间上也存在差异。水力侵蚀和机械侵蚀导致湖岸坍塌，使得热融湖塘岸边甲烷的鼓泡排放速率显著高于湖中心地区，且热融湖塘边缘地带鼓泡释放的甲烷其放射性碳的年龄更古老，而热融湖塘中心的甲烷碳来源较年轻。此外，热融湖塘不同演替阶段的碳源汇效应也存在差异（图 7-30）。新形成的热融湖塘（＜60 年）其碳排放量通常比成熟的热融湖塘还要高。随着热融湖塘的成熟和干涸（通常在千年时间尺度上），它们的净碳排放变得更低，在某些情况下，由于碳被增加的植物生物量所隔离，净碳排放为负。因此，研究不同环境下的湖泊以限制环北极地区其潜在的温室气体排放的重要性。总的来说，热融湖塘是大气中甲烷的重要来源之一，其每年释放 1.9～6.3 Tg CH_4。模型模拟结果表明在 21 世纪，热融湖塘底部多年冻土突然融化导致甲烷和二氧化碳的排放，将使环北极地区多年冻土–土壤碳通量的辐射强迫增加一倍以上。尤其是突然融化加速了深层冻结的老碳的流动，与缓慢融化过程相比，老碳排放量增加了 125%～190%。

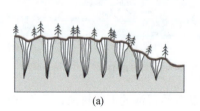
(a)

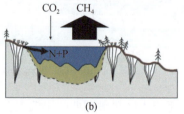
(b)

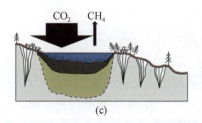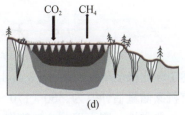

图 7-30　热融湖塘不同演替阶段的碳源汇效应（Walter Anthony et al.，2014）

　　然而，目前热融湖塘碳排放还存在较大的不确定性，主要源于：①目前对于热融湖塘甲烷排放的研究主要集中于夏季无冰期和冬季冰封期，对于春季和秋季湖冰消融期的观测有限。因此，为了更好地评估北方湖泊对全球碳循环的贡献及其对气候变化的敏感性，需要开展更多覆盖全年的监测，并考虑解冻和秋季混合期的甲烷排放。②多年冻土区有很多湖塘，哪些属于热融湖塘，目前还不好判断。对于较小的水体，如数百平方米的湖塘，遥感影像的分析存在着分辨率不够的问题。在较好地识别热融湖塘的基础上，结合其他信息，如地形、地下冰含量等数据，才能对湖塘的发展趋势进行预测。③热融湖塘面积、深度大小不一，不同面积、深度碳释放的形式、数量和影响因素都不同，且差异巨大。目前，现有碳通量的观测数据总体上还较少。因此，明确各个地貌的温室气体释放规律并进行空间扩展，是减少多年冻土碳循环研究不确定性的重要任务之一。

3. 海岸侵蚀对碳循环的影响

　　北极陆架的有机碳埋藏量占全球海洋的 11%，该区在碳的生物地球化学循环和全球变化中的作用一直受到密切关注。北极东西伯利亚陆架是全球最为宽浅的陆架，主要包括楚科奇海、东西伯利亚海和拉普捷夫海，该区大部分属于俄罗斯北极陆架，地域广阔，区域环境差异显著。广阔分布的多年冻土和季节性海冰使得该区域的有机碳源汇过程独具特色，不同类型陆源有机碳的输入不仅受径流影响，且流域/海岸侵蚀排放（多年冻土碳为主）也有重要贡献。

　　随着北极变暖，多年冻土退化加剧，不仅可引起大陆架海底多年冻土中甲烷等温室气体直接排放，还导致自末次冰期以来封存在海底多年冻土中的陆源有机碳加速释放。自 20 世纪以来，泛北极地区平均每年通过径流输送约 32 Tg 的溶解性有机碳到水体并最终进入北冰洋；俄罗斯北极陆架每年向北冰洋外海输送约 12 Tg 的颗粒性有机碳（其中含大量的冻土老碳），且呈逐年增长的趋势，这主要与区域水文循环过程有关。在北极快速变化的背景下，东西伯利亚陆架目前接收了来自河流径流和海岸侵蚀的大量陆源物质，尤其是海岸侵蚀贡献了大量冰期时形成的多年冻土。为综合评估气候变化对多年冻土及有机碳输入的影响，需要考虑涉及冻土冻融过程等多方面因素的碳循环评估模型（如 IBIS、STM、TEM 和 LPJ 等）。不同的评估研究结果显示，环北极海岸侵蚀引起的有机碳释放为 5.84～46.54 Tg/a。而据碳同位素平衡模型估算，每年因侵蚀/融化而排放输入的冻土有机碳约为 44 Tg，约占总沉积有机碳的 57%，其中，15%～66%可直接矿化为二氧化碳，剩余部分（约 20 Tg）则继续输送或埋藏在陆架。

7.5 本章小结

本章阐述了环北极多年冻土区 0～3 m 土壤有机碳储量约为 1000（830～1186）Pg，海底多年冻土有机碳储量估计值为 560（170～740）Pg。由于数据资料有限，有机碳储量仍然存在很大的不确定性。冻土退化会改变微生物的群落多样性，影响其稳定性，可能引发对生态系统的级联效应。微生物通过微生物碳泵将土壤中植物来源的有机碳经体内周转和体外循环途径降解和转化，最终以微生物残体碳的形式不断续埋保存。

冻土区土壤碳释放的温度敏感性主要受生物（主要是微生物）和非生物（气候、底物质量、土壤理化性质等）因素的调节。冻土融化对微生物群落的影响直接调控冻土碳释放过程。多年冻土退化对气候变化具有正反馈效应。多年冻土区碳源汇效应在不同区域表现出了巨大的差异，未来不同的排放情景下土壤碳库变化预估存在较大的差异。

思 考 题

（1）多年冻土区有机碳组分的空间分布特征如何？冻土碳组分和微生物群落对碳分解过程有什么影响？

（2）多年冻土快速崩塌形成热喀斯特地貌如何影响碳循环过程？

（3）多年冻土区碳源汇预估面临的挑战和不确定性主要是什么？

参 考 文 献

陈拓，张威，刘光琇，等. 2020. 冰冻圈微生物：机遇与挑战. 中国科学院院刊，35：434-442.

贺纪正，陆雅海，傅博杰. 2015. 土壤生物学前沿. 北京：科学出版社.

康世昌，黄杰，牟翠翠，等. 2020. 冰冻圈化学：解密气候环境和人类活动的指纹. 中国科学院院刊，35：456-465.

刘光琇. 2016. 极端环境微生物学. 北京：科学出版社.

沈菊培，贺纪正. 2011. 微生物介导的碳氮循环过程对全球气候变化的响应. 生态学报，31：2957-2967.

Abbott B W，Jones J B. 2015. Permafrost collapse alters soil carbon stocks，respiration，CH$_4$, and N$_2$O in upland tundra. Global Change Biology，21：4570-4587.

Abbott B W，Jones J B，Godsey S E，et al. 2015. Patterns and persistence of hydrologic carbon and nutrient export from collapsing upland permafrost. Biogeosciences，12：3725-3740.

Baets S，van de Weg M，Lewis R，et al. 2016. Investigating the controls on soil organic matter decomposition in tussock tundra soil and permafrost after fire. Soil Biology and Biochemistry，99：108-116.

Baldock J，Skjemstad J O. 2000. Role of the soil matrix and minerals in protecting natural organic materials against biological attack. Organic Geochemistry，31：697-710.

Berg B. 2000. Litter decomposition and organic matter turnover in northern forest soils. Forest Ecology and Management，133：13-22.

Chen L，Liu L，Mao C，et al. 2018. Nitrogen availability regulates topsoil carbon dynamics after permafrost thaw by altering microbial metabolic efficiency. Nature Communications，9（1）：3951.

Chen Y，Liu F，Kang L，et al. 2021a. Large-scale evidence for microbial response and associated carbon release after permafrost thaw. Global Change Biology，27：3218-3229.

Chen Y，Romps D M，Seeley J T，et al. 2021b. Future increases in Arctic lightning and fire risk for permafrost carbon. Nature Climate Change，11：404-410.

Cotrufo M F，Wallenstein M，Boot C，et al. 2013. The Microbial Efficiency-Matrix Stabilization （MEMS） framework integrates plant litter decomposition with soil organic matter stabilization：Do labile plant inputs form stable soil organic matter?. Global Change Biology，19：988-995.

Crowther T，Hoogen J，Wan J，et al. 2019. The global soil community and its influence on biogeochemistry. Science，365：eaav0550.

Crowther T，Sokol N，Oldfield E，et al. 2015. Environmental stress response limits microbial necromass contributions to soil organic carbon. Soil Biology and Biochemistry，85：153 -161.

Dai G，Ma T，Zhu S，et al. 2018. Large-scale distribution of molecular components in Chinese grassland soils：The influence of input and decomposition processes. Journal of Geophysical Research：Biogeosciences，123：239-255.

de Leeuw J，Largeau C. 1993. A review of macromolecular organic compounds that comprise living organisms and their role in kerogen，coal，and petroleum formation//Engel M H，Macko S A. Organic Geochemistry：Principles and Applications. Berlin：Springer：23-72.

Ding J，Li F，Yang G，et al. 2016. The permafrost carbon inventory on the Tibetan Plateau：A new evaluation using deep sediment cores. Global Change Biology，22：2688-2701.

Ding J，Wang T，Piao S，et al. 2019. The paleoclimatic footprint in the soil carbon stock of the Tibetan permafrost region. Nature Communications，10：1-9.

García-Palacios P，Crowther T，Dacal M，et al. 2021. Evidence for large microbial-mediated losses of soil carbon under anthropogenic warming. Nature Reviews Earth & Environment，2：585.

Gilichinsky D，Wagener S，Vishnivetskaya T. 1995. Permafrost microbiology. Permafrost and Periglacial Processes，6：281-291.

Graham D E，Wallenstein M D，Vishnivetskaya T A，et al. 2012. Microbes in thawing permafrost：The unknown variable in the climate change equation. The ISME Journal，6：709-712.

Hartley I P，Hopkins D W，Sommerkorn M，et al. 2010. The response of organic matter mineralisation to nutrient and substrate additions in sub-arctic soils. Soil Biology and Biochemistry，42：92-100.

He Z，Zhang Q，Feng Y，et al. 2018. Microbiological and environmental significance of metal-dependent anaerobic oxidation of methane. Science of the Total Environment，610-611：759-768.

Hedges J，Mann D. 1979. The characterization of plant issues by their lignin oxidation products. Geochimica et Cosmochimica Acta，43：1803-1807.

Hu W，Zhang Q，Tian T，et al. 2015. The microbial diversity，distribution，and ecology of permafrost in China：A review. Extremophiles，19：693-705.

Hugelius G，Strauss J，Zubrzycki S，et al. 2014. Estimated stocks of circumpolar permafrost carbon with quantified uncertainty ranges and identified data gaps. Biogeosciences，11：6573-6593.

Hultman J，Waldrop M P，Mackelprang R，et al. 2015. Multi-omics of permafrost，active layer and thermokarst bog soil microbiomes. Nature，521：208-212.

in't Zandt M H，Liebner S，Welte C U. 2020. Roles of thermokarst lakes in a warming world. Trends in Microbiology，28：769-779.

IPCC. 2019. IPCC Special Report on the Ocean and Cryosphere in a Changing Climate. Cambridge：Cambridge University Press.

Jansson J. 2011. Towards "tera-terra"：Terabase sequencing of terrestrial metagenomes. ASM Microbe，6：309-315.

Jansson J K，Taş N. 2014. The microbial ecology of permafrost. Nature Reviews Microbiology，12：414-425.

Jenkinson D S，Ladd J N. 1981. Microbial biomass in soil：Measurement and turnover//Paul E A，Ladd J N. Soil Biochemistry：Volume 5. New York：Marcel Dekker，Inc.

Jiang L，Chen H，Zhu Q，et al. 2018. Assessment of frozen ground organic carbon pool on the Qinghai-Tibet Plateau. Journal of Soils and Sediments，19：128-139.

Jung S J，Kim S H，Chung I M. 2015. Comparison of lignin，cellulose，and hemicellulose contents for biofuels utilization among 4 types of lignocellulosic crops. Biomass and Bioenergy，83：322-327.

Kirk T，Farrell R. 1987. Enzymatic "combustion"：The microbial degradation of lignin. Annual Review of Microbiology，41：465-505.

Kögel-Knabner I. 2002. The macromolecular organic composition of plant and microbial residues as inputs to soil organic matter. Soil Biology and Biochemistry，34：139-162.

Kögel-Knabner I，Amelung W. 2013. Dynamics，chemistry，and preservation of organic matter in soils. //Holland H D，Turekian K K. Treatise on Geochemistry. 2nd ed. New York：Elsevier：157-215.

Lal R. 2004. Soil carbon sequestration to mitigate climate change. Geoderma，123：1-22.

Lal R. 2008. Sequestration of atmospheric CO_2 in global carbon pools. Energy and Environmental Science，1：86-100.

Liang C，Amelung W，Lehmann J，et al. 2019. Quantitative assessment of microbial necromass contribution to soil organic matter. Global Change Biology，25：3578-3590.

Liang C，Cheng G，Wixon D，et al. 2011. An Absorbing Markov Chain approach to understanding the microbial role in soil carbon stabilization. Biogeochemistry，106：303-309.

Liang C，Schimel J，Jastrow J. 2017. The importance of anabolism in microbial control over soil carbon storage. Nature Microbiology，2：17105.

Ma T，Zhu S，Wang Z，et al. 2018. Divergent accumulation of microbial necromass and plant lignin components in grassland soils. Nature Communications，9：3480.

McKendry P. 2002. Energy production from biomass（Part 1）：Overview of biomass. Bioresource Technology，83：37-46.

Melillo J，Aber J，Muratore J. 1982. Nitrogen and lignin control of hardwood leaf litter decomposition dynamics. Ecology，63（3）：621-626.

Mishra U，Hugelius G，Shelef E，et al. 2021. Spatial heterogeneity and environmental predictors of permafrost region soil organic carbon stocks. Science Advances，7：eaaz5236.

Mu C C，Abbott B W，Wu X D，et al. 2017a. Thaw depth determines dissolved organic carbon concentration and biodegradability on the northern Qinghai-Tibetan Plateau. Geophysical Research Letter，44：9389-9399.

Mu C C，Abbott B W，Zhao Q，et al. 2017b. Permafrost collapse shifts alpine tundra to a carbon source but reduces N$_2$O and CH$_4$ release on the northern Qinghai-Tibetan Plateau：Permafrost collapse and greenhouse gases. Geophysical Research Letters，44：8945-8952.

Mu C，Zhang T，Wu Q，et al. 2015. Organic carbon pools in permafrost regions on the Qinghai-Xizang（Tibetan）Plateau. The Cryosphere，9：479-486.

Mu C，Zhang T，Zhang X，et al. 2016. Carbon loss and chemical changes from permafrost collapse in the northern Tibetan Plateau. Journal of Geophysical Research：Biogeosciences，121：1781-1791.

Opfergelt S. 2020. The next generation of climate model should account for the evolution of mineral-organic interactions with permafrost thaw. Environmental Research Letters，15：091003.

Otto A，Shunthirasingham C，Simpson M. 2005. A comparison of plant and microbial biomarkers in grassland soils from the Prairie Ecozone of Canada. Organic Geochemistry，36：425-448.

Palmtag J，Obu J，Kuhry P，et al. 2022. A high spatial resolution soil carbon and nitrogen dataset for the northern permafrost region based on circumpolar land cover upscaling. Earth System Science Data，14：4095-4110.

Pausch J，Kuzyakov Y. 2017. Carbon input by roots into the soil：Quantification of rhizodeposition from root to ecosystem scale. Global Change Biology，24：12.

Pérez J，Muñoz-Dorado J，de la Rubia T，et al. 2002. Biodegradation and biological treatments of cellulose，hemicellulose and lignin：An overview. International Microbiology，5：53-63.

Perez-Pimienta J，Lopez-Ortega M，Varanasi P，et al. 2012. Comparison of the impact of ionic liquid pretreatment on recalcitrance of agave bagasse and switchgrass. Bioresource Technology，127C：18-24.

Qin S，Kou D，Mao C，et al. 2021. Temperature sensitivity of permafrost carbon release mediated by mineral and microbial properties. Science Advances，7：eabe3596.

Ren S，Ding J，Yan Z，et al. 2020. Higher temperature sensitivity of soil C release to atmosphere from northern permafrost soils as indicated by a meta-analysis. Global Biogeochemical Cycles，34：e2020GB006688.

Rivkina E，Da G，Wagener S，et al. 1998. Biogeochemical activity of anaerobic microorganisms from buried permafrost sediments. Geomicrobiology Journal，15：187-193.

Rivkina E M，Laurinavichus K S，Gilichinsky D A，et al.2002. Methane generation in permafrost sediments. Doklady Biological Sciences，383：179-181.

Rivkina E，Shcherbakova V，Laurinavichius K，et al. 2007. Biogeochemistry of methane and methanogenic archaea in permafrost. FEMS Microbiology Ecology，61：1-15.

Sayedi S S，Abbott B W，Thornton B F，et al. 2015. Subsea permafrost carbon stocks and climate change sensitivity estimated by expert assessment. Environmental Research Letters，15：124075.

Schuur E A，McGuire A D，Schadel C，et al. 2015. Climate change and the permafrost carbon feedback. Nature，520：171-179.

Shu W S，Huang L N. 2022. Microbial diversity in extreme environments. Nature Reviews Microbiology，20：219-235.

Sokol N，Slessarev E，Marschmann G，et al. 2022. Life and death in the soil microbiome：How ecological processes influence biogeochemistry. Nature Reviews Microbiology，20（7）：415-430.

Steven B，Léveillé R，Pollard W H，et al. 2006. Microbial ecology and biodiversity in permafrost. Extremophiles，10：259-267.

Tarnocai C，Canadell J G，Schuur E A G，et al. 2009. Soil organic carbon pools in the northern circumpolar permafrost region. Global Biogeochemical Cycles，23：GB2023.

Tegelaar E，de Leeuw J，Holloway P J. 1989. Some mechanisms of flash pyrolysis of naturally occurring higher plant polyesters. Journal of Analytical and Applied Pyrolysis，15：289-295.

Thevenot M，Rumpel C，Dignac M F. 2010. Fate of lignins in soils：A review. Soil Biology and Biochemistry，42（8）：1200-1211.

Turetsky M R，Abbott B W，Jones M C，et al. 2020. Carbon release through abrupt permafrost thaw. Nature Geoscience，13：138-143.

Walter Anthony K M，Zimov S A，Grosse G，et al. 2014. A shift of thermokarst lakes from carbon sources to sinks during the Holocene epoch. Nature，511：452-456.

Wang D，Wu T，Wu X，et al. 2021. Soil organic carbon distribution for 0-3 m soils at 1 km^2 scale of the frozen ground in the Third Pole Regions. Earth System Science Data，7：3453-3465.

Wang T，Yang D，Yang Y，et al. 2020. Permafrost thawing puts the frozen carbon at risk over the Tibetan Plateau. Science Advances，6：eaaz3513.

Wild B，Schnecker J，Alves R，et al. 2014. Input of easily available organic C and N stimulates microbial decomposition of soil organic matter in Arctic permafrost soil. Soil Biology and Biochemistry，75：143-151.

Woodcroft B J，Singleton C M，Boyd J A，et al. 2018. Genome-centric view of carbon processing in thawing permafrost. Nature，560：49-54.

Wu M，Chen S，Chen J，et al. 2021. Reduced microbial stability in the active layer is associated with carbon loss under alpine permafrost degradation. Proceedings of the National Academy of Sciences，118：e2025321118.

Wu T，Wang D，Mu C，et al. 2022. Storage, patterns, and environmental controls of soil organic carbon stocks in the permafrost regions of the Northern Hemisphere. Science of the Total Environment，828：154464.

Zhao L，Wu X，Wang Z，et al. 2018. Soil organic carbon and total nitrogen pools in permafrost zones of the Qinghai-Tibetan Plateau. Scientific Reports，8：3656.

Zhou W，Ma T，Yin X，et al. 2023. Dramatic carbon loss in a permafrost thaw slump in the Tibetan Plateau is dominated by the loss of microbial necromass carbon. Environmental Science & Technology，57：6910-6921.

Zimov S A，Schuur E A，Chapin III F S. 2006. Permafrost and the global carbon budget. Science，312：1612-1613.

第8章　冻土地球化学过程

冰冻圈是全球生物地球化学循环中的重要圈层。污染物在大气作用下远距离传输至偏远的高纬度和高海拔地区，最终被封存在多年冻土中。因此，冻土成为各种化学成分的重要储库。本章主要阐述冻土中主要化学成分包括重金属、持久性有机污染物、石油类污染物和黑碳等的来源、迁移、转化和归趋规律及其与气候和环境变化的直接与间接关系。全球气候变化导致多年冻土退化，致使处于冻结状态的污染物重新释放，再次参与到全球生物地球化学过程中，对生态环境和人类健康产生潜在风险。

8.1　冻融过程中的化学成分变化

8.1.1　冻融过程

土在冻结和融化过程中伴随着水分的迁移，也发生盐分的迁移：①在水溶液和良渗透性介质（砾石及砂）中，单向冻结时盐分由正冻层向未冻层迁移；②在渗透性较差的黏性土中，单向冻结时盐分迁移的总方向是由未冻层指向正冻层，剖面上呈上大下小的总趋势；③在融化过程中，砾石和砂进一步脱盐，连同冻结时盐分自正冻层向未冻层迁移，导致潜水矿化度增大。

冻融交替频繁、冰-水相变的波动，可以强化季节冻结和融化层土中的化学反应和岩土的化学风化过程，并在水解、淋溶、氧化、水合等作用及胶体迁移影响下，发生强烈的化学再造及形成一些新的黏土矿物及其他矿物。例如在高、中纬度多年冻土区，排水良好的非潜育土壤具有腐殖质淤泥、铁-铝-钛（Fe-Al-Ti）化合物积累及灰化土形成的典型特征；而在排水差和过湿的潜育土壤中一般以细粒土（黏性土）为主，并具有还原环境特征。在还原环境下，氧化铁（Fe_2O_3）和氧化铝（Al_2O_3）减少，产生氢氧化亚铁 $[Fe(OH)_2]$，使潜育土壤具有典型的蓝灰色和灰色调。在潜育土壤中有水云母、蒙脱石等矿物形成，还可能有蓝铁矿 $[Fe_3(PO_4)_2 \cdot 8H_2O]$、黄铁矿和白铁矿（$FeS_2$）、菱铁矿（$FeCO_3$）生成。苔原带的沼泽化、泥炭化和有机物分解能力差，导致各种氢化物形成，如甲烷（CH_4）、亚磷酸氢（P_2H_2）及硫化氢（H_2S）。在青藏高原上，潮湿土壤中的易溶盐常在地表聚积，高山草甸带（如玉树、那曲地区西部）较为干旱的土壤，则被盐基所饱和，甚至剖面下部还出现碳酸钙聚积。接近雪线的雪缘带土壤表层常有氧化铁聚积；藏北高山草甸带和高山草原带土壤剖面上部及表层的黏粒中，均有非晶质氧化铁存在；喀喇昆仑山-昆仑山区高寒荒漠带土壤表层（亚表层）有游离铁、活性铁聚积等。

总之，独特的水分和温度动态、强烈的寒冻风化和化学风化使季节冻结和融化层土中粉粒含量增高，盐分向地表层积聚，土的吸附性增强，次生矿物生成以及土壤中发生强烈的潜育过程等，都会极大地影响土的性质。

8.1.2 淋溶过程

多年冻土活动层淋溶作用是指活动层中可溶性或悬浮性化合物（黏粒、有机质、易溶盐、碳酸盐和铁铝氧化物等）在水分受重力的作用下由活动层上部向下部迁移，或发生侧向迁移的一种过程。在该过程中，活动层中的物质可能会经过溶解、化学溶提、螯合和机械淋移等作用。在淋溶过程中，活动层中水分将溶解的物质和未溶解的细小土壤颗粒带到深层冻土，使有机质等土壤养分向活动层剖面的深层迁移聚集甚至流失进入地表生态系统。

淋溶作用源于地表水入渗过程中对土壤上层盐分和有机质的溶解和迁移，水分在这一过程中主要以重力水形式出现。水中的各种溶质相互之间及其与水之间极易发生各种化学反应，从而对土壤物质具有良好的迁移和转化能力，具有较强的溶解力。岩土中的可溶盐，如 NaCl（盐岩）、$CaCO_3$（方解石）、Na_2SO_4（石膏）等，在水中以中性分子及离子状态存在，如方解石在水中溶解大多数呈 Ca^{2+} 及 CO_3^{2-} 离子状态。在淋溶过程中水分与岩土不断发生接触，从而溶解岩土中的这些可溶盐。同时，随着盐类化合物组成元素的电价增高，或化学键中共价键性增强，化合物的解离程度迅速减小。淋溶过程中一部分难溶物质进入水中后，会以胶体形式存在。胶体质点具有极大的比表面积、特殊的表面电荷及强烈的吸附作用等特性，造成岩土中一些难溶物质的淋失，也使一些微量元素，如 Cu、Co、Zn、Pb 和 Ba 等发生流失。因此，胶体溶液对难溶化合物的迁移有重要意义。

在冻土区，土壤的淋溶作用与冻融循环息息相关。在冻结期，冻土中水分迁移较慢，淋溶作用较弱；随着冻土融化土壤中水分含量增加，水分迁移速率加快，淋溶强度增大。冻土区土壤发生的较为特殊的淋溶作用包括水漂作用和灰化作用。水漂作用指土壤亚表层在冻结状态影响下，氧化铁被还原并随侧向水流失的漂洗作用；灰化作用指土壤解冻后，土壤亚表层的铁、铝氧化物与腐殖酸形成螯合物向下淋溶并淀积于心土层或底土层，使心土层成为铁、铝和腐殖质碳富集的淀积层，而使亚表土层成为二氧化硅富集、似灰状或灰白色的灰化层。

8.2 化学成分的来源与传输

8.2.1 化学成分来源

冻土的化学成分主要受到土壤特性以及与冻融和生物过程相伴的化学物理过程的影响。土壤的化学组成可分为有机物和无机物，有机物包括可溶性氨基酸、腐殖酸、糖类和有机质-金属离子的配合物。无机物包括主要化学离子 Na^+、Ca^{2+}、Mg^{2+}、K^+、NH_4^+、HCO_3^-、SO_4^{2-}、Cl^-、CO_3^{2-}、NO_3^- 和少量 Fe、Mn、Cu、Zn 等金属盐类化合物，以及土壤孔隙中含有的各种气体等。

1. 自然排放源

冻土区化学成分的自然来源包括火山喷发、粉尘沉降、土壤和水体表面的挥发作用、植物的蒸腾作用、森林火灾和海盐气溶胶的输入等。火山喷发排放大量火山灰和气体物质进入对流层上部和平流层，细粒火山灰以及火山气体则可以在平流层滞留几个月至几年不等，并在半球或全球性尺度上大范围传播，输送到陆地冰冻圈中。火山爆发释放的气体物质主要有 H_2O、N_2、CO_2、SO_2 和 H_2S 等，酸性气体（SO_2 和 H_2S）会与大气中的羟基自由基（·OH）和 H_2O 发生反应生成硫酸根（SO_4^{2-}）或硫酸（H_2SO_4）气溶胶，又称火山气溶胶。它们通过大气环流传输进入冰冻圈，将增加气溶胶的光学厚度并减少地球表面的太阳辐射接收，从而改变地表和大气反照率，导致陆地和海洋冰冻圈表面气温的短期或长期下降。

2. 人类排放源

自工业革命以来，人为活动排放了大量的污染物。由于长距离传输及全球冷捕集效应，加上偏远地区也存在一定的人类活动，导致冻土中储存了石油、持久性有机污染物（POPs）、汞（Hg）和黑碳等物质。石油类污染主要来自油气田勘探、开发、石油储运、加工炼制等过程中的不正确操作所引发的石油泄漏。POPs 主要来源于农药使用、工业生产、工业品的使用以及化石燃料、生物质燃料的燃烧等。汞被广泛应用于工业活动中，主要包括化石燃料燃烧、垃圾焚烧、有色金属冶炼、氯碱工业和水泥制造等（郭军明等，2020）。在常温条件下金属汞主要以气态形式存在并能够较长时间滞留，在大气传输的作用下可以长距离传输并参与全球生物地球化学循环。黑碳气溶胶主要来自化石燃料和生物质的不完全燃烧，通过大气沉降到冻土区。

8.2.2　化学成分进入冻土的主要过程

冻土中化学成分的输送过程包括大气输送、地质运动、沉降、迁移和富集等，其中大气输送是影响冻土化学组分形成的主要环境过程。大气输送包括大尺度环流、局地扰流和湍流。例如，青藏高原受大尺度的西风环流和南亚季风的影响，大气污染物通过环流远距离传输进入高原地区，并通过干、湿沉降过程进入冻土区。干沉降是指无降水时大气化学成分（气溶胶粒子、微量气体等）向冻土表面的输送，湿沉降则是指降水发生时化学成分随降水一起沉降进入冻土区的过程。

1. 干沉降过程

干沉降是大气的一种自净作用，由湍流扩散、重力沉降以及分子扩散等作用引起，气溶胶粒子和微量气体等成分被上述作用过程输送到地球表面，或者使它们落在植被等表面上，分子作用力使它们在物体表面上黏附，进而从大气中被清除。形成干沉降的物理过程包括重力沉降、湍流运动、布朗运动、惯性作用和静电作用等；化学过程包括化学反应、溶解等；生物学过程包括植被生长周期等。这些过程都会受到气象条件、污染物性质和沉积表面特征等因素的影响。对于冰冻圈而言，干沉降分为三个阶段：①化学成分从自由大气向下输送到准表层；②化学成分穿过准表层；③化学成分与冰冻圈介质表面发生作用而进入冰冻圈。在各个阶段中，化学成分传输的速率各不相同；而在同一阶段，不同的化学成分其传输速率也不相同。干沉降速率常用来衡量干沉降作用的强弱，具有速度的量纲，其大小与气溶胶粒子的谱分布、化学成分以及大气状态（湿度、风速和湍流强度等）密切相关。

2. 湿沉降过程

湿沉降主要是通过降水过程携带大气化学成分沉降到地表，主要包括核化清除、云内清除和云下清除。在极地和中纬度高山地区，降水以固态形式为主。雨滴和雪花在形成过程中对化学成分的清除作用差别并不大，但在降落过程中却有较大的差异。雨滴在降落过程中继续捕获大气气溶胶，并伴随着蒸发、微量气体的吸收与逸出等过程。雪花在降落过程中因气温较低对气体的清除作用较弱，相比较而言可能对颗粒物有一定的清除作用。要充分认识湿沉降过程并使之定量化，就必须对云内和云下气体、气溶胶浓度、云凝结核特征、云内冰晶尺寸分布和结霜情况等有足够的认识。

3. 界面交换过程

大气化学成分通过干湿沉降进入冻土后并非一成不变，部分化学性质特殊和活跃的元素或化合物等在"冻土-大气"界面发生复杂的物理、化学反应和生物作用，并进行活跃的界面交换。冻土-大气界面存在痕量元素和持久性有机污染物（POPs）等物质的交换过程。痕量元素尤其是重金属作为污染物的重要组成部分，主要通过沉降作用进入冻土，并随着冻土退化重新以气态或者颗粒物的形式释放进入大气。以汞（Hg）为例，冻土中汞主要来源于大气汞干湿沉降，较之于单质气态汞的不稳定性，颗粒汞惰性较强能暂存在冻土中，活性汞既有可能发生氧化作用与颗粒物质相结合暂时储存，又可能被还原为单质气态汞而再次进入大气。

冻土-大气界面交换的另一种主要化学成分为痕量气体。痕量气体是大气中浓度低于 10^{-6} 的粒种，即总数为 1×10^6 个分子中只有一个待研究分子。例如，大气中的 CO、N_2O、SO_2、O_3、NO、NO_2、CH_4、NH_3、H_2S 和卤化物等都属于痕量气体。由于人类活动影响，大气中诸如 CH_4、N_2O、氟氯烃等痕量气体浓度明显上升，加剧了全球的温室效应。

8.3 多年冻土退化的环境效应

由人为源产生的污染物能够在大气传输的作用下远距离迁移到偏远的两极及中高纬度多年冻土区，并被封存在多年冻土中。因此，多年冻土区相当于一个"储存库"，汇集了人类活动所排放的大气污染物。在全球气候变暖的作用下，多年冻土融化，将之前处于冻结状态的污染物解冻后重新释放，活动层厚度的增加和热喀斯特地貌的形成会影响冻土中污染物的迁移。在北极的多年冻土区是一个巨大的汞库，气候变暖引起北极地区多年冻土出现退化，进而活跃了冻土区汞的迁移转化过程。经估算北极多年冻土区每年约有 20000 kg 的汞污染物进入河流并输入北冰洋中。从冻土中重新释放的汞、持久性有机污染物（POPs）、石油烃类和黑碳等污染物随地表径流进入下游生态系统中，在生物积累和生物放大作用下会对生态环境和人类健康产生较大风险。

8.3.1 汞和其他重金属

重金属是指元素周期表中原子序数大于 20 以及原子密度大于 5 g/cm^3 的元素，包括铁

（Fe）、铜（Cu）、金（Au）、银（Ag）、铅（Pb）、锌（Zn）、汞（Hg）、镉（Cd）等元素。重金属一般在自然界中广泛存在，但天然含量较低。重金属污染是指本来以较低含量存在于自然环境中的重金属元素因人类活动影响明显要高于背景值，并对环境及人体健康造成潜在危害。环境中重金属的人为来源有采矿、冶炼、电镀、化工和电子等工业生产中排放的废水、废气和废渣，以及污水浇灌、农药、化肥等农业方面的不正确操作。重金属在环境中无法降解，并可随着食物链富集放大，或在食物链中将某些原本无毒或毒性不强的重金属转化为毒性更强的金属有机化合物（如汞元素）。

重金属元素普遍存在于大气、水体和土壤中。近些年来，在受人类活动影响最小的南北两极都已检测出镉、铅和汞等重金属离子。北极圈北部样本的镉背景浓度估计为 0.17 mg/kg dw（dw 指干重），而瑞典北部的镉浓度为背景浓度的 2~4 倍，南部浓度则比背景浓度高 5~10 倍。镉在北极地区哺乳动物体内的积累情况为肾脏高于肝脏，在俄罗斯的驯鹿体内肾脏镉浓度比肝脏高 5~10 倍，而肝脏要比肌肉浓度高 10~100 倍，在瑞典的驯鹿体内也能观察到类似结论。此外，格陵兰岛地区冰芯中的铅浓度重现了公元前 800~1965 年铅浓度的变化，后续研究者又将研究时间进一步扩大，发现早在工业革命之前，全球大气环境就已受到人类活动的污染。2500~1700 年 BP 铅浓度较 7760 年 BP（~0.55 Pg/g）增加了约 4 倍，到 471 年 BP 前后则增加了 8 倍，格陵兰岛冰芯中的铅含量在 20 世纪 70 年代达到峰值，正是在这一时期人类大量使用加铅汽油，大气铅污染最为严重；1970 年开始，雪冰中的铅含量呈下降趋势，反映了北美和欧洲的汽油使用进程。这里重点介绍多年冻土中汞的来源、迁移和转化。

1. 汞的基本性质

汞（Hg）是地壳中唯一在常温常压下呈液态的金属元素，在环境中的主要存在形式有三种，分别是金属单质汞、无机氧化态汞和有机汞。汞在常压条件下的沸点为 357℃。在常温条件下，由于单质汞具有较高的蒸气压，其主要存在形式为气态，且能够在空气中滞留较长时间（0.5~2 年）（Pacyna et al.，2006），并参与到大气环流中，使其得以长距离传输及在全球范围内参与生物地球化学循环。人类对汞的使用历史很长，随着工业革命后工业的空前发展，被广泛应用的汞的排放量也日渐增高，目前人为排放的汞通量已远超自然释放的汞通量。

汞作为毒性最强的重金属污染物之一，已成为我国和联合国环境规划署、世界卫生组织、欧盟及美国环境保护署等机构共同承认的优先控制污染物。与常规污染物相比，汞污染更严重也更复杂。不同形态的汞之间毒性差别很大，甲基汞的毒性很强，是毒性最强的汞化合物，其有很强的神经毒性、致癌性、心血管毒性、生殖毒性、免疫系统效应和肾脏毒性等；零价和二价化合物形态的汞毒性相对较弱。人类活动造成的汞排放大多是无机汞，但环境中的无机汞可以在微生物作用下转化成毒性更强的甲基汞，所以汞污染更不易察觉且具有严重后果，一旦汞污染状况严重就会产生灾难性后果。日本在 20 世纪发生的水俣病就是汞中毒的典型事件。1932 年日本 Chisso 公司（智索株式会社）在水俣市建厂，以汞为催化剂生产乙酸，将大量含汞废水排到水俣湾，汞的长久积累对附近居民造成了严重危害，出现了震惊世界的水俣病事件，至 1968 年日本政府才公布当地居民的水俣病是食用受甲基汞污染的海产品引起的。这是世界上迄今为止最严重的环境公害事件,其深刻性和持久性史无前例。

由于汞的危害性及污染程度高,联合国环境规划署于 2013 年达成一项具有法律约束力的国际汞公约,意在减少全球人为汞排放及含汞产品的使用。2013 年,在第五次政府间谈判委员会上,包括我国在内的 140 余个国家和地区商定一致,通过了控制全球人为汞排放和含汞产品使用的公约。这是国际上第一个具有法律效力的国际汞公约,此公约签署于 2013 年 10 月举行于日本的联合国环境规划署特别会议上,被命名为《关于汞的水俣公约》。该公约已于 2017 年 8 月 16 日起对我国正式生效。《关于汞的水俣公约》与持久性有机污染物相关的《斯德哥尔摩公约》和气候变化温室气体相关的《京都议定书》一样,成为最高级别的国际法。

2. 汞的来源、分布与迁移

重金属元素中只有汞主要以气相形式存在于大气中。气态汞又可分为单质气态汞(gaseous elemental mercury,GEM)和活性气态汞(reactive gaseous mercury,RGM)。GEM 是大气总汞的主要组成成分,占大气总汞的 90% 以上(Lamborg et al.,2002)。大气汞的来源主要有自然源和人为源。自然源主要有火山活动、土壤及水体表面的挥发作用、植物蒸腾作用以及森林火灾等;人为源主要包括燃料燃烧、垃圾焚烧、有色金属冶炼工业、水泥制造工业和土法炼汞等。《2018 年全球汞评估》估计,2015 年全球人为源向大气中的汞排放量为 2220 t(范围 2000~2820 t),且近期的全球汞预算普遍认为,人类活动导致大气中汞浓度增加了 450%~660%,使得大气中总汞浓度比自然水平高 5.5~7.6 倍。大气汞可能由于汞亏损事件(atmospheric mercury depletion events,AMDEs)和长距离传输中经过低温地区通过冷凝作用发生沉降。因此,南极、北极和山地冰川区的雪冰及冻土成为汞经过长距离输送后的理想沉降介质(康世昌等,2010)。

汞的形态决定其沉降特征。由于单质气态汞具有极低的水溶性,其干沉降速率一般在 0.01~0.19 cm/s,远低于颗粒汞(0.1~2.1 cm/s)和活性气态汞(0.4~7.6 cm/s)(Lee et al.,2001)。虽然颗粒汞和活性气态汞的占比较低,但却贡献了大部分的大气汞沉降(>80%)。近代工业革命以后大气汞浓度持续升高,目前大气汞沉降量较工业革命前增长了 1~3 倍(Fitzgerald,1995)。

3. 汞的甲基化与去甲基化

汞的甲基化作用是指环境中的无机汞通过生物途径或非生物途径(光介导或非光介导的化学甲基化)转化为甲基汞(MeHg)的过程。环境中汞的甲基化是由微生物主导完成的。能够发生汞甲基化作用的微生物在水体、土壤和沉积物等厌氧环境中分布较广。环境中甲基汞的存在和积累主要是厌氧微生物驱动的汞甲基化的结果,这一过程在很大程度上取决于环境中的汞甲基化微生物活性和汞生物可利用性。目前发现介导汞甲基化作用的微生物大多都是 δ 变形菌纲(少部分除外),其中主要包括硫酸盐还原菌(sulfate-reducing bacteria,SRB)、铁还原菌(iron-reducing bacteria,FeRB)、产甲烷菌(methanogen)以及互养菌(syntrophic)、乙酸菌(acetogenic)和发酵厚壁菌(fermentative Firmicutes),但这些菌并不是全都能发生甲基化。生物分子学研究表明，可甲基化汞的菌株必须都携带 *hgcAB* 基因簇，来介导微生物实现汞甲基化。微生物通过共代谢途径甲基化汞，其中 *hgcA* 和 *hgcB* 在细胞碳代谢过程中促进甲基转移到 Hg（Ⅱ）形成甲基汞，*hgcA* 基因编码的类咕啉蛋白起转移甲基的作用，而 *hgcB* 基因编码的铁氧化还原蛋白起还原类咕啉的作用。

环境中积累的甲基汞的净浓度不仅取决于甲基汞的生成，也取决于甲基汞的降解，后者是一个由各种生物和非生物机制介导的复杂过程。环境中的甲基汞转化为无机汞的过程称为汞的去甲基化，或称甲基汞的降解。甲基汞能够在微生物作用下发生去甲基化，降解为二价汞或者零价汞。微生物去甲基化途径又分为还原性去甲基化（reductive demethylation，RD）和氧化性去甲基化（oxidative demethylation，OD）。一般而言，还原性去甲基化易发生在好氧、高汞浓度的环境，微生物利用抗汞操纵子系统（*merB*）还原性地打断碳—汞（C—Hg）键，产生甲烷（CH_4）和无机汞[Hg（Ⅱ）]，然后被汞还原酶（*merA*）还原为金属汞[Hg（0）]。氧化性去甲基化是一种与汞解毒无关的非特异性共代谢过程，通常出现在缺氧、汞浓度相对较低的环境中，主要反应产物为 Hg（Ⅱ）、二氧化碳（CO_2）和少量甲烷（CH_4）。硫酸盐还原菌和产甲烷菌是氧化性去甲基化的主要参与者，两种菌降解产物有所不同，除 Hg（Ⅱ）外硫酸盐还原菌可以产生 H_2S 和 CO_2，而产甲烷菌则产生 CH_4。生物去甲基化过程不仅限于微生物，还可能涉及环境系统中的高等植物、浮游植物和动物。例如，浮游植物会吸收和浓缩甲基汞，富营养化和藻华会降低甲基汞含量，这通常被称为藻类稀释效应，通过营养转移导致生物积累减少。

环境中汞的去甲基化除了上述微生物主导的过程外，还有非生物过程。非生物过程有光化学去甲基化和化学去甲基化两种途径。甲基汞可以通过光解或光化学反应直接或间接降解，由于光在水体中快速衰减，特别是紫外线（ultraviolet，UV）辐射，光化学去甲基化过程仅在地表水中显著发生。光化学去甲基化的速率和效率在很大程度上取决于辐射强度和波长，较短波段的 UVB（280～320 nm）比较长波段的 UVA（320～400 nm）和可见光或光合有效辐射（PAR）（400～700 nm）对降解甲基汞更有效。除辐射强度和波长的影响外，环境因素，如溶解性有机质（dissolved organic matter，DOM）、活性氧（reactive oxygen species，ROS）和自由基等，也会影响光化学去甲基化的速率和程度。尽管甲基汞具有动力学和热力学稳定性，但其仍可以发生化学去甲基化。化学去甲基化通常在实验室实现，例如，实验室使用强还原剂（如硼氢化物）或氧化剂（如氯化溴）将甲基汞和其他有机汞形态转化为无机汞形态，但是自然环境中通常不存在这些强还原剂或氧化剂。

4. 多年冻土中的汞

汞从大气沉降到土壤表面，与活动层中的有机质结合，然后微生物又消耗有机质释放汞。同时，逐年的沉积作用使土壤深度不断增加，活动层底部的有机质冻结于多年冻土中。据估算，环北极多年冻土区 0～30 cm 土壤汞储量为 72 Gg（39～91 Gg；四分差，IQR），0～1 m 为 240 Gg（110～336 Gg），0～3 m 为 597 Gg（384～750 Gg）。然而在不断变化的气候下，模型预测到 2100 年，北半球多年冻土区面积将减少 30%～99%。一旦多年冻土和相关有机质融化，微生物活性恢复并向环境中释放汞，从而可能影响全球汞循环、水生资源和人类健康。

青藏高原是地球表面最壮观的地形之一。青藏高原覆盖中国陆地面积的 26%（约 $2.5 \times 10^6 \text{ km}^2$），人口比例占中国总人口不到 1%，平均海拔 >4000 m。因此，青藏高原长期以来一直被认为是一个偏远、孤立和脆弱的生态系统。与极地地区不同，青藏高原位于中纬度地区，紧邻世界上一些污染严重的地区，如南亚和东南亚。在过去的几十年里，这些地区的快速工业化向大气中释放了大量的汞和其他大气污染物，在季风环流的远距离迁移作用下，这些污染物不断运输并沉降到青藏高原的冻土、冰川、积雪和植被中。青藏高原多年冻土区面积约为 $1.06 \times 10^6 \text{ km}^2$，是中低纬度面积最大的多年冻土区。据报道，青藏高原多年冻土区也是一个较大的汞库，其中 0～2 m 土壤汞储量为 16.58 Gg（14.55～18.48 Gg），0～3 m 为 21.65 Gg（18.43～24.24 Gg），0～25 m 为 125.17 Gg（102.95～138.69 Gg）。虽然 0～3 m 土壤层的汞储量仅为环北极地区［597 Gg（384～750 Gg）］的 3.6%，但青藏高原作为亚洲许多河流的源头地区，21.65 Gg 的汞仍然是一个影响人类健康的巨大汞库。

5. 气候变化对多年冻土中汞的影响

全球气候变化在北极最为明显，由于北极气候效应的放大作用，北极的地表气温上升速度是其他地区的两倍多。预计在未来情景下，北极变暖的增长速度将继续超过全球平均水平。北极监测和评估计划的一项报告指出，北极的气候正在走向一个新的状态，虽然加强控制温室气体排放的努力将减少进一步的损失，但该系统在 21 世纪不会恢复到以前的状态。气候变化正在导致整个北极地区发生巨大的环境变化，海冰面积和厚度减少，多年冰急剧减少，冰季长度减短，山地和潮水冰川退缩，多年冻土融化和热喀斯特地貌发育，季节性积雪减少，河流径流增加，养分可用性改变等，这些变化将会对汞的生物地球化学循环产生影响。

气候变化对北极汞循环的影响是复杂的和相互的，包括汞传输和生物地球化学转化等多种过程（如甲基汞的产生过程）都可能发生变化。模拟结果表明，气候影响大气汞沉降的季节性和年际变化性。当前气候变化影响最明显的证据是汞从陆地集水区迁移，大面积的多年冻土退化、冰川融化和海岸侵蚀正在增加汞向下游环境的输出。北极多年冻土是全球汞的大型储层，它很容易随着气候变暖而退化，尽管多年冻土土壤汞的归趋尚不清楚。预计每升温 1℃，高纬度多年冻土层将损失 6%～29%，气候变化导致多年冻土融化可以调动目前储存在冻土中的大量汞。北极和亚北极多年冻土区土壤中含有大量的有机质，汞与这些有机质结合，然而汞的储量仍然不受限制。与汞结合的有机质在冻结状态下微生物腐烂的周期是 14000 年，这将使多年冻土储存的有机质和汞在人类时间尺度上有效地稳定。然而，随着多年冻土的融化，周转率降低到 70 年，这些汞的命运最终将取决于已产生或受影响的多年冻土沉积特征的类型（即湖泊、湿地或坡地热喀斯特）以及控制向下游生态系统运输的气候因素。整个北极地区的多年冻土融化导致了小型热融湖泊、湖塘和湿地的形成，这些系统普遍都很浅，具有很高的有机物和营养物质输入，并且还具有微生物活性，这些条件使它们成为产生甲基汞的良好环境。当湖塘在坍塌后排水时多年冻土进一步退化或侵蚀，它们就会成为附近河流中甲基汞的重要来源。沿亚北极小湖泊边缘的热喀斯特变化导致深度汞沉积增加，可能会提高甲基汞的产量，特别是在有有机土壤的地区。虽然甲基汞的光化学去甲基化通常是较浅湖塘系统中甲基汞降解的一种重要途径，但多年冻土融化后溶解性有机质大量输入导致的褐变实际上可能会减少光化学去甲基化，从而增加甲基汞的净产量。

气候变暖引起多年冻土退化，一方面存储于多年冻土中大量的汞可能被释放，另一方面汞的甲基化过程可能会被极大增强。多年冻土退化主要有两种机制：一种是活动层厚度逐渐加深，近地表多年冻土自上向下解冻，这种机制通常涵盖的区域范围较广，能够产生更潮湿和更缺氧的条件，可能对汞的微生物甲基化过程更有利；第二种机制是富冰多年冻土融化、地表沉降形成热喀斯特地貌，包括陡坡、坑、热融滑塌和热融湖塘。由于多年冻土融化后汞的同步输入和微生物甲基化所需的还原条件的发展，北极地区发育的热喀斯特湿地和热融湖塘已被证实是汞甲基化热点区域。

8.3.2　持久性有机污染物

1. 持久性有机污染物的种类、理化性质与毒性

持久性有机污染物（POPs）是指由人类合成并能长期存在于环境介质中，具有高毒性、持久性、生物累积性，可以通过大气环流从排放源区长距离传输到全球最偏远的地区（如南极和北极）的有害物质。《斯德哥尔摩公约》规定了几种优先控制的 POPs，主要包括三类。①农药：有机氯农药（OCPs），代表性化合物为滴滴涕（DDT）和六氯苯（HCB）；②工业化学品：六氯苯（既是农药，也是工业化学品）和多氯联苯（PCBs）；③工业副产物：二噁英、呋喃（PCDFs）（金属冶炼和废物焚烧的副产物）和多环芳烃（PAHs）等。

一般用半衰期指示 POPs 的持久性。POPs 在环境中的半衰期可达数天至数年甚至数十年，主要与其稳定的化学性质和较长的大气生命周期有关。在不同的环境条件下 POPs 的半衰期主要由各介质中的降解过程决定。例如在大气中发生光化学降解，在水体和土壤中通常发生生物降解，降解速率决定半衰期的长短。POPs 有较强的憎水亲脂性，在土壤介质中能轻易地与有机质结合。所以有机质含量较高的土壤和沉积物将变成最重要的 POPs 库。POPs 可以进入生物体脂肪中，随着食物链不断积累生物放大。此外，POPs 还具有半挥发性，能够在大气环境中长距离迁移并通过"全球蒸馏效应"和"蚱蜢跳效应"沉积到地球的偏远极地地区，从而导致全球范围的污染传播。

POPs 大多具有"三致效应"（致癌、致畸、致突变）和遗传毒性，有内分泌干扰作用，对神经系统、免疫系统和生殖系统等产生毒性。它严重危害生物体，并且由于其持久性，这种危害一般会持续一段时间。更为严重的是，POPs 能够在生物器官的脂肪组织内产生生物积累，沿着食物链逐级放大，从而使在大气、水、土壤中低浓度存在的污染物经过食物链的放大作用，而对处于最高营养级的人类的健康造成严重的负面影响（丁洋，2022）。

2. 持久性有机污染物在冻土中的分布与来源

由于 POPs 可以远距离迁移，对于极地和高纬度多年冻土区中 POPs 的研究引起了较大的关注。通过持续的排放—传输—沉降过程，POPs 传输至较偏远的山区。其中包括 DDT、六六六（HCHs）、PCBs 和 PAHs 等，在欧洲（阿尔卑斯山）、北美和智利等高海拔地区均有分布。传输距离最远的是两极地区，在南北极尽管没有较多的当地污染源，但仍然在冰

川、雪盖、湖泊、冻土等发现了不同浓度的 POPs。南北极和高纬度多年冻土区可以看作是 POPs 的"汇"。在南北极 POPs 含量较高的地区主要集中在与人为活动直接相关的垃圾填埋场、科学研究台站以及军事基地。尽管当前在南北极、青藏高原和我国东北地区已经开展了 POPs 的研究，但主要关注的是表层土壤和农田土，真正位于多年冻土中 POPs 的研究文献报道较少，对南北极及高纬度冻土区中 POPs 的含量和分布仍需要进一步的研究（王蓝翔等，2021）。

人为源对 POPs 的直接排放称作"一次排放"；因 POPs 的半挥发性，温度升高会导致其从土壤介质中重新释放，被称作"二次排放"（Wang et al.，2016）。例如，POPs 的主要排放包括：直接应用于土壤和空气中（农药），以颗粒物的形式挥发或悬浮到空气中［半挥发性多氯联苯（PCBs）、半挥发性和低挥发性多溴二苯醚（PBDEs）］，以及在使用过程中浸入土壤和水中［全氟辛烷磺酸（PFOS）、全氟辛酸（PFOA）及其前体］。显而易见 POPs 的排放易受温度的影响，随着全球气候变暖引起化学品的再挥发，从而增加了 POPs 的排放源。

1）北极

北极 POPs 输入和聚集受到排放和气候变化的共同影响。在北极发现的污染物有各种来源，如杀虫剂和工业化学品，主要在低纬度地区的生产和使用过程中释放出来，并通过大气和洋流携带到北极。其他物质，如阻燃剂和全氟化合物，存在于北极当地进口、使用和处理的材料和产品中。化学物质在环境中被运送到北极的潜力是由以下四点共同确定的：在环境中的持久性；排放模式（即主要排放是否发生在空气、水或土壤中）；该物质的性质（如蒸汽压、水溶性和辛醇/水分配能力，这与许多 POPs 对土壤有机质和脂质的吸附程度有关）；构成地球系统的空气、海水、土壤和其他阶段的时空变化条件。对于大多数持久性有机污染物来说，大气传输是向北极最重要和最快速的运输途径，但洋流可能是某些化学物质在数十年时间尺度上的主要运输途径。

2020 年北极监测与评估计划（AMAP）的评估报告指出通过技术混合物、成品和废物的国际贸易途径，POPs 进入北极等偏远地区。例如，在推动多氯联苯的全球分布方面，技术混合物 PCBs 的跨界贸易比环境传输效率更高。全球食品贸易也可以为 POPs 的传输在食品来源和消费之间提供一个有效和重要的途径。含 POPs 的商品和废物的跨界贸易或许可以解释为什么某些化学品在南半球含量丰富，但它们在南半球从未被生产或故意使用过。当含有 POPs 的产品或商品被运送到北极时，它们就成为当地的主要来源。如最近发生的案例：在北极机场使用含有全氟羧酸类化合物（PFCAs）、全氟磺酸类化合物（PFSAs）及其前体的水膜形成的泡沫进行消防演习，导致加拿大康沃利斯岛的三个湖泊被污染。

气候变化预计将推动人口流动和经济活动的变化，进而影响化学品和相关商品的生产、使用和处置中 POPs 的主要排放速率和位置。如果北纬地区的经济活动和人口增长得到加强，POPs 的主要排放量将会更接近北极，甚至会进入北极。例如，北极地区的航运和石油勘探活动预计将会增加，基于这一预期的情景已被用作估计北极地区多环芳烃排放变化的基础。较高的温度将导致 POPs 通过挥发向大气排放，其一次和二次排放速率也相对较高。一部分进入环境的持久性有机污染物会在自然水库（如冰川、多年冻土、土壤和沉积物）中积累，当气候变化导致环境条件逐步变化时，它们可以被重新移动（图 8-1）。

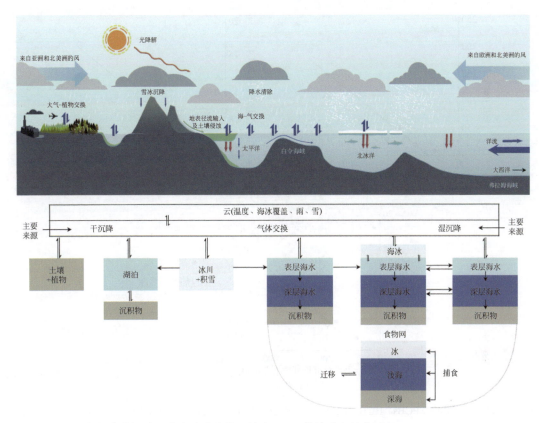

图 8-1　气候变化影响下北半球非生物环境中 POPs 的输送和转化过程（Hung et al.，2022）

根据对北极经济未来发展和农业土地肥力变化的预测，假设北纬地区的化学品使用增加，在模拟情景中，排放速率和排放位置的变化使全球工农业来源释放的北极持久性有机污染物的浓度分别增加了 2.1 倍和 1.6 倍。大规模的气候变化影响了污染物的大气输送，并可能随着气候模式的频率和强度的变化而发生变化。在目前的气候条件下，对于遗留的POPs 进入北极的净进口量正在下降，但在未来气候条件下，滴滴涕（DDT）净进口通量将出现反弹。目前的模型表明，排放是决定北极环境、生物区系和人体暴露于持久性有机污染物的主要因素。PCB-153 和 α-HCH 的模拟情景预测，到 2100 年减排将导致这些 POPs在北极空气和海水中的浓度下降至千万分之一至百万分之一。根据减少排放估算的 POPs浓度的降低远远大于气候变化引起的浓度变化。

气候变暖导致湖泊集水区和海岸线的多年冻土层融化，随后湖泊和河流的水化学性质发生了变化。富含冰的多年冻土融化导致了热喀斯特地貌、由地面沉降导致的浅层湖泊和湿地的形成。反过来，这可能会影响流域水文的溶解性有机碳（DOC）和颗粒性有机碳（POC）向湖泊和沿海海洋的输送。多年冻土融化和热喀斯特地貌形成对 POPs 的分配和运输有影响，它们可能通过大气沉降沉积到陆地环境中，然后通过 DOC/POC 径流迁移。研究发现，受坍塌影响的湖泊中含有较高的总有机碳（TOC），其 ΣPCBs、HCB 和 ΣDDT 的浓度比附近的不受融化坍塌影响的参考湖泊要高（图 8-2）。

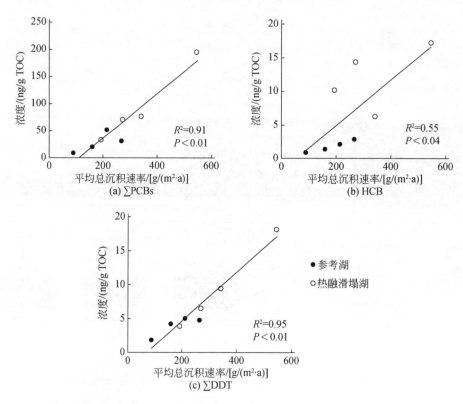

图 8-2 湖泊沉积物中 ΣPCBs、HCB 和 ΣDDT 的浓度与湖泊的平均总沉积速率的关系（Hung et al.，2022）

加拿大麦肯齐河三角洲附近苔原高地受融化沉降影响的湖泊

在麦肯齐河三角洲附近的冻土区高原中，受滑坡影响的湖泊的 POPs 通量（浓度×沉降率）比参考湖泊通常更高，且变化更大。虽然由于低沉降率时间分辨率有限，但历史剖面在参考湖泊和受影响湖泊中一般都有地下最大值。由于过去几十年来 POPs 的排放量较大，在北极湖泊沉积物岩心中普遍观察到地下最大值。因此，目前这些地点多年冻土退化似乎增加了 POPs 的输入，但相对于 20 世纪 60~80 年代沉积输入的量还不足以引起重大变化。基于使用年代沉积物岩心进行的研究，在加拿大北极的黑森湖 POPs 的通量也有所增加。

2）南极

近年来开展了许多关于南极洲多年冻土的研究工作，气温持续上升的趋势可能会影响南极海洋陆地生态系统中土壤有机质（SOM）的迁移和土壤 CO_2 的排放。南极海水、雪和土壤正在成为重新活跃 POPs 的重要二级来源，还可能导致南极环境中六氯苯、多氯联苯（PCBs）和多环芳烃（PAHs）等遗留污染物的浓度增加。近几十年来，南极半岛出现了变暖最快速的阶段。特别是关于海冰覆盖范围的潜在变化和来自南半球人为排放的污染物同时增加，这可以增强 POPs 在南极洲的迁移和沉积。根据推测，多年冻土中含有的 POPs 可能来自 20 世纪中期以来的人为活动。由于其毒性、持久性和生物蓄积能力，这种化合物扩散导致南极环境受到污染。此外，降雨和解冻过程的增加可能导致与土壤相关的污染物迁移，反过来可能对生物群落产生不可预测的连锁反应（Potapowicz et al.，2019）。

在南极地区存在许多 PCBs 和农药污染的来源。首先，极地地区通过大气运输和沉积作用接收化学物质，并积聚在土壤、冰和水中。其次，PCBs 和杀虫剂的历史负担目前正在从南极洲退缩的多年冻土覆盖层中重新移动。在气候变化下这种再移动可能得到加强，并导致它们与大气交换的有效性增加，从而使生态系统对以前固定的多氯联苯和杀虫剂的暴露正在增加。此外，由于气候变暖的影响加剧，蒸气压力增加，导致多氯联苯在各种环境介质之间分配的热力学平衡改变。詹姆斯罗斯岛土壤中 PCBs 的浓度在 0.510～1.82 ng/g。利文斯顿岛和迪塞普申岛的表层以及表层下 5cm 处的土壤，PCBs 浓度在 0.005～0.320 ng/g。对南极洲东部土壤的研究表明，PCBs 的污染水平与南极洲西部相似。南极洲西部土壤中农药浓度明显低于 PCBs 浓度，六氯苯（HCB）浓度在低于 LOQ（定量限）至 0.07 ng/g 范围内波动，而 p,p'-DDE 的浓度在 LOQ～0.20 ng/g 范围内波动。南极东部土壤中 HCB 和 p,p'-DDE 的浓度范围分别为 0.02～25 ng/g 和 0.03～4 ng/g（Potapowicz et al.，2019）。

化石燃料是南半球最广泛的能源来源，PAHs 是在化石燃料燃烧过程中产生的，特别是在其不完全燃烧过程中。燃烧过程中产生的 PAHs 进入南极环境，扰乱生态系统的功能。南极海洋环境和土壤中 PAHs 的人为来源是污水排放、车辆排放以及含有复杂岩石源多环芳烃混合物的石油及其副产品的泄漏。这些碳氢化合物的外部来源不是南极洲的领土，而是在离该地区相当远的地方由于长距离大气传输被转移到南极环境中的。

南极东部罗斯岛的斯科特站 1999 年和 2005 年 PAHs 浓度范围分别为 41～8105 ng/g dw 和 34.9～171 ng/g dw。南极洲西部的大多数研究是在南设得兰群岛地区进行的，PAHs 浓度范围为 11～45 ng/g dw（2004 年），11～588 ng/g dw（2005 年），10～1182 ng/g dw（2007 年），0.59～3718 ng/g dw（2009 年），1.59～4.83 ng/g dw（2014 年）。根据这一分析发现 PAHs 浓度水平在时间和空间上是可变的。对 1999 年和 2005 年南极洲东部多环芳烃浓度的比较表明，这些化合物的土壤污染程度在最小值和最大值上都有所下降。2004～2007 年，南极洲西部 PAHs 的最低值保持在同一水平。然而在 2004～2009 年，南极洲西部 PAHs 的最大浓度从 45 ng/g dw 增加到 3718 ng/g dw，分析其原因是夏季降雨和冰雪融化而形成的多孔土壤的快速排水导致土壤中 PAHs 浓度出现较大的年际变化。此外，还发现活动层/过渡层 PAHs 含量最高，多年冻土层是阻止这些化合物向下迁移的低渗透性屏障。然而，多年冻土层上层的融化将对南极土壤上泄漏的 PAHs 的运输和归趋产生深远的影响，并将导致 PAHs 向沿海海洋环境的流动增加，从而造成不可预测的生态后果。在水中，PAHs 和正构烷烃等有机化合物很容易在海洋和湖泊沉积物中运输和积累（Potapowicz et al.，2019）。

3）青藏高原

青藏高原一般被认为是 POPs 的最终汇区。青藏高原与人口较多、工农业活动密集的地区相邻，这些地区可以产生高浓度的 POPs 污染；高海拔和低温可以使 POPs 通过"冷捕集效应"沉降至青藏高原；降雨降雪的湿沉降过程增加了 POPs 的积累，这些条件导致 POPs 可以在青藏高原富集（柴磊和玉小萍，2022）。青藏高原地处偏远，主要通过长距离大气传输（LRAT）接收 POPs。由于夏季气团来自印度洋的海洋空气，冬季气团来自中亚的大陆空气，POPs 的 LRAT 表现出明显的季节性变化（季风季节高，非季风季节低）（Ren et al.，2019）。

青藏高原是 POPs 的"冷富集区"，环境温度较低时可以促使大气中的 POPs 向冻土区沉降。但随着全球气候变暖的影响这一过程变得更复杂，冻土和大气之间存在双向的交换过程，成为汇区的冻土中 POPs 会再挥发。土气交换是控制 POPs 迁移的主要过程。一般对 POPs 在不同环境介质中的逸度进行比较，能推测出 POPs 大气-冻土发生交换的主要方向。西藏南部的土壤介质是 DDT 和 DDEs 的主要汇，同时也是低分子量 PCBs 和 HCHs 的二次来源。类似的，在青藏高原东部发现大气和土壤中 DDT 类处于净大气沉降状态，而 HCHs 处于平衡状态。高原区的土壤介质依旧是高分子量 PAHs 的汇，但也可能是低分子量 PAHs 的潜在次级来源。因此，青藏高原土壤环境中 POPs 的迁移方向主要是由 POPs 的化学性质（分子量大小、碳链长短及苯环多少等）决定的（柴磊和王小萍，2022）。

对青藏高原三个不同土地覆盖类型（森林、草地和沙漠）的背景地点进行了抽样调查。对 POPs 的空气-土壤交换的现场测量表明，γ-HCH、HCB 和 PCB-28 的交换方向与空气-土壤平衡范围重叠，但都有挥发的趋势。它们的排放通量分别为 720 pg/$(m^2 \cdot d)$（1 pg=10^{-12}g）、2935 pg/$(m^2 \cdot d)$ 和 538 pg/$(m^2 \cdot d)$，其程度与观察到的挪威北极土壤的背景相似。纳木错和阿里地区也属于多年冻土区，这两个地点的大多数化学物质都表现出挥发性，表明多年冻土区也可以排放 POPs。在该研究中，HCB 和 DDT 是大气中最主要的化学物质，浓度范围为 3.1～80 pg/m^3，约低于检测限 52 pg/m^3，其次是 HCHs（1.1～18 pg/m^3）和多氯联苯（0.3～33 pg/m^3）。这些值与以前青藏高原区域的报道相当。从全球角度来看，青藏高原 HCB 略低于或等于极地地区的平均水平（56 pg/m^3）。DDT 的平均值在本书中是几十 pg/m^3，类似于欧洲高山地区（0.5～24.2 pg/m^3），但比偏远的南极和北极的报道高出 1～2 个数量级。这可能是由于青藏高原与 DDT 源区（印度）的距离更近，因此更容易受到印度季风驱动的大气传输的影响。

4）中国东北地区

我国东北大兴安岭地区也存在多年冻土，其 POPs 浓度比南极地区更高，PAHs 浓度为 0.76×10^2～1.64×10^3 ng/g dw，有机氯农药（OCPs）浓度范围为 0.14×10^2～4.40×10^4 ng/g dw。农药中滴滴涕（p,p'-DDT）的检出浓度最高，为 $2.00 \times 10^4 \pm 6.00 \times 10^4$ ng/g dw；其中，硫丹浓度为（$0.76 \times 10^3 \pm 1.10 \times 10^3$）ng/g dw，总浓度比中国其他地区明显要高；六六六（$\sum$HCHs）浓度为（$0.57 \times 10^3 \pm 1.40 \times 10^3$）ng/g dw，六氯苯（HCB）为（$1.4 \pm 1.5$）ng/g dw。

POPs 浓度随着土壤深度的增加整体呈下降趋势，但在一定深度处仍然会出现峰值。多年冻土层的渗透性和土壤有机质含量是影响 POPs 垂直分布及下渗过程的主要因素。大兴安岭地区多年冻土剖面中 PAHs 出现了两个峰值：第一个峰值在 20 cm 处的表层土壤出现，可能与丰富的有机质含量有关；第二个峰值的深度在 90 cm 土层处，与冻融交界层对 PAHs 的滞留作用相关。通过源解析发现，我国高纬度多年冻土区土壤中的 PAHs 主要来源于高温燃烧和石油污染，以及少量的大气远距离传输。总结了高纬度多年冻土区多种下垫面类型中 POPs 的垂直分布规律，其中，POPs 浓度范围波动较大的下垫面类型主要是森林和草地，在草地土壤最上层 OCPs 浓度最高，而在森林地区 40 cm 深处 OCPs 的浓度出现峰值。因为两种下垫面类型下冻土特性不同，通常在草地土壤中表层有机质含量较高，而森林土壤中的有机质含量一般随着深度的增加先升高后下降。因此，在中高纬度多年冻土区土壤有机质的含量与 POPs 积累有显著的相关性（刘珊，2018）。

3. 持久性有机污染物在冻土中的迁移转化及影响因素

大气与地表介质中存在着连续不断的、动态的大气-地表（土、水、植被等）分配过程，在地球的各个环境介质中都能发现 POPs。POPs 的迁移转化受其理化性质的支配，包括：饱和蒸气压、水溶解度、亨利定律常数、空气-水分配常数和空气-正辛醇分配常数等。

1）POPs 的迁移

POPs 的迁移过程主要有两种：扩散和非扩散。一般如挥发、吸附和解吸等为扩散过程；而非扩散过程是指 POPs 随流动介质的迁移，也称为平流，如 POPs 随颗粒物、雨雪等从大气沉降进入陆地环境介质。目前，研究主要关注与大气环境相关的再释放与沉降过程，以及与水体相关的淋溶、径流和沉积过程。

大部分的 POPs 为半挥发性有机污染物（SVOCs），一般以气态或者颗粒态存在于常温常压下。通常陆地环境介质中的 POPs 可以经挥发进入大气，相对应的大气环境中的 POPs 也可以经过土壤-大气和水-大气交换迁移至地表。"蚱蜢跳效应"高度概括了有机污染物多次"挥发—迁移—沉降"并最终沉积到高纬度和高海拔陆地冰冻圈地区的过程。从本质上说，"蚱蜢跳效应"的核心是污染物在大气和地表介质之间的界面交换过程。因此，冻土-大气界面是 POPs 交换的重要过程，它影响着 POPs 在区域和全球尺度上的传输迁移、重新分布和归趋。冻土-大气界面交换主要包括以下几个过程：干沉降（包括颗粒态干沉降和气态沉降）、湿沉降（包括降雨沉降和降雪沉降）和从冻土向大气的挥发。其中，干湿沉降的方向均指向冻土，只有气态 POPs 从冻土中的挥发为指向大气的唯一途径。冻土并非POPs 永久的"汇"，温度较高的季节 POPs 的再挥发使冻土成为排放污染物的"二次源"。近几十年来，在世界各国相继禁止 POPs 的使用和排放，一次源的影响逐渐微弱的背景下，冻土再挥发已成为新的 POPs 源。青藏高原不同土地类型 POPs 的地气交换通量研究发现多年冻土区有 POPs 的挥发趋势。在逸度理论的基础上学者研究了全球 PCBs 的土壤-大气交换，研究结果表明，全球很多地方低分子量 PCBs 土气交换基本已经达到平衡（释放量和沉降量一致）。

POPs 在土壤介质中通过雨水的搬运作用经过淋溶过程垂直向更深处传输。对于 POPs而言，多年冻土是一种半渗透层，尤其在解冻后的多年冻土中，有机污染物能够渗透到更深层的土壤和水生环境。例如六六六、全氟辛酸等易溶于水的 POPs，会随冻土径流的融水迁移至地表水，接着汇入海洋，并在洋流作用下在全球范围内迁移。同样地，多年冻土解冻融水释放过程也影响疏水性有机污染物的迁移。在水体环境中颗粒物吸附了大多数的疏水性 POPs，通常以 DOC、悬浮颗粒物和浮游植物等作为载体，POPs 在碳和养分的释放中与载体一同迁移（王蓝翔等，2021）。多年冻土区土壤中 PAHs 的垂直分布具有一定的规律，随着冻土层深度的增加，$\sum$PAHs 以及不同环数 PAHs 的浓度出现下降趋势，很显然高环 PAHs 的浓度比低环 PAHs 下降范围更大，这表明土壤对高环 PAHs 有更强的吸附作用，并且在淋溶作用下高环 PAHs 的迁移能力和渗透性都弱于低环 PAHs。在溶蚀作用下地表径流将土壤介质中的 POPs 迁移至河流湖泊中。同样，上游河流中的 POPs 也能经流水迁移至下游。搬运至水体环境中的 POPs 将随颗粒物或垂直对流沉积至底部的水体。通过对青藏高原黄河源头鄂陵湖中的 PAHs 沉积历史的研究，发现沉积物中的总有机碳与 PAHs 浓度存在显著正相关性，表明在湖水中 PAHs 与陆地源的颗粒物相结合后协同迁移至湖底沉积物中（丁洋，2022）。

POPs 难降解并且具有半挥发性，能够在环境温度传入大气介质中，因此在大气中 POPs 可不断地迁移传输，迁移距离可从几十公里到数千公里，最远能够传输至两极地区。大气环流和洋流是 POPs 全球传输的两大主要途径。受热力学控制的"冷阱效应"，在大气传输的过程中，当气温较低时 POPs 会沉降到地表，而后在温度升高时它们会再次挥发进入大气进行迁移。环境温度是驱动 POPs 迁移的决定性因素，据研究预测每上升 1℃，POPs 的挥发性会增加 10%～15%（Wang et al.，2016）。

2）POPs 的转化

虽然 POPs 难以降解，但是在迁移过程中仍然会发生结构转化（如降解和异构化）及形态转化（如游离态变为结合态）。POPs 的降解主要分为生物降解和非生物降解（光解、水解和化学氧化降解等）。一般情况下水体和土壤中 POPs 的降解主要是生物降解，土壤和沉积物中的 pH、有机碳含量以及微生物种群等均影响生物降解速率。大气中的 POPs 降解以光化学反应为主。在土壤介质中由于有机污染物与基质之间的相互作用，部分污染物由游离态变为结合态。

一般认为经二次排放进入大气环境的 POPs 将发生光解反应，污染物的毒性也将发生变化。在土壤和水体环境中，有机碳对 POPs 的生物有效性起重要作用。全球气候变暖使得环境介质中的有机碳分解更快，导致大量与有机碳结合的 POPs 污染物重新排放。POPs 的结构（如官能团的性质和数量）决定了其是否能够被生物降解。大多数的 POPs 属于氯代和芳香族化合物，具有一个或多个氯取代基和苯环结构。由于氯代作用导致生物降解性比较低，因此要使氯代化合物（如 HCHs 和 DDT）变得容易降解，主要环节就是脱氯。降解的环境和微生物种类决定了是脱氯作用还是脱氯化氢作用。多环芳烃类化合物的水溶解度通常都很低，导致其生物可利用性也较低，一般苯环的数量决定了降解的难易程度，苯环越多越难降解。所以，芳香族化合物生物降解的主要过程是开环及羟基化。

POPs 在大气中的光解主要是与对流层中的氧化性物质（如羟基自由基）发生反应。有研究推测大气中 PAHs 的清除主要是在白天其与羟基自由基的反应所导致。POPs 不仅能在大气环境中发生光化学反应，也可以在水相和固相表面发生光解。有研究综述了 PBDE 在各环境介质中的光化学反应。统计最终结果表明，土壤和大气环境中 PBDE 的光解半衰期相比于水体要更长一些。POPs 的异构化也是一种转化途径，其中研究报道较多的易发生异构化的 POPs 主要有 HCHs、硫丹和六溴环十二烷（HBCDs）等（丁洋，2022）。

POPs 沉积进入土壤后，只有一部分是可经历各种迁移和转化过程的"自由"组分。土壤基质与有机污染物经过长时间的相互作用，一部分污染物将与基质暂时性或永久性地结合，这就是污染物"老化"的过程。而与基质永久性结合的污染物组分无法通过常规萃取方法提取，烈性溶剂也不能提取出来，该污染物组分就是不可提取残留态（NER）组分。由于同位素标记技术的应用，人们认识到 NER 的产生过程对环境也有重要的影响。通过对青藏高原东缘土壤中典型 POPs 的转化机制进行分析，在场地实验中发现 p,p'-DDT 的耗散速率比 γ-HCH 要快，表现出青藏高原土壤中 NER 产生过程的显著影响。在高温、高降水量的低海拔地区发现 γ-HCH 和 p,p'-DDT 的耗散速率较快，说明高温、高降水量能够加快挥发、淋溶和生物降解等耗散过程；低温高海拔的场地中，发现 p,p'-DDT 也有较快的耗散速率，这可能说明在高海拔辐射强度更大的环境中部分 p,p'-DDT 参与了光化学反应。该结果还表明了大分子量 POPs 的环境行为由 NER 生成控制，小分子量的 POPs 受到生物降解和 NER 生成过程共同控制（丁洋，2022）。

3）POPs 迁移转化的影响因素

能够影响多年冻土中 POPs 浓度的主要因素是温度和土壤有机碳（SOC）。表现 POPs 性质的理化参数均为温度依赖性常数，所以温度的升高将必然会涉及 POPs 的相分配，促进 POPs 由冻土层再挥发产生更多的、活性更强的 POPs 到大气环境中（Wang et al., 2016）。例如在南极，温度升高 1℃将导致大气中 PCBs 水平增加 21%～45%。温度对于土壤中挥发性有机污染物的动力学特征和土壤大气界面交换过程都有非常大的作用，对于有较高挥发性的 POPs，如 HCHs、HCB 和 PCB-28 等，地气的平衡浓度（CSA）与温度存在显著的正相关性，并且在南极地区和青藏高原都存在这一规律（王蓝翔等，2021）。检测大气中 POPs 浓度的温度依赖性，结果显示 α-HCH、γ-HCH、$o\,p'$-DDT 和 p,p'-DDT 的浓度与温度梯度呈显著正相关（$P < 0.05$；$R^2 = 0.23 \sim 0.57$）。研究还推测气温每升高 1℃，将会导致纳木错多年冻土区近地面大气环境介质中的 HCHs 水平上升 70%～76%。

POPs 的浓度水平也受到土壤中 SOC 含量的影响。在西伯利亚、斯堪的纳维亚半岛、加拿大和阿拉斯加，有机质含量高的土壤对 POPs 有较强的固定能力。土壤中的 POPs 大多与腐殖质层相结合，尤其是疏水性较强的 POPs，很难在土壤中再发生迁移。青藏高原不同土壤类型 POPs 的浓度与 SOC 均呈显著正相关，R^2 范围从 0.09（DDT）、0.27（PCBs）到 0.82（HCHs），在其他背景土壤中也观察到这种相关性。据统计，近 50 年青藏高原和南极温度增长速率基本一致，但是青藏高原的 POPs 挥发比南极更显著。主要是因为青藏高原和南极地区的 SOC 对温度的升高有不同的响应。南极的冻土区温度每升高 1℃，土壤有机质含量将会提升 0.02%～0.07%。然而，有机质的增加可能会阻止南极冻土中 POPs 的再释放，导致其变成 PCBs 的汇区。对于青藏高原，因为气候变暖加快了土壤有机质的分解，所以很可能变成 POPs 的潜在二次源区使冻土中大量的 POPs 再挥发至大气中（王蓝翔等，2021）。

4.持久性有机污染物在冻土区的生物效应

1）北极

随着气候变暖，北极湖泊和周围的陆地环境正在经历许多变化，这可能会影响它们的食物网和鱼类的数量。这些变化最终将影响湖泊地表水和流域的 POPs 输入，以及生物积累和食物网生物放大（图 8-3）。多年冻土融化导致溶解性有机碳（DOC）、无机溶质（包括铵盐、硝酸盐、磷酸盐等营养物质和 Ca^{2+}、Mg^{2+} 和 SO_4^{2-} 等主要离子）以及溪流和湖泊的悬浮固体的输入。尽管如此，湖沼学的特性受到区域环境的高度影响。对位于加拿大北极地区的麦肯齐河三角洲地区的东部，受热融滑塌影响的湖泊中古微生物学和水化学研究表明，植物硅藻的丰度和多样性的增加，与水的清澈度的增加和随后的水生植物群落的发展相一致。在受热融滑塌影响的湖泊中片脚类动物的 ΣPCBs 和 ΣDDT 平均浓度［分别为 27.5 ng/g lw（lw 指湿重）和 18.5 ng/g lw］高于未受滑塌影响的湖泊（分别为 17.0 ng/g 和 10.9 ng/g lw）。此外，片脚类动物的 POPs 浓度随着集水区坍塌的百分比而增加。受滑塌影响的湖泊（7.0 ng/g lw）和未受滑塌影响的湖泊（5.1 ng/g lw）的片脚类动物的平均 ΣHCHs 也存在差异，尽管低于疏水能力更强的 POPs。这些由多年冻土融化和径流引起的水化学变化也可能影响淡水鱼的生理状况（Potapowicz et al.，2019）。

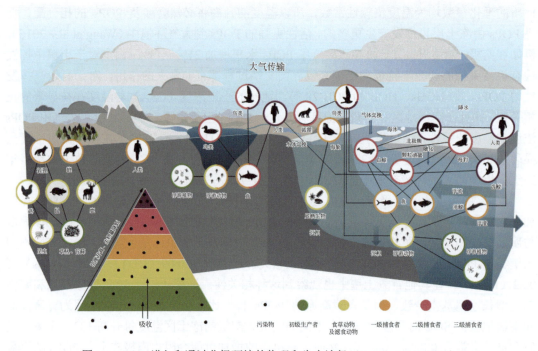

图 8-3　POPs 进入和通过北极环境的物理和生态途径（Borgå et al.，2022）

对于北极的动植物而言，因污染物的迁移过程和进入生物体的路径有所差异，还有食物来源与越冬环境的不同，污染物水平在各物种之间差异较大。但是，POPs 随着生物链在生物体内的富集作用十分显著，特别是在高营养级的动物体内其 POPs 水平也最高。例如，北极熊和北极狐体内的 POPs 含量都明显比最低可见负面影响作用水平（LOAEL）要高。当前 POPs 的来源和分布情况决定了其在北极动植物的积累水平。通过对传统 POPs 在生物体中的积累调查研究，发现过去 30 年 POPs 水平下降至 1/10。然而由于化石燃料的使用生成大量的 PAHs，导致其在一些无脊椎动物和鱼类体内浓度上升了 10~30 倍。另外，还有一直生长在北极的苔藓和地衣等，其可以富集气态和颗粒态 POPs，通常可以用来指示 POPs 对环境的污染水平。北极新型 POPs 的生物体富集和传统 POPs 一致，也是随食物链逐级增加。在北极生物体中氟碳化合物的浓度与营养级呈显著正相关性（$P<0.05$），特别是在最高营养级的北极熊体内 PFOS 有明显的富集趋势，其浓度水平远高于其他生物体（劳齐斌等，2017）。

2）南极

由于气候变暖冻土发生退化，可以将 POPs 二次释放进入水、食物网，然后使其进入顶级的水生捕食者。水生食物网特别容易发生 PCBs 的生物放大过程。PCBs 和 OCPs 通过食物网生物积累，并由于其亲脂性而在顶级捕食者中达到显著水平。在南极海洋食物网中，如从微藻到鱼类（新吸虫）再到帽带企鹅，较高的营养级促进了 POPs 在生物体的积累和放大，因而构成风险。气候变化和多氯联苯对野生动物的污染之间存在着间接联系，导致所消费食物类型的变化。对栖息在南极的鸟类组织中浓度水平的研究表明，跨赤道迁徙物种，如贼鸥，多氯联苯负担比企鹅更高。基于上述情况，迁徙海鸟，如南极贼鸥，是化学品的一种传播载体。结果是使多氯联苯和杀虫剂等污染物从北部地区迁移到南极洲（Potapowicz et al.，2019）。在如此原始的环境中，PAHs 的存在甚至在企鹅中也可见。Montone 等（2016）调查了主要的三种企鹅，占该地区繁殖群落生物量的 95%。这三种企鹅脂肪中的 PAHs 浓度水平高达 238.7 ng/g lw。这表明多环芳烃在环境中具有适度的持久性，并且可以生物积累。

在南极洲中，即使 POPs 在当地环境中浓度较低，苔藓和地衣也能积累和浓缩有毒物质。南极东部苔藓和地衣组织测定的 POPs 浓度值，包括 PCBs、HCB 和 p,p'-DDE，范围为 0.2～34 ng/g dw。相比之下，这些化合物在来自南极洲西部的苔藓和地衣中的浓度为 0.002～40 ng/g dw。与南极洲西部土壤中 PCBs 和农药的浓度范围相比，南极生物群中这些化合物的浓度范围更大（PCBs: 0.005～3.86 ng/g dw；HCB: 0.002～2.16 ng/g dw；p,p'-DDE: 0.003～0.60 ng/g dw）。对于来自南极洲东部的样品，南极生物区系中的 PCBs 浓度显著高于土壤（土壤: 0.005～0.32 ng/g dw；生物区系: 3.3～34 ng/g dw）。土壤中 HCB 浓度（0.02～25 ng/g dw）高于南极生物群（0.3～1.9 ng/g dw），而土壤和南极生物区系中 p,p'-DDE 水平均较高。

在南极环境中 PAHs 的暴露对南极生物群构成威胁。苔藓是该地区陆生植物群的主要组成部分之一，因为没有根系，所以它们在很大程度上依赖于大气沉积的营养供应。PAHs 在苔藓中的积累表明南极洲可能成为全球 PAHs 循环中的一个重要汇。此外，进行了土壤样品中接触多环芳烃的居民的定量生态风险评估，就癌症和非癌症风险而言，人类暴露于 PAHs 的环境水平处于"可接受的水平"（Potapowicz et al.，2019）。

3）青藏高原

青藏高原的牧草在生长期能够不断地富集气相的 POPs，吸收的机制与森林的树叶相同，但牧草对 DDT 的富集达到平衡的时间估算是其生长季的两倍，所以牧草的整个生长期都有 DDT 的不断积累。POPs 在作物中的积累重点是依靠大气沉降，主要原因是作物的异构体比率，包括（DDE+DDD）/DDT 和 α/γ-HCH 与地衣、针叶林、印度的水稻基本一致，由此推测出 POPs 在作物和青藏高原其他植被中的积累都来源于大气沉降。

牧草和农作物吸收的 POPs，通过食物链积累在牦牛和当地居民体内。β-HCH、p,p'-DDE 和较重的 PCBs 同系物的积累随着空气—草—牦牛食物链逐级增大。此外，还研究了当地居民饮食规律，对高原居民 OCPs 的每日摄入量（estimated daily intakes，EDIs）进行评估，对比世界卫生组织每日允许摄入量（acceptable daily intakes，ADIs），结果是当地居民 EDIs 几乎都低于对应的 ADIs，这说明当地居民的饮食习惯对人体健康不会有直接风险。虽然在青藏高原的各种环境中都观察到了不同水平的 POPs 污染，还发现了 POPs 的生物积累和食物链中的生物放大现象，但是对于高原居民饮食消费 POPs 的健康风险还需进一步研究。

在青藏高原的土壤、植物、高原鼠兔和鹰肠道中也发现了新型有机污染物［如 SCCPs（短链氯化石蜡）］的生物积累，研究了青藏高原比较有代表性的陆地生态系统食物链（植物—高原鼠兔—鹰）SCCPs 的营养动力学，计算出 SCCPs 的营养放大因子为 0.37，说明在陆地食物链中 SCCPs 含量随着营养级的增加而稀释。因为远距离的迁移传输，在青藏高原生物体中 SCCPs 的低分子量同源物占据了主导位置，这一点能够部分说明在青藏高原的食物链中 SCCPs 的生物放大因子较低的原因（柴磊和王小萍，2022）。

8.3.3 石油类污染物

1. 来源及污染现状

石油类污染物是多年冻土区重要的有机污染物，不仅对环境有毒，还会对多年冻土区的状态产生负面影响，加速多年冻土退化过程（Lifshits et al.，2021）。石油烃类污染物的组分主要包括饱和烃、芳烃、极性化合物和沥青质，尤其是芳烃的苯环结构，容易发生取代，但很难被氧化降解，能够在自然界长期存在，有较大的毒性。单环芳烃的常见组分有苯、甲苯、乙苯、二甲基苯等，其主要特点为易溶解、易挥发，在土壤和地下水中渗透性强，因此能较快地发生迁移和扩散，并可以在地下水环境中长久停留。石油烃类污染物可以经生物链放大积累后最终进入人体，污染物会溶解细胞膜和干扰酶系统，造成肝肾等内脏发生病变，还具有致畸、致癌、致突变的效应。在中国北部部分地区，青藏高原和北极多年冻土影响地区，土壤和地下水已被石油勘探和精炼、管道破裂、石油和天然气污水灌溉和意外泄漏的石油及其降解产物污染。极低的温度环境使得该地区受石油污染的土壤和水的修复非常困难，季节性冻结区的生态系统也更加脆弱（Wang et al.，2020）。

在北美北极地区开发经济上可行的利用页岩气（即水力压裂技术）和油砂生产化石燃料的技术，使石油资源的陆基开发增加。这种生产技术会造成相当大的环境后果，包括巨大的污染物负担和油砂地区栖息地的破坏。最近的报道显示，在油砂和页岩气生产区，当地 PAHs 和 POPs 的污染有所增加。石油天然气生产和精炼相关的石油泄漏事件的可能性增加，预计将增加北极的污染物负荷。早期在北极（包括陆地和海上）发生的石油泄漏事件的经验表明，这类事件对该地区的人类和野生动物都有严重的影响（Hung et al.，2022）。

在南极洲的任何人类活动，即使仅限于进行科学研究，也会带来与使用化石燃料有关的环境风险。科学活动和相关的后勤保障需要将它们作为研究站供暖和照明的能源，以及研究船、陆地车辆和补给船的燃料。研究站一年内的燃料消耗约为 9000 万 L，其中 75%是柴油燃料。南极洲旅游活动和渔业的增加也可能增加碳氢化合物直接释放到环境中的风险。尽管南极洲被认为是世界上最原始的地区之一，但之前的研究报道了该环境中不同组成部分发生的零星碳氢化合物污染事件（如石油泄漏）。这些事件对动植物造成了物种和生态系统的减少等严重的局部影响（Potapowicz et al.，2019）。

修建在我国东北多年冻土区和季节冻土区上的重要能源战略工程，如中俄原油管道，还有在青藏高原地区建成的格尔木—拉萨成品油输送管道等，会对周围冻结岩土的水热状态产生巨大影响。因为冻土不断地发生冻结融化会引起地面冻胀和沉降，输送管道容易发生变形破裂，导致石油泄漏，不但会影响管道的整体稳定性和结构完整性，还会破坏土壤结构污染地下水，引起污染带植被退化，破坏生态系统的稳定性。

另外，一些油罐倒塌和人为破坏等事件，也会导致严重的石油泄漏污染，特别是在西伯利亚和阿拉斯加地区。俄罗斯北部诺里尔斯克的一个储油罐倒塌破裂后，泄漏了近两万吨的柴油到土壤环境中，迁移扩散直径超过 12 mi（1 mi=1.609km）。位于阿拉斯加普拉德霍湾的原油运输管道发生破裂，估算有 $76.1 \times 10^{4} \sim 10.1 \times 10^{4}$ L 的原油泄漏到冻土环境中（王蓝翔等，2021）。石油储量丰富的挪威、丹麦、俄罗斯、加拿大、蒙古国等，以及我国大庆、长庆等油田都位于季节冻土区，而油气田的勘探、开发，石油的储运、加工炼制等过程很容易发生石油泄漏，污染冻土区的土壤和地下水（张雷等，2019）。

2. 迁移转化

在土壤和地下水环境中石油类污染物发生的迁移转化实质是水相、污染物和气相的流动，同时也是由多种物理变量耦合的非线性物理化学过程。石油烃类污染物进入土壤和地下水中的分布主要受重力和毛细力作用，发生对流弥散、溶解挥发、吸附解吸和生物降解等，而这些迁移转化过程受土壤属性、水分含量、微生物活性和石油自身属性的影响。污染物在冻土中的迁移转化途径与一般土壤不同，这是因为冻土的热力场和冻融交替作用引起的包气带土壤属性、微形态、气-液-固三相比例以及地下水动力场发生变化，冻土解冻后再冻结可以产生让有机污染物优先传输的土壤裂缝，可能会改变地下水中石油类溶解挥发和渗流过程，污染物的非生物降解去除同样会受到干扰。石油类污染物在冻土中吸附/解吸过程还受有机质浓度、黏土含量及形态变化的作用，它们会影响石油烃类污染物在不同相的迁移方向，甚至还会改变其生物可利用性（张雷等，2019）。

多年冻土只是石油污染渗透到深层的屏障，但无法完全阻挡，甚至在春天地面解冻时可能促进它沿着带水的土壤层扩散。可能多年冻土的存在在迁移过程中发挥重要的作用，因为在季节性解冻过程中，石油污染也能够随着季节性解冻水的径流从较高层向较低层扩散。由于北极地区的氧化过程进展缓慢，石油烃在很长一段时间内都保持了其流动性和迁移能力。换句话说，石油污染生物缓慢的降解速度延长了石油－污染物的迁移过程（Lifshits et al.，2021）。

1）物理化学过程

石油烃类污染物的属性会受冻土温度和冻结融化交替过程的影响，尤其是溶解度。石油在水中的溶解度对其挥发、吸附和生物降解都有较大的影响。具有代表性的石油烃类污染物单环芳烃（BTEX）在液相中的溶解度由大到小依次为苯、甲苯、乙苯、对二甲苯、间二甲苯和邻二甲苯，并且随温度降低溶解度反而上升。当温度降低到 2℃左右，水体中单环芳烃的挥发去除率非常低，几乎全部溶解没有再挥发。BTEX 在土壤中的吸附/解吸过程主要由其溶解和挥发性能来决定，研究发现土壤吸附量与温度有显著的正相关性，随温度的下降而降低，并没有出现依照热力学理论所计算的上升，其主要原因是温度较低使 BTEX 溶解度变大引起水体中污染物水平上升，进而土壤的吸附量也下降，最终影响到有机污染物的生物降解（张雷等，2019）。

2）生物降解过程

当大量的石油和石油副产品污染土壤时，在最初的 1～2 个月里，微生物群几乎完全死亡。土壤微生物活性的恢复通常始于碳氢化合物氧化微生物（HOM）丰度的增加。它们对土壤中石油的反应活性增加，从而引起石油污染的降解，这赋予了土壤自净和自我修复过程的能力。这些过程的速率取决于多种因素：温度、土壤组成、水分、曝气状况和 HOM 丰度等（Lifshits et al.，2021）。微生物在石油污染土壤中以群落的形式广泛分布，是多年冻土区生态系统养分循环和能量转换过程的积极参与者，通过同化代谢和异化代谢对土壤石油污染物进行降解。在多年冻土区，温度变化是微生物群落结构和多样性变化的主要原因，也刺激和控制微生物代谢途径的变化（Wang et al.，2020）。石油烃类对微生物具有选择性，在石油烃类污染物的胁迫作用下，石油降解菌群的相对丰度增高，菌种趋于单一化。细菌和真菌为土壤石油降解优势菌群，其生物计量较清洁土壤高，放线菌数量显著减少，石油污染累积负荷的增加导致石油烃降解菌群多样性显著减少，群落结构的稳定性降低（赵峰德，2020）。

对中俄原油管道附近石油污染土壤的微生物研究表明，微生物种群的丰度和优势细菌的种类对石油污染的响应有所不同，并表现出显著的区域特异性。通过宏基因组分析发现，多年冻土中石油污染环境中的微生物群落具有非随机共生模式。中俄石油污染土壤中的关键细菌属是 *Rubrivivax*、*Nitrospira*、*Methylotenera*、*Methyloversatilis* 和 *Acidaminobacter*，它们具有很强的相互作用并参与生物电子转化、碳氮循环和有机污染物降解。不同微生物群落的功能和关键代谢途径存在差异。石油在有氧和厌氧代谢途径的生物降解过程中被微生物用作碳和能量来源。虽然在不同的石油污染环境样品中，优势菌和氢营养/乙酸产甲烷菌的比例存在差异，但是通过基因组水平分析，已检测到高丰度的产甲烷烃降解和胁迫响应系统相关基因。

在污染较严重土层中微生物生态环境发生了变化，但细菌属与环境因素之间的相关性不大，说明细菌很可能以功能簇的形式对环境作出反应，而不是冰冻土壤中的个体。细菌之间的相互作用与它们在极端条件下一起存活关系密切。亚硫酸盐氧化细菌为石油微生物的降解提供了硫酸盐，经过长期的石油污染后，官能团的微生物丰度，特别是与硫代谢细菌和石油烃降解菌相关的模块都受到了影响。石油降解菌无疑在碳氢化合物的代谢过程中起着重要的作用。此外，在受石油污染的季节冻土中，硫的氧化还原与微生物的存活和石油降解密切相关，硫酸盐还原细菌利用碳氢化合物作为电子供体还原硫化物降解石油也是一个重要的机制（Wang et al.，2020）。

3. 迁移转化的影响因素

1）迁移过程的影响因素

对多年冻土区的研究发现冻土区土壤的冻结、低温和雪盖能够阻碍石油的迁移扩散，但由于气候变暖导致冻土的退化、地下水的活动和融化夹层会加快石油污染物的扩散。土壤的含水量决定土体的冻结温度，石油的污染水平对冻结温度没有太大作用。在初始含水量无差异的情况下石油污染与未被污染冻土的冻结结构一致。土壤环境温度对石油污染物的迁移影响较大，当冻土的环境温度较低时，导致油品黏度升高，其在土体中的扩散效率会明显下降；土体温度降低将促进土壤颗粒对污染物的吸附，冻土层对石油的截留能力也会提升；土壤内的水相分布和状态也受到温度梯度作用的影响，朝着冻结锋面传输的水分和溶解态的油分协同迁移。通过试验发现石油在冻土中的扩散还受土壤颗粒物大小、含盐量和冷生结构的影响。

综上所述，石油类污染物在冻土中的迁移过程主要受以下四个方面的控制：①冻土质地，如土壤颗粒物的属性、孔隙度、含盐量和含水量等；②环境条件，冻土的温度、pH、和相关离子强度等；③气候影响，降水量影响污染物在冻土中的淋溶过程，气温升高会引起冻土的退化；④石油的物理性质，如黏度、挥发性和凝固点等（李兴柏，2012）。

2）转化过程的影响因素

冻土区石油烃类污染物的转化主要依赖于烃类降解微生物的原位降解，而在多年冻土中也发现了大量的烃类降解剂。因此，冻土区的环境因素决定了微生物对石油污染物的降解程度。

（1）温度。多年冻土区的低温环境使微生物细胞膜的流动性受到限制，进而影响微生物对营养物质的运输能力；温度下降也会减少微生物催化酶的活性，使代谢作用变慢。PAHs的生物降解主要受温度的作用，温度较低导致部分有毒性、较低分子量的石油类污染物挥发性下降，抑制了微生物的降解。研究发现，石油烃在升温过程中的降解大于冷却过程的降解，温度升高增加了甲烷的产生，而变暖过程刺激了二氧化碳的产生，也导致了陆地生态系统早期二氧化碳释放的减少，该反应主要受甲烷氧化细菌的活性控制。甲烷氧化细菌在环境中极其重要，在石油污染地区的冻土层中消耗大量的甲烷，温度上升后融化时减少甲烷排放，极大地减少了冻土区的温室气体排放。在冷却过程中，由于石油污染甲烷氧化细菌的丰度没有恢复到初始水平。甲烷氧化细菌的丰度减少，导致甲烷的氧化能力在冻土层中被大大削弱，这意味着更多的碳将被封存在冰冻后的区域。当温度升高时，可能导致受污染的冻土区域以甲烷和二氧化碳的形式释放更多的固碳，加剧气候变暖的过程。

温度变化对冻土微生物群落，特别是硫循环相关细菌和石油降解菌均有影响。温度的升高使石油烃的性质更加活跃，石油与土壤微生物之间的相互作用增加，大量污染物进入微生物，导致细胞膜损伤。聚糖代谢相关途径与微生物的环境适应和细胞保护有关，然而细菌的屏障和能量转换功能被破坏了，而结合或附着在细胞膜上的各种酶的活性也受到了负面影响。虽然石油污染在土壤中有一定程度的降解，但在污染土壤中石油降解菌的形成和石油代谢途径没有明显的优势。同时，冻融过程也会导致微生物在一定程度上的破坏，以至于研究区域污染物自然降解的可能性较低，受污染冻土环境的修复难度更大，生态风险更高。多年冻土区受石油污染的土壤很可能成为影响全球气候变化的重要因素（Wang et al.，2020）。

（2）氧气含量。有机污染物的生物降解所发生的好氧反应是以氧气作电子受体。多年冻土区的环境温度低、海拔高，土体的氧气水平也低，较大限度地限制了好氧微生物酶促反应。大多数的石油类污染物都具有憎水亲脂性，容易在土体的水相表层结合为油膜，导致氧气无法向下运输，土体氧气水平进一步下降。对于冻土中的石油类污染物好氧微生物的降解效率要比厌氧反应更高，所以氧气的含量也决定了多年冻土区有机污染物的水平。

（3）营养物质。石油污染的冻土中有机质浓度高，氮、磷等元素含量低，营养物质比例不平衡，导致微生物体内蛋白质、核酸等无法合成，影响微生物的活性。向冻土中加入营养助剂能够平衡营养元素比例，改善土体环境，促进石油烃类污染物的生物降解。对石油污染土壤进行微生物修复试验，刚开始加入营养物质后生物降解速率显著增加，伴随着营养物质越来越少直到试验末期，污染物的降解速率也快速下降（赵峰德，2020）。

8.3.4 黑碳

黑碳（black carbon，BC）的主要来源是化石燃料、生物质、城市垃圾和动物粪便等的不完全燃烧，由多种碳质残留物组成，其颗粒大小从纳米到宏观尺度不等；其元素组成主要为碳元素，占 60%以上，其他元素还包括氢、氧、氮和硫等。BC 可按照来源主要分为三类，即生物炭（biochar，主要源自植物）、烟炱（soot，主要源自化石燃料）和粉煤灰（主要源自工厂）；也可根据温度分类，主要包括低温条件下形成的焦炭（char）、木炭（charcoal）、生物炭以及高温气态物质高度浓缩形成的石墨态碳（graphite）和烟炱。黑碳通常具有颗粒大小分布广泛、光学吸光性、pH 较高、比表面积较大、具有多孔结构、三维结构、高度芳香结构等显著特征，且不同形态的 BC 在粒径、结构、反应活性等特征上均存在差异，其主要的储库、搬运距离等也有很大不同（Masiello，2004）。

黑碳在环境中的分布十分广泛，存在于大气、土壤、沉积物及冰雪环境中。其中，黑碳的重要储存介质为土壤，小部分黑碳在历经许多自然作用后，保存于海洋和湖泊沉积物中；另一些细小颗粒则形成气溶胶黑碳存在于大气中，因黑碳的惰性而长期稳定储存于相应环境中。另外，黑碳可以在土壤、大气及海洋中循环，对地球辐射贡献重要的影响及成为全球碳循环的重要部分。土壤中的黑碳由于其多孔性质能够有效提升土壤肥力，优化土壤结构，对土壤污染物也有一定的固定作用。同时，有机污染物的降解速率可能因吸附而降低。黑碳还可以减缓温室效应，这一机制对于全球碳循环汇总"丢失的碳汇"有极为重要的贡献（闵秀云，2020）。

黑碳来源主要分为自然来源和人为来源两种。城市的黑碳来源主要有煤炭及各类化石燃料使用，车辆尾气排放等；农村地区的黑碳来源则是自然森林火灾及农业耕种过程。全球每年的黑碳产生量为 120～300 Tg，其中，化石燃料燃烧的贡献为 15～25 Tg，几乎全部排入大气，生物质燃烧产生的黑碳有 5 Tg 排入大气，40～240 Tg 进入土壤。循环过程中，大气中的黑碳约有 29%回到土壤，其余则进入海洋。各环境介质中的黑碳以残渣态黑碳为主，如大气颗粒物的黑碳中，残渣态黑碳含量占 74%；土壤中残渣态黑碳占 71%（52%～91%）；沉积物中为 66%（41%～91%）。可见，黑碳广泛分布于大气、水、土壤之中，沉积物和土壤中黑碳含量分别占其有机碳的 9%（5%～18%）和 4%（2%～13%）。在受火灾影响的土壤中，该值高达 20%～45%（Wang et al.，2002）。

尽管黑碳性质稳定，但仍能在自然条件下发生降解。有研究表明以黑碳的生产速率，若黑碳不发生降解，则地球表面在 10 万年内就会被黑碳覆盖。早期对黑碳降解的研究成果表明黑碳降解方式主要有两种：光化学分解和微生物分解。近期对黑碳"降解"的研究则更多被称为黑碳老化，指新鲜黑碳进入环境后，在生物或非生物的作用下发生理化性质变化的过程，包括物理破碎、表面覆盖、化学氧化及生物降解等。

黑碳在自然条件下的老化受氧气、水分、温度、pH、微生物等多种因素影响。黑碳老化的生物或非生物过程都需氧气与水分参与，故氧气与水分成为老化的重要影响因素。土壤干旱和湿润条件循环出现的过程称为土壤干湿交替（drying-wetting cycles，DWCs），DWCs

会引发生态系统中的"Birch 效应"，即土壤中水分含量在短时间内发生较大变化，会大大刺激土壤微生物的活性，加速土壤有机质矿化过程，引起 CO_2 的脉冲型释放（陈荣荣等，2016）。DWCs 过程比持续的水分非饱和条件更能促进黑碳老化。除参与氧化、分解外，水分还能通过直接与黑碳中的物质作用对黑碳进行老化。

温度也是黑碳老化的重要影响因素，因为黑碳老化主要是氧化过程，需要氧气参与，反应时氧原子吸热，故反应速率及反应条件与温度相关。环境温度越高，老化速度越快；反应持续时间越长，老化效应越明显。冻融循环（freeze-thaw cycles，FTCs）是主要存在于寒带和温带地区土壤表面和地表以下较浅深度处的温度变化模式，主要由季节性气温变化引起。由于全球变暖气候失常，FTCs 的出现频率越来越高。FTCs 会改变土壤结构、水热运动，进而影响微生物功能及活性，改变土壤微生物群落结构和组成，最终影响黑碳的老化（胡昕怡等，2020）。

黑碳储存在多年冻土中。冻土活动层中存在坡面较缓的区域，这些区域排水受限，其中主要存在厌氧过程，土壤具有潜育土性质。这部分厌氧作用占主要比重的土壤不适合有机物分解，也就不适合黑碳老化，是黑碳储存的重要位点。黑碳在多年冻土中主要储存于完整沼泽中，其次是退化沼泽。完整沼泽的黑碳储存量是退化沼泽的 4 倍，其原因推测为完整沼泽与退化沼泽的微生物组成不同，黑碳在退化沼泽中由于微生物作用进行更多的分解和老化。

多年冻土中黑碳的输出途径主要有三种：无冰期输出、矿质底土输出以及融雪期输出。其中，最主要的输出方式为融雪期输出。在融雪过程中，土壤表层和浅层侧向径流占主导地位，从而从有机表层的上部释放出相对新的黑碳。融雪期控制黑碳的整体流量。较老的黑碳从多年冻土生态系统到水圈的运输可能是由沼泽中的多年冻土退化造成的。

8.4　本 章 小 结

本章围绕冻土中的化学成分（包括汞和其他重金属、持久性有机污染物、石油类污染物和黑碳等），主要阐述了它们的来源与分布、迁移与转化归趋等地球化学循环过程，分析了多年冻土退化导致的环境效应。自工业革命以来，由人类活动排放的污染物急剧增加。污染物，如 Hg 和 POPs 等，通过大气环流远距离传输到偏远的冰冻圈，冻土成为这些污染物的主要"储库"。随着全球气候变化，冰冻圈快速消融，使得原本封存于冻土中的污染物二次释放。气态汞和挥发性较强的 POPs 等污染物释放进入大气。同时，溶解性的污染物会随着融水输送到河流、湖泊等水生系统中。这些物质从相对稳定的"冻结"状态转变为环境系统中的"流通态"，在生物积累和生物放大作用下会对生态环境和人类健康产生潜在影响，所导致的环境风险值得高度关注。

思 考 题

（1）化学成分进入冻土的主要过程有哪些？

（2）简述多年冻土中汞的来源、迁移和转化过程。

（3）多年冻土退化可能带来哪些环境效应？以汞和持久性有机污染物为例具体阐述。

参 考 文 献

柴磊，王小萍. 2022. 青藏高原持久性有机污染物研究现状与展望. 地球科学进展，37：187-201.

陈荣荣，刘全全，王俊，等. 2016. 人工模拟降水条件下旱作农田土壤 "Birch 效应" 及其响应机制. 生态学报，36：306-317.

丁洋. 2022. 青藏高原东缘土壤中典型持久性有机污染物的来源与迁移转化机制. 武汉：中国地质大学.

郭军明，康世昌，孙世威，等. 2020. 青藏高原大气颗粒态汞的环境意义及其研究进展. 自然杂志，42：379-385.

胡昕怡，徐伟健，施珂珂，等. 2020. 土壤/沉积物中黑碳的老化模拟研究进展. 环境工程技术学报，10：860-870.

康世昌，黄杰，张强弓. 2010. 雪冰中汞的研究进展. 地球科学进展，25：783-793.

劳齐斌，矫立萍，陈法锦，等. 2017. 北极区域传统和新型 POPs 研究进展. 地球科学进展，32：128-138.

李兴柏. 2012. 多年冻土区石油污染物迁移试验研究. 兰州：兰州理工大学.

刘珊. 2018. 高纬度多年冻土中典型有机氯农药 (OCPs) 残留特征研究. 哈尔滨：黑龙江大学.

闵秀云. 2020. 青藏高原东北部地区土壤黑碳环境地球化学研究. 西宁：中国科学院大学 (中国科学院青海盐湖研究所).

王蓝翔，董慧科，龚平，等. 2021. 多年冻土退化下碳、氮和污染物循环研究进展. 冰川冻土，43：1365-1382.

张雷，张帝，谯兴国，等. 2019. 石油类污染物在季节性冻土中迁移转化规律研究. 环境保护科学，45：106-109，121.

赵峰德. 2020. 青藏高原冻土区石油污染土壤的生物修复特性研究. 兰州：兰州交通大学.

Borgå K，McKinney M A，Routti H，et al. 2022. The influence of global climate change on accumulation and toxicity of persistent organic pollutants and chemicals of emerging concern in Arctic food webs. Environmental Science：Processes & Impacts，24：1544-1576.

Fitzgerald W F. 1995. Is mercury increasing in the atmosphere? The need for an atmospheric mercury network (AMNET) . Water，Air，& Soil Pollution，80：245-254.

Hung H，Halsall C，Ball H，et al. 2022. Climate change influence on the levels and trends of persistent organic pollutants (POPs) and chemicals of emerging Arctic concern (CEACs) in the Arctic physical environment-a review. Environmental Science：Processes & Impacts，24：1577-1615.

Lamborg C H，Fitzgerald W F，O'Donnell J，et al. 2002. A non-steady-state compartmental model of global-scale mercury biogeochemistry with interhemispheric atmospheric gradients. Geochimica et Cosmochimica Acta，66：1105-1118.

Lee D S，Nemitz E，Fowler D，et al. 2001. Modelling atmospheric mercury transport and deposition across Europe and the UK. Atmospheric Environment，35：5455-5466.

Lifshits S，Glyaznetsova Y，Erofeevskaya L，et al. 2021. Effect of oil pollution on the ecological condition of soils and bottom sediments of the arctic region （Yakutia）. Environmental Pollution，288：117680.

Masiello C A. 2004. New directions in black carbon organic geochemistry. Marine Chemistry，92：201-213.

Montone R C，Taniguchi S，Colabuono F I，et al. 2016. Persistent organic pollutants and polycyclic aromatic hydrocarbons in penguins of the genus Pygoscelis in Admiralty Bay：An Antarctic specially managed area.

Marine Pollution Bulletin，106：377-382.

Pacyna E G，Pacyna J M，Steenhuisen F，et al. 2006. Global anthropogenic mercury emission inventory for 2000. Atmospheric Environment，40：4048-4063.

Potapowicz J，Szumińska D，Szopińska M，et al. 2019. The influence of global climate change on the environmental fate of anthropogenic pollution released from the permafrost：Part I. Case study of Antarctica. Science of the Total Environment，651：1534-1548.

Ren J，Wang X，Gong P，et al. 2019. Characterization of Tibetan soil as a source or sink of atmospheric persistent organic pollutants：Seasonal shift and impact of global warming. Environmental Science & Technology，53：3589-3598.

Wang G X，Qian J，Cheng G D，et al. 2002. Soil organic carbon pool of grassland soils on the Qinghai-Tibetan Plateau and its global implication. Science of the Total Environment，291：207-217.

Wang X，Guan X，Zhang X，et al. 2020. Microbial communities in petroleum-contaminated seasonally frozen soil and their response to temperature changes. Chemosphere，258：127375.

Wang X，Sun D，Yao T. 2016. Climate change and global cycling of persistent organic pollutants：A critical review. Science China Earth Sciences，59：1899-1911.